Wahrscheinlichkeits-
rechnung

Diskrete Wahrscheinlichkeitsverteilungen und Schätzen ihrer Parameter

von
Prof. Dr. Detlef Plachky

Mit 117 Beispielen

R. Oldenbourg Verlag München Wien 1996

Die Deutsche Bibliothek - CIP-Einheitsaufnahme

Plachky, Detlef:
Wahrscheinlichkeitsrechnung : diskrete
Wahrscheinlichkeitsverteilungen und Schätzen ihrer Parameter
: mit 117 Beispielen / von Detlef Plachky. - München ; Wien :
Oldenbourg, 1996
ISBN 3-486-23569-9

Gesamtherstellung: R. Oldenbourg Graphische Betriebe GmbH, München

ISBN 3-486-23569-9

Vorwort

Der Autor strebt eine elementare Einführung in Grundbegriffe der Wahrscheinlichkeitsrechnung und Statistik (Stochastik) auf der Grundlage von Anfängervorlesungen über Infinitesimalrechnung und lineare Algebra unter Verzicht auf maßtheoretische Hilfsmittel an. Natürlicherweise steht daher der Begriff der diskreten Verteilung an der Spitze, wobei auch bei mathematischen Aussagen aus dem Bereich der Stochastik eine möglichst elementare Version gewählt worden ist. Eine solche Spezialisierung legt die Entwicklung und Darstellung von Grundbegriffen der Stochastik an Beispielen nahe. Trotzdem hofft der Autor, auch dem Fachmann nicht nur vollkommen Bekanntes anzubieten, obgleich vorwiegend Altes "beispielhaft" dargestellt wird. Schließlich soll darauf hingewiesen werden, daß der Autor auch von neueren Ergebnissen profitiert hat, wie z. B. die konkrete Kennzeichnung eines maximalen, stochastisch unabhängigen und nicht trivialen Systems von Ereignissen unter der diskreten Gleichverteilung, die auf B. Eisenberg und B. K. Ghosh zurückgeht, der elementare Beweis von U. Gerber, die Ruinwahrscheinlichkeit von Versicherungen betreffend, die explizite Darstellung von A. N. Georghiou, C. Georghiou and G. N. Philippou für die negative Binomialverteilung höherer Ordnung und schließlich die elegante Darstellung von G. G. Lorentz für Bernsteinpolynome.

D. Plachky

Inhaltsverzeichnis

1. Der Laplacesche Wahrscheinlichkeitsbegriff

Beim Werfen einer Münze bzw. eines Würfels drückt man die Tatsache, daß die Chance für das Auftreten von Wappen oder Zahl bzw. einer bestimmten Augenzahl gleich ist, dadurch aus, daß man für die entsprechende Wahrscheinlichkeit 1/2 bzw. 1/6 angibt. In diesem Fall spricht man auch von einer echten (ungefälschten) Münze bzw. Würfel. Beim Ziehen aus einem Gefäß (Urne), die zwei verschiedene Sorten von Kugeln enthält, etwa r rote bzw. s schwarze Kugeln, wird man die Chance für das Ziehen einer roten Kugel mit $\frac{r}{r+s}$ bzw. für das Ziehen einer schwarzen Kugel mit $\frac{s}{r+s}$ bewerten. Die Chance, beim Würfeln mit einem ungefälschten Würfel eine gerade Augenzahl zu würfeln, wird mit $3/6 = 1/2$ zu bewerten sein, wobei natürlich auch die Wahrscheinlichkeit für das Auftreten einer ungeraden Augenzahl 1/2 beträgt. Allgemeiner wird man in einem Zufallsexperiment mit endlich vielen möglichen Ergebnissen $\omega \in \Omega$, wobei also die Menge Ω *(Ergebnisraum)* endlich ist, die Tatsache, daß jedes Ergebnis $\omega \in \Omega$ die gleiche Chance hat vorzukommen, dadurch ausdrücken, daß man für die entsprechende Wahrscheinlichkeit $p(\omega) = \frac{1}{|\Omega|}$ mit $|\Omega|$ als Anzahl der Elemente von Ω (*Mächtigkeit* von Ω) angibt. Man nennt (Ω, p) mit Ω als endlicher, nicht leerer Menge und $p\colon \Omega \to \mathbb{R}$, $p(\omega) = \frac{1}{|\Omega|}$, $\omega \in \Omega$, ein Laplacesches Zufallsexperiment oder kurz *Laplace-Experiment*.

Ist man in einem Laplaceschen Experiment an der Chance interessiert, daß ein bestimmtes *Ereignis* $E \subset \Omega$ auftritt, d. h. daß ein $\omega \in E$ beobachtet wird, so wird man für die entsprechende Wahrscheinlichkeit die Summe $\sum_{\omega \in E} p(\omega)$ der Einzelchancen $p(\omega)$, $\omega \in E$, angeben, also $\frac{|E|}{|\Omega|}$. Man sagt auch, die Wahrscheinlichkeit $P(E)$ für das Auftreten eines Ereignisses $E \subset \Omega$ in einem Laplaceschen Zufallsexperiment ist der Quotient aus Anzahl der günstigen und möglichen Fälle. Die Abbildung $P\colon \mathfrak{P}(\Omega) \to \mathbb{R}$ ($\mathfrak{P}(\Omega)$ *Potenzmenge*, also Menge aller Teilmengen von Ω) mit $P(E) = \frac{|E|}{|\Omega|}$, $E \in \mathfrak{P}(\Omega)$, heißt diskrete Laplace-Verteilung oder kurz *Laplace-Verteilung* über Ω (manchmal auch diskrete Gleichverteilung).

Beim n-fachen unabhängigen Wurf mit einer ungefälschten Münze bzw. mit einem ungefälschten Würfel (d. h. die einzelnen Würfe sollen sich nicht gegenseitig beeinflussen), wird man für den Ergebnisraum Ω das n-fache kartesische Produkt von $\{0,1\}$ ("0" bedeutet z. B. Wappen, "1" bedeutet z. B. Zahl) wählen (in Zeichen $\Omega = \{0,1\}^n$) bzw. $\Omega = \{1,\ldots,6\}^n$ zugrunde legen, so daß $p(\omega) = 1/2^n$, $\omega \in \{0,1\}^n$, bzw. $p(\omega) = \frac{1}{6^n}$, $\omega \in \{1,\ldots,6\}^n$, gilt.

Interessiert man sich in einem Laplace-Experiment für die Wahrscheinlichkeit $P(E)$, das Auftreten eines Ereignisses $E \in \mathfrak{P}(\Omega)$ betreffend, so ist die folgende einfache Rechenregel $P(E) = 1 - \frac{|E^c|}{\Omega}$ mit E^c als *Komplement* von E, die aus $|\Omega| = |E| + |E^c|$ folgt, manchmal von Nutzen. Dazu dient das folgende

Beispiel *(Paradoxon von de Méré)*
Die Wahrscheinlichkeit, beim 4fachen Wurf mit einem ungefälschten Würfel mindestens eine Sechs zu werfen, beträgt $1 - \frac{5^4}{6^4} = 0{,}518$, wenn man die obige Rechenregel berücksichtigt, während die Wahrscheinlichkeit, beim 24-fachen Wurf mit 2 ungefälschten und unterscheidbaren Würfeln mindestens eine Doppelsechs zu erhalten, $1 - \frac{35^{24}}{36^{24}} = 0{,}491$ beträgt. Das Ergebnis verträgt sich mit der Erfahrung des Glückspielers de Méré, der festgestellt hat, daß es sich lohnt, auf das erstgenannte Ereignis zu setzen, nicht aber auf das zweitgenannte Ereignis. Das Paradoxon von de Méré besteht darin, daß dieser wegen $\frac{4}{6} = \frac{24}{36}$ für beide Ereignisse die gleiche Wahrscheinlichkeit annahm. Bemerkenswert an diesem Beispiel ist ferner, daß $n = 4$ die kleinste natürliche Zahl ist, so daß die Wahrscheinlichkeit $1 - (\frac{5}{6})^n$ dafür, daß beim n-fachen unabhängigen Würfelwurf mit einem ungefälschten Würfel mindestens einmal eine Sechs beobachtet wird, größer als 1/2 ist. Weiterhin ist $n = 24$ die größte natürliche Zahl, so daß die Wahrscheinlichkeit $1 - (\frac{35}{36})^n$ dafür, daß beim n-fachen unabhängigen Wurf mit zwei unterscheidbaren Würfeln mindestens eine Doppelsechs auftritt, kleiner als 1/2 ist.

Das folgende Beispiel ist ebenfalls wegen einer irrtümlichen Überlegung bekannt geworden und für das Verständnis der Laplace-Verteilung lehrreich.

Beispiel *(Mehrfacher Würfelwurf nach Cardano und Galilei)*
Interessiert man sich für die Wahrscheinlichkeit für eine bestimmte Augensummenzahl beim 3fachen Würfeln mit einem ungefälschten Würfel, so kann man zunächst zur Übersicht alle der Größe nach geordneten Tripel notieren. Für den Fall der Augensummenzahl 11 bzw. 12 ergibt sich:

641	651
632	642
551	633
542	552
533	543
443	444

Hieraus kann man nicht, wie Cardano bzw. Galilei bereits festgestellt haben, darauf schließen, daß beide Ereignisse die gleiche Wahrscheinlichkeit besitzen. Vielmehr muß jede mögliche Permutation der Tripel berücksichtigt werden, was im Fall der Augensummenzahl 11 auf $3 \cdot 3! + 3 \cdot \frac{3!}{2!} = 27$ bzw. für die Augensummenzahl 12 auf $3 \cdot 3! + 2 \cdot \frac{3!}{2!} + 1 = 25$ Möglichkeiten führt. Die entsprechenden Wahrscheinlichkeiten betragen demnach $\frac{27}{216}$ bzw. $\frac{25}{216}$.

Zur Berechnung von Wahrscheinlichkeiten von Ereignissen in Laplace-Experimenten müssen also endliche Mengen abgezählt werden. Systematisches Abzählen von endlichen Mengen ist Gegenstand der Kombinatorik. Bevor im nächsten Abschnitt Grundbegriffe der Kombinatorik behandelt werden, soll noch ein weiteres Beispiel für ein Laplace-Experiment behandelt werden, welches historisch mit am Anfang von sogenannten geometrischen Wahrscheinlichkeiten bzw. Simulationsverfahren stand:

Beispiel *(Buffonsches Nadelproblem)*
Auf ein Parallelensystem mit Abstand L wird zufällig eine Nadel der Länge $\ell < L$ geworfen, wobei angenommen werden soll, daß lediglich Positionen (y,η) für das obere Ende der Nadel mit $y = 0,\lambda,\ldots,m\lambda$ mit $\lambda = \frac{L}{m}$ bzw. $\eta = 0,\omega,\ldots,n\omega$, $\omega = \frac{\pi}{n}$ ($m,n \in \mathbb{N}$ fest) möglich sein sollen. Dabei bezeichnet y den Abstand des unteren Nadelendes von der nächsten oberen Parallelen bzw. η den Winkel zwischen Nadel und Abszissenachse. Unter der Annahme, daß alle $(m+1)(n+1)$ Möglichkeiten gleich wahrscheinlich sind, soll die Wahrscheinlichkeit dafür bestimmt werden, daß die Nadel eine der Parallelen schneidet. Die entsprechende Anzahl $A_{m,n}$ der günstigen Fälle besteht aus allen Paaren $(0,j)$, $j = 0,n$, bzw. $(m, \frac{n}{2})$ (falls n gerade ist, wobei dieser Fall doppelt zu zählen ist) und allen $(i,j) \in \mathbb{N}_0^2$ mit $i\lambda \le \ell \sin(j\omega)$, $1 \le i \le m-1$, $0 \le j \le n$. Bei festen $j \in \{0,\ldots,n\}$ gibt es demnach $m_j = \frac{\ell}{\lambda}\sin(j\omega) + \vartheta_j^{(m,n)}$ mit $-1 < \vartheta_j^{(m,n)} \le 2$ Möglichkeiten. Also gilt
$A_{m,n} = \frac{\ell}{\lambda}\sum_{j=1}^{n}\sin(j\omega) + (n+1)\vartheta_{m,n}$ mit $-1 \le \vartheta_{m,n} \le 2$, so daß man wegen

$$\sum_{j=1}^{n}\sin(j\omega) = \frac{\sin(\frac{n}{2}\omega)\sin(\frac{n+1}{2}\omega)}{\sin(\frac{\omega}{2})}$$

die Beziehung

$$A_{m,n} = \frac{\ell}{\lambda}\frac{\sin(\frac{n+1}{n}\frac{\pi}{2})}{\sin(\frac{\pi}{2n})} + (n+1)\vartheta_{m,n}$$

erhält. Hieraus resultiert für die gesuchte Wahrscheinlichkeit

$$\frac{A_{m,n}}{(m+1)(n+1)} = \frac{m}{m+1}\,\frac{n}{n+1}\,\frac{2\ell}{\pi L}\,\frac{\sin(\frac{n+1}{n}\frac{\pi}{2})}{\sin(\frac{\pi}{2n})/\frac{\pi}{2n}} + \frac{\vartheta_{m,n}}{m+1} \to \frac{2\ell}{\pi L} \text{ für } m\to\infty \text{ und } n\to\infty.$$

2. Grundbegriffe der Kombinatorik

Die Tatsache, daß $|E| + |E^c| = |\Omega|$ für jede Teilmenge E einer endlichen Menge Ω zutrifft, ist bereits benutzt worden. Allgemeiner gilt die folgende *Additionsregel* $|A_1 \cup \ldots \cup A_k| = |A_1| + \ldots + |A_k|$ für paarweise disjunkte Teilmengen A_j einer endlichen Menge Ω, $j = 1,\ldots,k$.

Es gilt auch eine *Multiplikationsregel* für Teilmengen B_j von endlichen Mengen Ω_j, $j = 1,\ldots,m$, nämlich $|B_1 \times B_2 \times \ldots \times B_m| = |B_1| \cdot |B_2| \cdot \ldots \cdot |B_m|$, wobei $B_1 \times B_2 \times \ldots \times B_m$ das *kartesische Produkt* von $B_1,\ldots,B_m$ (also die Menge $\{(b_1,b_2,\ldots,b_m)$: $b_j \in B_j$, $j = 1,\ldots,m\}$) bezeichnet.

Grundbegriffe der Kombinatorik sind die Begriffe Permutation bzw. Kombination, die sich dadurch unterscheiden, daß bei der entsprechenden Auswahl der Elemente aus einer endlichen Menge die Reihenfolge berücksichtigt bzw. nicht berücksichtigt wird, so daß man sich einer Tupel- bzw. Mengenschreibweise für die insgesamt ausgewählten Elemente aus einer endlichen Menge bedienen wird. Ferner unterscheidet man bei Permutationen bzw. Kombinationen die Fälle, wo Wiederholungen von Elementen zugelassen bzw. nicht erlaubt sind:

2.1. Permutationen mit Wiederholungen

Man kann aus einer n-elementigen Menge n^m verschiedene geordnete Proben mit Wiederholungen vom Umfang m auswählen. Dabei erfolgt also die Auswahl der m Elemente durch Zurücklegen zur n-elementigen Menge.

Dies folgt sofort aus der Multiplikationsregel, wenn man beachtet, daß die entsprechende geordnete Probe vom Umfang m als ein n-Tupel dargestellt werden kann.

2.2. Permutationen ohne Wiederholungen

Man kann aus einer n-elementigen Menge $n(n - 1)\ldots(n - m + 1) = \binom{n}{m}\, m!$ verschiedene geordnete Proben ohne Wiederholungen vom Umfang $m \leq n$ auswählen. Dabei erfolgt also die Auswahl der m Elemente aus der n-elementigen Menge, indem diese nicht wieder zurückgelegt werden.

Dies folgt ebenfalls aus der Multiplikationsregel, wenn man beachtet, daß bei der ersten Auswahl n Möglichkeiten, bei der zweiten Auswahl $n - 1$ Möglichkeiten, und schließlich bei der m-ten Auswahl $n - m + 1$ Möglichkeiten bestehen. Damit für die Begründung der Anzahl $\binom{n}{m}\, m!$ der Möglichkeiten einer geordneten Probe ohne Wiederholungen von $m \leq n$ Elementen aus einer n-elementigen Menge die Multiplikationsregel angewendet werden kann, sollte mit der letzten Komponente, für die n - m + 1 Möglichkeiten zur Besetzung vorhanden sind, begonnen werden. Bekanntlich heißt $\binom{n}{m} = \frac{n(n-1)\ldots(n-m+1)}{1\cdot 2\cdot\ldots\cdot m}$ *Binomialkoeffizient*, der anschließend kombinatorisch interpretiert wird (als Anzahl aller m-elementigen Teilmengen einer n-elementigen Menge, also der *Kombinationen ohne Wiederholungen)* und m! ist die symbolische Schreibweise für $1\cdot\ldots\cdot m$, also kombinatorisch als Anzahl aller Permutationen einer m-elementigen Menge deutbar.

Beispiel *(Doppelgeburtstag)*
Alle n^m geordneten Proben vom Umfang m mit Wiederholungen aus einer n-elementigen Menge mögen die gleiche Wahrscheinlichkeit haben, ausgewählt zu werden. Dann gilt für die Wahrscheinlichkeit, daß eine geordnete Probe vom Umfang m aus paarweise verschiedenen Elementen besteht $\frac{m!\binom{n}{m}}{n^m}$ $(m \le n)$. Speziell für n = 365 ist dann $1 - \frac{m!\binom{n}{m}}{n^m}$ als Wahrscheinlichkeit deutbar, daß bei m Personen mindestens ein Doppelgeburtstag vorkommt. Für m = 60 ergibt sich für diese Wahrscheinlichkeit 0,994 und für m = 30 ist diese Wahrscheinlichkeit bereits 0,706. Man kann ausrechnen, daß ab m = 23 die Wahrscheinlichkeit größer als 1/2 ist. Dies sieht man besonders einfach ein, wenn man berücksichtigt, daß aufgrund der Ungleichung zwischen arithmetischem und geometrischem Mittel $\frac{m!\binom{n}{m}}{n^m} \le (1 - \frac{m}{2n})^{m-1}$ gilt.

Die kombinatorische Bedeutung des Binomialkoeffizienten ist bereits erwähnt worden:

2.3. Kombinationen ohne Wiederholungen

Man kann aus einer Menge mit n Elementen $\binom{n}{m}$ ungeordnete Proben ohne Wiederholungen vom Umfang $m \le n$ auswählen. Dabei kann die Auswahl der m Elemente simultan bzw. nacheinander ohne Zurücklegen zur n-elementigen Menge vorgenommen werden.
Zur Begründung beachte man, daß es $\binom{n}{m}\cdot m!$ verschiedene Permutationen ohne Wiederholung gibt, wobei jede geordnete Probe von m Elementen noch m! Permutationen zuläßt, die bei einer Kombination ohne Wiederholung nicht berücksichtigt werden, so daß genau $\binom{n}{m}$ Möglichkeiten für die Anzahl von Kombinationen ohne Wiederholung in Betracht kommen.

Beispiel *(Mächtigkeit der Potenzmenge einer endlichen Menge)*
Hat die endliche Menge Ω genau n Elemente, so gilt für die Mächtigkeit von $\mathfrak{P}(\Omega)$ die Beziehung $|\mathfrak{P}(\Omega)| = \sum_{k=0}^{n} \binom{n}{k} = (1 + 1)^n = 2^n$. Man schreibt daher manchmal auch 2^Ω statt $\mathfrak{P}(\Omega)$, wobei zu beachten ist, daß der binomische Lehrsatz $(a + b)^n = \sum_{k=0}^{n} \binom{n}{k} a^k b^{n-k}$ benutzt worden ist, der kombinatorisch dadurch zu begründen ist, daß beim Ausmultiplizieren von (a + b) genau $\binom{n}{k}$ Ausdrücke der Gestalt $a^k b^{n-k}$ auftreten, wobei k zwischen 0 und n variiert.

Beispiel *(n-facher Münzwurf)*
Eine ungefälschte Münze wird n-mal unabhängig geworfen, so daß alle 2^n Konstellationen für Wappen bzw. Zahl gleichwahrscheinlich sind. Dann beträgt die Wahrscheinlichkeit dafür, daß beim n-fachen Münzwurf genau k-mal Wappen auftritt $\binom{n}{k}/2^n$ mit $k \in \{0,\dots,n\}$. Natürlich ist $\binom{n}{k}/2^n$ auch die Wahrscheinlichkeit dafür, daß beim n-fachen Münzwurf genau k-mal Zahl beobachtet wird.

Der in dem hier behandelten Zusammenhang schwierigste Begriff aus der Kombinatorik ist der Begriff der *Kombination mit Wiederholung*, da es sich um eine Menge von Vektoren mit jeweils gleichen Komponenten handelt, wobei die gesamte Anzahl der Komponenten eine vorgeschriebene natürliche Zahl m ist und sämtliche Komponenten Elemente einer n-elementigen Menge sind. Das Ergebnis einer m-maligen Auswahl von Elementen aus einer n-elementigen Menge, wobei die ausgewählten Elemente wieder zur Menge zurückgelegt werden ist also darstellbar durch eine Folge von m gleichen Symbolen, die durch Hinzufügen von genau n - 1 weiteren gleichen Symbolen (Trennungsstriche) voneinander getrennt sind. Die Verteilung dieser n - 1 gleichen Symbole (Trennungsstriche) auf die insgesamt n + m - 1 Symbolplätze ist mit der Anzahl der Kombinationen von m Elementen mit Wiederholung aus einer n-elementigen Menge identisch, d. h. es ist folgendes bewiesen worden:

2.4. Kombinationen mit Wiederholungen
Man kann aus einer n-elementigen Menge genau $\binom{n+m-1}{n-1}$ verschiedene ungeordnete Proben von m Elementen mit Wiederholungen auswählen. Dabei werden die ausgewählten Elemente wieder zur Menge zurückgelegt. Man beachte, daß wegen $\binom{n}{k} = \binom{n}{n-k}$ (jeder k-elementigen Menge entspricht durch Übergang zum Komplement eine (n - k)-elementige Menge), auch $\binom{n+m-1}{m}$ statt $\binom{n+m-1}{n-1}$ geschrieben werden kann. Ausdrücke dieser Gestalt sind typisch für die Anzahl von Zerlegungen natürlicher Zahlen. Dazu dient das folgende

Beispiel *(Anzahl von Zerlegungen)*
Es sei $n \in \mathbb{N}$ (Menge natürlicher Zahlen) eine natürliche Zahl. Dann soll $(n_1,\dots,n_k)$ mit $n = n_1 + \dots + n_k$ und $n_j \in \mathbb{N}_o := \mathbb{N} \cup \{0\}$, $j = 1,\dots,k$, Zerlegung von n in k natürliche Zahlen einschließlich der Null heißen. Es gilt: $|\{(n_1,\dots,n_k): (n_1,\dots,n_k) \text{ Zerlegung von } n\}| = \binom{n+k-1}{k-1}$.

Als Anwendung der Überlegungen im vorangehenden Beispiel soll noch die Frage nach der Wahrscheinlichkeit einer Abstimmung bei einem Gremium von n Mitgliedern, wo die Anzahl der Ja-Stimmen und Nein-Stimmen nicht kleiner als die der Enthaltungen ist, beantwortet werden. Es wird sich bei Zugrundelegen einer Laplace-Verteilung herausstellen, daß diese Wahrscheinlichkeit asymptotisch 3/4 beträgt.

Beispiel *(Abstimmungen mit nicht überwiegenden Enthaltungen, kollektives Modell)*
Der Ergebnisraum Ω aller Abstimmungen eines Gremiums mit n Mitgliedern kann durch $\{(i_1,i_2,i_3): i_j \in \{0,1,\dots,n\},\ j = 1,2,3,\ i_1 + i_2 + i_3 = n\}$ beschrieben werden. Das Ereignis aller Abstimmungen mit nicht überwiegenden Enthaltungen besitzt die Darstellung $\{(i_1,i_2,i_3) \in \Omega: i_1 + i_2 \geq i_3\}$. Da $i_1 + i_2 \geq i_3$ für $(i_1,i_2,i_3) \in \Omega$ mit $i_3 \leq \frac{n}{2}$ und dies wiederum mit $i_3 \leq [\frac{n}{2}]$ ($[x]$ größte ganze Zahl $\leq x$, x reelle Zahl) äquivalent ist, gilt nach dem obigen Beispiel

$$|E| = \sum_{i=0}^{[\frac{n}{2}]} \binom{n-i+2-1}{2-1} = \sum_{i=0}^{[\frac{n}{2}]} (n-i+1) = ([\tfrac{n}{2}]+1)(n+1) - [\tfrac{n}{2}]([\tfrac{n}{2}]+1)/2 =$$

$= ([\frac{n}{2}] + 1)(n + 1 - [\frac{n}{2}]/2)$ und $|\Omega| = \binom{n+3-1}{3-1} = \binom{n+2}{2}$, so daß sich bei Zugrundelegen einer Laplace-Verteilung über Ω für die gesuchte Wahrscheinlichkeit für $n \to \infty$ der Wert 3/4 ergibt.

Abschließend soll noch eine weitere wichtige Methode der Kombinatorik behandelt werden, Mächtigkeiten endlicher Mengen zu bestimmen, nämlich sogenannte Rekursionsformeln hierfür aufzustellen und diese zu lösen. Die Methode kann man sich besonders leicht an dem bereits behandelten Problem, $|\mathfrak{P}(\Omega)|$ mit $|\Omega| = n$ zu bestimmen, klarmachen: Nennt man die zu bestimmende Anzahl $|\mathfrak{P}(\Omega)|$ in Abhängigkeit von $|\Omega| = n$ kurz a_n, so gilt $a_n = 2 \cdot a_{n-1}$ für jedes $n \in \mathbb{N}$. Dies kann man z. B. dadurch einsehen, daß man ein bestimmtes Element $\omega_o \in \Omega$ auswählt, und jede Teilmenge danach klassifiziert, ob ω_o Element ist oder kein Element ist. Die Lösung der Rekursionsformel $a_n = 2\,a_{n-1}$, $n \in \mathbb{N}$, erfolgt durch wiederholtes Einsetzen, also $a_n = 2^{n-1} a_1$ mit $a_1 = 2$.

Eine schwieriger zu lösende Rekursionsformel zur Bestimmung der Mächtigkeit einer endlichen Menge wird im folgenden Beispiel im Zusammenhang mit der Frage nach der Wahrscheinlichkeit behandelt, daß beim n-fachen unabhängigen Münzwurf einer ungefälschten Münze Wappen nicht zweimal hintereinander auftritt.

Beispiel *(Fibonacci-Zahlen)*

Es bezeichne a_n die Anzahl aller n-Tupel von $\{0,1\}^n$, so daß 1 nicht zweimal hintereinander auftritt. Dann ist a_{n-2} die Anzahl aller darunter vorhandenen n-Tupel mit letzter Komponente 1 und a_{n-1} die Anzahl aller anderen darunter vorhandenen n-Tupel, d. h. die letzte Komponente ist gleich 0. Man erhält also die Rekursionsformel $a_n = a_{n-2} + a_{n-1}$ für $n \geq 2$ mit $a_o := 1$ (Definition!) und $a_1 = 2$. Die a_n hängen eng mit den sogenannten Fibonacci-Zahlen f_n, die der Rekursionsformel $f_{n+2} = f_{n+1} + f_n$, $n \geq 0$, mit $f_o = 0$, $f_1 = 1$, genügen, zusammen. Es gilt also $a_n = f_{n+2}$, $n \geq 0$, so daß die gesuchte Wahrscheinlichkeit $\frac{f_{n+2}}{2^n}$ beträgt. Eine besonders einfache Bestimmungsmöglichkeit für die f_n erhält man durch Heranziehen der Gleichung $x^2 = x + 1$ mit den beiden Lösungen $x_j = \frac{1 \pm \sqrt{5}}{2}$, $j = 1,2$. Durch vollständige Induktion kann man nämlich zeigen, daß $x^n = f_n x + f_{n-1}$ für $n \geq 1$ gilt. Für $n = 1$ ist wegen $f_o = 0$, $f_1 = 1$ nichts zu zeigen und der Induktionsschritt von n nach n + 1 folgt aus $x^{n+1} = f_n x^2 + f_{n-1}x = f_n(x + 1) + f_{n-1}x = (f_n + f_{n-1})x + f_n = f_{n+1}x + f_n$. Aus $x^n = f_n x + f_{n-1}$, $n \geq 1$, folgt $x_j^n = f_n x_j + f_{n-1}$, $j = 1,2$, $n \geq 1$, also gilt $x_1^n - x_2^n = f_n(x_1 - x_2) = \sqrt{5}\, f_n$ und damit $f_n = \frac{1}{\sqrt{5}}\left[\left(\frac{1+\sqrt{5}}{2}\right)^n - \left(\frac{1-\sqrt{5}}{2}\right)^n\right]$, $n \geq 1$.

Im Zusammenhang mit dem n-fachen Münzwurf lassen sich die Fibonacci-Zahlen in naheliegender Weise verallgemeinern, indem man nach der Anzahl der Möglichkeiten dafür fragt, daß nicht k-mal hintereinander "Zahl" auftritt ($1 \leq k \leq n$). Dabei tritt für die gesuchte Anzahl a_n wieder eine Rekursionsformel auf, die vermöge *erzeugender Funktionen* gelöst wird, wobei sich im Spezialfall k = 2 für die Fibonacci-Zahlen eine andere Darstellung mit Hilfe von Binomialkoeffizienten ergibt.

Beispiel *(Verallgemeinerte Fibonacci-Zahlen)*

Es bezeichne a_n die Anzahl a_n aller n-Tupel von $\{0,1\}^n$, so daß 1 nicht k-mal hintereinander auftritt ($1 \leq k \leq n$). Dann gilt für a_n aufgrund einer ähnlichen Argumentation wie im vorangehenden Beispiel die Rekursionsformel

$a_n = \sum_{\lambda=1}^{k} a_{n-\lambda}$ für $n > k$. Allerdings ist diese Rekursionsformel auch für $n = k$

wegen $a_k = 2^k - 1$ und $a_\ell = 2^\ell$, $\ell = 0,\dots,k-1$ richtig. Wegen $a_n \le 2^n$, $n \in \mathbb{N}$, existiert ferner die *erzeugende Funktion* $f(t) := \sum_{n=0}^{\infty} a_n t^n$ für $|t| < \frac{1}{2}$, die sich mit Hilfe der obigen Rekursionsformel folgendermaßen berechnen läßt:

$$f(t) - \sum_{\nu=0}^{k-1} a_\nu t^\nu = f(t) - \frac{(2t)^k - 1}{2t-1} = \sum_{n=k}^{\infty} \left(\sum_{\lambda=1}^{k} a_{n-\lambda} t^{n-\lambda}\right) t^\lambda = \sum_{\lambda=1}^{k} t^\lambda \sum_{n=k}^{\infty} a_{n-\lambda} t^{n-\lambda}$$

$$= \sum_{\lambda=1}^{k} t^\lambda \left(f(t) - \sum_{\nu=0}^{k-\lambda-1} a_\nu t^\nu\right) = f(t)\frac{t^{k+1}-t}{t-1} - \sum_{\lambda=1}^{k} t^\lambda \frac{(2t)^{k-\lambda}-1}{2t-1} =$$

$$f(t)\frac{t^{k+1}-t}{t-1} - \frac{\sum_{\lambda=1}^{k}(2^{k-\lambda}t^k - t^\lambda)}{2t-1} = f(t)\frac{t^{k+1}-t}{t-1} - \frac{t^k\sum_{\nu=0}^{k-1}2^\nu - \sum_{\lambda=1}^{k}t^\lambda}{2t-1} =$$

$$f(t)\frac{t^{k+1}-t}{t-1} - \frac{t^k(2^k-1) - \frac{t^{k+1}-t}{t-1}}{2t-1},$$ woraus $f(t)\frac{t^{k+1}-2t+1}{t-1} = \frac{1-t^k}{t-1}$, also

$f(t) = \frac{1-t^k}{t^{k+1}-2t+1}$, $|t| < \frac{1}{2}$, resultiert. Für $g(t) := \sum_{n=1}^{\infty} a_{n-2} t^n$ mit $a_{-1} := 1$, also $g(t) = t^2 f(t) + t$, $|t| < \frac{1}{2}$, erhält man die Vereinfachung $g(t) = \frac{t}{1-t-\dots-t^k}$, $|t| < 1$, wenn man $(1-t-\dots-t^k)(1-t) = t^{k+1} - 2t + 1$, $t \in \mathbb{R}$, beachtet. Dies liefert schließlich

$$g(t) = t\sum_{m=0}^{\infty}(t+\dots+t^k)^m = \sum_{\substack{1\ell_1+\dots+k\ell_k=n-1\\ \ell_j\in\mathbb{N}_0,\, j=1,\dots,k\\ \ell_1+\dots+\ell_k=m\\ m\in\mathbb{N}_0}} \frac{m!}{\ell_1!\cdot\ldots\cdot\ell_k!}\, t^n,\quad |t| < \tfrac{1}{2},$$ also

$$a_n = \sum_{\substack{\ell_j\in\mathbb{N}_0,\, j=1,\dots,k\\ 1\ell_1+\dots+k\ell_k=n+1}} \frac{(\ell_1+\dots+\ell_k)!}{\ell_1!\cdot\ldots\cdot\ell_k!}$$ für $n \in \mathbb{N}$. Im Spezialfall $k = 2$ erhält man für die Fibonacci-Zahlen die Darstellung $f_n = \sum_{\ell_2\in\mathbb{N}_0} \binom{n-1-\ell_2}{\ell_2}$, $n \in \mathbb{N}$. Dabei kann man wegen $a_n = f_{n+2}$ für $k = 2$ nach dem vorangehenden Beispiel mit a_n als Anzahl aller Fälle beim n-fachen Münzwurf, wo nicht zweimal hintereinander Wappen vorkommt, die Beziehung $f_{n+2} = \sum_{\nu=0}^{\infty} \binom{n+1-\nu}{\nu}$ auch kombinatorisch verstehen, da $\binom{n+1-\nu}{\nu}$ die Anzahl aller Fälle beim n-fachen Münzwurf mit genau ν-mal Wappen ist, wobei Wappen nicht zweimal hintereinander erscheint. Dies erkennt man am einfachsten daran, daß genau ν der $n-\nu+1$ Zwischenräume der $n-\nu$ Fälle, wo kein Wappen vorkommt (hierbei wird der dem ersten Nicht-Wappen vorangehende Zwischenraum bzw. der dem letzten Nicht-Wappen folgende Zwischenraum mitgezählt), zu besetzen sind. Wegen

$g(t) = \sum_{n=1}^{\infty} f_n t^n = \frac{t}{1-t-t^2}$, $|t| < \frac{1}{2}$, und $1 - t - t^2 = (1 - \frac{1-\sqrt{5}}{2}t)(1 - \frac{1+\sqrt{5}}{2}t)$, $t \in \mathbb{R}$, erhält man ferner durch

$$g(t) = \frac{1}{\sqrt{5}}\left(\frac{1}{1-\frac{1+\sqrt{5}}{2}t} - \frac{1}{1-\frac{1-\sqrt{5}}{2}t}\right) = \sum_{n=1}^{\infty}\frac{1}{\sqrt{5}}\left(\left(\frac{1+\sqrt{5}}{2}\right)^n - \left(\frac{1-\sqrt{5}}{2}\right)^n\right)t^n$$

erneut die Darstellung $f_n = \frac{1}{\sqrt{5}}\left(\left(\frac{1+\sqrt{5}}{2}\right)^n - \left(\frac{1-\sqrt{5}}{2}\right)^n\right)$, $n \in \mathbb{N}$, aus dem vorangehenden Beispiel. Schließlich sei noch darauf hingewiesen, daß $\sum_{\substack{\ell_j \in \mathbb{N}_0, j=1,\ldots,k \\ 1\ell_1+\ldots+k\ell_k=n+1}} \frac{(\ell_1+\ldots+\ell_k)!}{\ell_1!\cdot\ldots\cdot\ell_k!}$ die Anzahl aller Zerlegungen $(\nu_1,\ldots,\nu_N)$, $\nu_j \in \{1,\ldots,k\}$, $j=1,\ldots,N$, $N \le n+1$, von $n+1$ gemäß $n+1 = \sum_{j=1}^{N} \nu_j$ ist.

Abschließend soll ein weiteres Beispiel behandelt werden, in der wieder eine Rekursionsformel zur Bestimmung der Mächtigkeit einer endlichen Menge eine Rolle spielt.

Beispiel *(Rencontre-Problem)*

Es soll die Wahrscheinlichkeit dafür bestimmt werden, daß bei zufälliger Auswahl einer Permutation der natürlichen Zahlen $1,\ldots,n$, kein Element auf seinem Platz bleibt, unter der Annahme, daß über Ω als Menge aller Permutationen $\pi: \{1,\ldots,n\} \to \{1,\ldots,n\}$ die Laplace-Verteilung ausgezeichnet worden ist. Es bezeichne a_n die Anzahl der günstigen Ereignisse, also $a_n = |E|$ mit $E = \{\pi \in \Omega: \pi(i) \ne i, i = 1,\ldots,n\}$. Dann gilt $E = E_2 \cup \ldots \cup E_n$ mit $E_k = \{\pi \in E: \pi(k) = 1\}$, $k = 2,\ldots,n$. Um für a_n eine Rekursionsformel herzuleiten, wird E_2 in die folgenden beiden Teilmengen $E_{21} := \{\pi \in E_2: \pi(1) = 2\}$ und $E_{22} := \{\pi \in E_2: \pi(1) \ne 2\}$ zerlegt. Es gilt offenbar $|E_{21}| = a_{n-2}$ für $n > 2$. Für E_{22} soll nun $a_{n-1} = |E_{22}|$ gezeigt werden, falls $n > 1$ ist. Zu diesem Zweck sei π_o die durch $\pi_o(1) = 2$, $\pi_o(2) = 1$ und $\pi_o(i) = i$ für $i = 3,\ldots,n$, definierte Permutation. Dann ist für ein $\pi \in \Omega$ die Bedingung $\pi(2) = 1$ mit $\pi_o^{-1}(\pi(2)) = 2$ und die Bedingung $\pi(1) \ne 2$ mit $\pi_o^{-1}(\pi(1)) \ne 1$ gleichwertig. Ferner ist $\pi(i) \ne i$ für $i > 2$ mit $\pi_o^{-1}(\pi(i)) \ne i$ für $i > 2$ äquivalent, so daß $|E_{22}| = |\{\pi_o^{-1} \circ \pi: \pi \in E_{22}\}| = a_{n-1}$ zutrifft. Damit gilt die Rekursionsformel $a_n = (n-1)(a_{n-1} + a_{n-2})$ für $n > 2$ mit $a_1 = 0$, $a_2 = 1$, da man in den obigen Überlegungen für die Mächtigkeit von E_2 die natürliche Zahl 2 durch ein $k \in \{3,\ldots,n\}$ ersetzen kann und $|E_k| = a_{n-1} + a_{n-2} = |E_2|$ erhält. Setzt man noch $a_o := 1$, so gilt die Rekursionsformel auch noch für $n = 2$.

Für die zugehörige Wahrscheinlichkeit $p_n := \frac{a_n}{n!}$, $n \ge 0$, eine fixpunktfreie Permutation auszuwählen, gilt daher $p_n = \frac{n-1}{n} p_{n-1} + \frac{1}{n} p_{n-2}$, $n \ge 2$, also die Rekursionsformel $p_n - p_{n-1} = -\frac{1}{n}(p_{n-1} - p_{n-2})$, $n \ge 2$, die man sofort durch wiederholtes Einsetzen löst, nämlich $p_n - p_{n-1} = \frac{1}{n(n-1)}(p_{n-2} - p_{n-3}) = \ldots = \frac{(-1)^{n-2}}{n!} 2(p_2 - p_1) = \frac{(-1)^{n-2}}{n!} 2 \cdot \frac{1}{2!} = \frac{(-1)^n}{n!}$, $n \ge 1$, so daß $p_n = \sum_{k=0}^{n} \frac{(-1)^k}{k!}$, $n \ge 1$, gilt. Für $n \to \infty$ erhält man aufgrund der Potenzreihendarstellung für die e-Funktion $\lim_{n\to\infty} p_n = \frac{1}{e}$, so daß die Wahrscheinlichkeit, eine Permutation auszuwählen, die mindestens ein Element festläßt, überraschend groß $1 - \frac{1}{e} = 0{,}63$ ist, wobei die Approximation von p_n durch $\frac{1}{e}$ schon für $n \ge 8$ sehr gut ist. Nach den vorangegangenen Überlegungen ist es klar, daß p_n auch als Wahrscheinlichkeit gedeutet werden kann, eine zufällig ausgewählte Permutation von n Elementen zu raten, wobei $1 - p_n$ als Wahrscheinlichkeit für mindestens einen Treffer überraschend groß, nämlich 0,63 ist, falls $n \geq 8$ gilt. Ferner ist es jetzt nicht mehr schwer, die Wahrscheinlichkeit p(m) für m Treffer $(0 \leq m \leq n)$ beim Raten einer zufällig ausgewählten Permutation zu bestimmen, wenn man beachtet, daß es sich um die Wahrscheinlichkeit handelt, eine Permutation mit genau m Fixpunkten zufällig auszuwählen. Dann gibt es zunächst $\binom{n}{m}$ mögliche Konstellationen für die Fixpunkte und für jede Konstellation a_{n-m} Möglichkeiten, so daß die gesuchte Wahrscheinlichkeit $p_n(m) = \binom{n}{m}\left(\sum_{k=0}^{n-m} (-1)^k \cdot \frac{1}{k!}\right)(n-m)! \ \frac{1}{n!} = \frac{1}{m!} \sum_{k=0}^{n-m} \frac{(-1)^k}{k!}$, $m = 0,1,\ldots,n$, beträgt. Durch Zusammenfassen von zwei aufeinanderfolgenden Termen sieht man, daß diese Wahrscheinlichkeit für m = 1 bzw. m = 0 am größten ist, falls n ungerade bzw. n gerade ist. Schließlich ist noch $\lim_{n\to\infty} \sum_{k=0}^{n-m} \frac{(-1)}{k!} \cdot \frac{1}{m!} = \frac{1}{m!} e^{-1}$ für numerische Zwecke zu beachten, wobei man zeigen kann, daß für den absoluten Fehler $|p_n(m) - \frac{1}{m!} e^{-1}| \leq 4 \cdot 10^{-4}$ für alle $m \in \{0,\ldots,n\}$ gilt, falls $n \geq 8$ zutrifft.

Die vier Grundbegriffe der Kombinatorik (Permutationen und Kombinationen mit bzw. ohne Wiederholungen) lassen sich besonders einfach mit Hilfe von Abbildungen zwischen endlichen Mengen darstellen.

Permutationen mit Wiederholungen betreffen das

Beispiel *(Mächtigkeit der Menge aller Abbildungen zwischen endlichen Mengen)*
Für $m,n \in \mathbb{N}$ gilt $|\{f: f:\{1,\ldots,m\} \to \{1,\ldots,n\}\}| = n^m$, wenn man berücksichtigt, daß $f:\{1,\ldots,m\} \to \{1,\ldots,n\}$ mit $(f(1),\ldots,f(m))$ identifiziert werden kann.

Permutationen ohne Wiederholungen lassen sich durch die Menge aller injektiven Abbildungen zwischen endlichen Mengen beschreiben.

Beispiel *(Mächtigkeit der Menge aller injektiven Abbildungen zwischen endlichen Mengen)*
Für $m,n \in \mathbb{N}$ mit $m \leq n$ gilt $|\{f: f:\{1,\ldots,m\} \to \{1,\ldots,n\} \text{ injektiv}\}| = \frac{n!}{(n-m)!}$, wenn man wieder berücksichtigt, daß $f:\{1,\ldots,m\} \to \{1,\ldots,n\}$ mit $(f(1),\ldots,f(m))$ identifiziert werden kann.

Alle Kombinationen ohne Wiederholungen lassen sich durch die Menge der streng monoton wachsenden Funktionen zwischen $\{1,\ldots,m\}$ und $\{1,\ldots,n\}$ für $n \geq m$ gemäß des folgenden Beispiels darstellen.

Beispiel *(Mächtigkeit der Menge aller streng monoton wachsenden Funktionen zwischen {1,...,m} und {1,...,n})*

Es gilt $|\{f: f:\{1,\ldots,m\} \to \{1,\ldots,n\}$ streng monoton wachsend$\}| = \binom{n}{m}$, $m \le n$, da in diesem Fall jedes $f:\{1,\ldots,m\} \to \{1,\ldots,n\}$ mit einer m-elementigen Teilmenge von $\{1,\ldots,n\}$ identifiziert werden kann.

Kombinationen mit Wiederholungen kann man durch die Menge aller monoton wachsenden Funktionen zwischen {1,...,m} und {1,...,n} darstellen.

Beispiel *(Mächtigkeit der Menge aller monoton wachsenden Funktionen zwischen {1,...,m} und {1,...,n})*

Es gilt $|\{f: f:\{1,\ldots,m\} \to \{1,\ldots,n\}$ monoton wachsend$\}| = \binom{n+m-1}{m}$, wenn man beachtet, daß in diesem Fall $f:\{1,\ldots,m\} \to \{1,\ldots,n\}$ mit $f(1) \le f(2) \le \ldots \le f(m)$ identifiziert werden kann. Dasselbe Argument liefert $|\{f: f:\{1,\ldots,m\} \to \{1,\ldots,n\}$ monoton wachsend und surjektiv$\}| = \binom{m-1}{n-1}$, $m \ge n$.

Im übernächsten Abschnitt wird das Problem der Bestimmung von $|\{f: f\{1,\ldots,m\} \to \{1,\ldots,n\}$ surjektiv$\}|$, $m \ge n$, behandelt.

3. Einige spezielle diskrete Wahrscheinlichkeitsverteilungen

Beim letzten Beispiel, das Rencontre-Problem betreffend, sind sämtliche Fälle für die Wahrscheinlichkeit p(m), daß eine Permutation mit genau m Fixpunkten zufällig ausgewählt wird, bestimmt worden, so daß $\sum_{m=0}^{n} p(m) = 1$ gelten muß. Das sieht man auch direkt ein, wegen

$$\sum_{m=0}^{n} \sum_{k=0}^{n-m} \frac{(-1)^k}{k!\,m!} = \sum_{\nu=0}^{n} \frac{1}{\nu!} \sum_{k=0}^{\nu} \binom{\nu}{k}(-1)^k = 1 + \sum_{\nu=1}^{n} \frac{1}{\nu!}(1-1)^{\nu} = 1.$$

Es handelt sich um einen Spezialfall eines *endlichen Zufallsexperiments* (Ω, p) mit Ω als endlichem, nicht leerem Ergebnisraum und $p: \Omega \to \mathbb{R}$, $p(\omega) \geq 0$ für $\omega \in \Omega$, $\sum_{\omega \in \Omega} p(\omega) = 1$. So wird man z. B. beim Würfeln mit einem gefälschten Würfel nicht mehr davon ausgehen, daß $p(\omega) = \frac{1}{6}$, $\omega \in \{1,\ldots,6\}$ gilt, sondern lediglich $p(\omega) \geq 0$, $\omega \in \{1,\ldots,6\}$ und $p(1) + \ldots + p(6) = 1$ annehmen können. Analog zur Definition der Laplace-Verteilung über einer endlichen Menge wird man zu einem endlichen Zufallsexperiment (Ω, p) über die Summe $\sum_{\omega \in E} p(\omega)$ der Einzelchancen zum Begriff der Wahrscheinlichkeit $P(E)$ für $E \subset \Omega$ gelangen. Die durch $P(E) = \sum_{\omega \in E} p(\omega)$, $E \in \mathfrak{P}(\Omega)$, definierte Abbildung heißt die zu (Ω, p) gehörende *diskrete Wahrscheinlichkeitsverteilung* über Ω oder kurz diskrete Verteilung über Ω. Für die Überlegungen ist es unerheblich, daß Ω endlich ist: Ist Ω nicht leer und abzählbar, so heißt (Ω, p) mit $p: \Omega \to \mathbb{R}$, $p(\omega) \geq 0$ für alle $\omega \in \Omega$, $\sum_{\omega \in \Omega} p(\omega) = 1$ *diskretes Zufallsexperiment* und $P: \mathfrak{P}(\Omega) \to \mathbb{R}$, $P(E) = \sum_{\omega \in E} p(\omega)$, $E \in \mathfrak{P}(\Omega)$, die zu (Ω, p) gehörende *diskrete Wahrscheinlichkeitsverteilung* über Ω oder kurz *diskrete Verteilung* über Ω. Hierzu werden jetzt einige wichtige Beispiele behandelt.

3.1. Binomialverteilung

Aus einer Urne, die r rote und s schwarze Kugeln enthält, werden n-mal unabhängig Kugeln mit Zurücklegen gezogen. Unter der Annahme, daß alle $(r+s)^n$ Permutationen mit Wiederholungen gleichwahrscheinlich sind, gilt für die Wahrscheinlichkeit, daß genau k rote Kugeln gezogen werden $\binom{n}{k} r^k s^{n-k} / (r+s)^n = \binom{n}{k} \left(\frac{r}{r+s}\right)^k \left(1 - \frac{r}{r+s}\right)^{n-k}$, $k = 0,1,\ldots,n$, denn für jede der $\binom{n}{k}$ Konstellationen, bei denen genau k rote bzw. n-k schwarze Kugeln auftreten, gibt es nach der Multiplikationsregel genau $r^k s^{n-k}$ Möglichkeiten. Man kann für die entsprechende Wahrscheinlichkeit auch kürzer $\binom{n}{k} p^k (1-p)^{n-k}$, $k = 0,1,\ldots,n$, schreiben, wobei $p = \frac{r}{r+s}$ die Wahrscheinlichkeit bedeutet, daß beim einmaligen Ziehen eine rote Kugel auftritt. Man nennt die zum endlichen Zufallsexperiment $(\{0,1,\ldots,n\}, p)$ mit $p(k) = \binom{n}{k} p^k q^{n-k}$, $q = 1 - p$, $k = 0,\ldots,n$, gehörende diskrete Wahrscheinlichkeitsverteilung über $\{0,1,\ldots,n\}$ *Binomialverteilung* mit den Parametern n und p (in Zeichen: $\mathfrak{B}(n,p)$-Verteilung), wobei p eine (beliebige) reelle Zahl mit $0 \le p \le 1$ ist. Im Spezialfall $n = 1$ spricht man auch von einer *Bernoulli-Verteilung* mit dem Parameter p.

Übrigens liegt wegen $\sum_{k=0}^{n} \binom{n}{k} p^k q^{n-k} = (p+q)^n = 1$ auch tatsächlich ein Zufallsexperiment vor. Als Spezialfall für $p = 1/2$ ist die Binomialverteilung bereits im Zusammenhang mit dem n-fachen unabhängigen Münzwurf behandelt worden, da sich für die Wahrscheinlichkeit, daß genau k-mal Wappen beobachtet wird, $\binom{n}{k}(\frac{1}{2})^k \cdot (1-\frac{1}{2})^{n-k}$, $k = 0,\ldots,n$, ergab.

Wählt man zu vorgegebener reeller Zahl $\lambda > 0$ den Parameter n so groß, daß $\frac{\lambda}{n} \le 1$ ist, so gilt wegen $\lim_{n\to\infty}(1-\frac{\lambda}{n})^n = e^{-\lambda}$ die Beziehung $\binom{n}{k}(\frac{\lambda}{n})^k(1-\frac{\lambda}{n})^{n-k} = \frac{n(n-1)\ldots(n-k+1)}{n\cdot n\cdot\ldots\cdot n}\cdot\frac{\lambda^k}{k!}(1-\frac{\lambda}{n})^n(1-\frac{\lambda}{n})^{-k} \to \frac{\lambda^k}{k!}e^{-\lambda}$. Durch $p(k) = \frac{\lambda^k}{k!}e^{-\lambda}$, $k \in \mathbb{N}$, wird wegen $\sum_{k=0}^{\infty}\frac{\lambda}{k!}e^{-\lambda^k} = e^{\lambda}e^{-\lambda} = 1$ mit $(\mathbb{N}_0,p)$ ein diskretes Zufallsexperiment definiert. Die zugehörige diskrete Wahrscheinlichkeitsverteilung über $\mathbb{N}_0$ heißt *Poisson-Verteilung* mit dem Parameter λ. Der Fall $\lambda = 1$ ist bereits bei den asymptotischen Überlegungen zum Rencontre-Problem aufgetreten. Unter der Annahme, daß jede der n! Permutationen von n Elementen gleichwahrscheinlich ist, betrug die Wahrscheinlichkeit, genau m Treffer beim Raten einer Permutation zu erzielen, $\frac{1}{m!}e^{-1}$, wenn man $n \to \infty$ wählt.
Als Anwendung der Binomialverteilung soll noch einmal die Frage nach der Wahrscheinlichkeit des Auftretens einer Abstimmung mit nicht majorisierendem Anteil von Enthaltungen untersucht werden. Als *individuelles Modell* soll jetzt die Laplace-Verteilung über der Menge $\{0,1,2\}^n$ ("0" Enthaltung, "1" Ja, "2" Nein) dienen. Dann gibt es $\sum_{k=0}^{[n/2]}\binom{n}{k}2^{n-k} = \sum_{k=n-[n/2]}^{n}\binom{n}{k}2^k$ günstige Fälle, so daß die zugehörige Wahrscheinlichkeit $1-\sum_{k=0}^{n-[n/2]-1}\binom{n}{k}(\frac{2}{3})^k\cdot(\frac{1}{3})^{n-k}$ beträgt. $\sum_{k=0}^{n-[n/2]-1}\binom{n}{k}(\frac{2}{3})^k\cdot(\frac{1}{3})^{n-k}$ kann wegen $\binom{n}{k} \le 2^n$, $k=0,\ldots,n$, durch $(\frac{2}{3})^n\sum_{k=0}^{n-[n/2]-1}2^k \le (\frac{2}{3})^n 2^{n-[n/2]}$ nach oben abgeschätzt werden. Wegen $[\frac{n}{2}] \ge \frac{n}{2}-1$ folgt $(\frac{2}{3})^n 2^{1+n/2} = 2(\frac{2}{3}\sqrt{2})^n$ als obere Schranke, die für $n \to \infty$ wegen $\frac{2}{3}\sqrt{2} < 1$ gegen Null konvergiert. In diesem individuellen Modell konvergiert also die Wahrscheinlichkeit für eine Abstimmung mit nicht majorisierendem Anteil an Enthaltungen gegen 1. Im kollektiven Modell galt dagegen asymptotisch für die Wahrscheinlichkeit einer Abstimmung mit nicht majorisierendem Anteil an Enthaltungen 3/4. Das liegt an den verschiedenen Annahmen in beiden Modellen, welche Ergebnisse als gleichwahrscheinlich angenommen werden.

Abschließend soll noch eine Modifikation des Galtonschen Bretts behandelt werden, die einen asymptotischen Zusammenhang zwischen der Binomial-Verteilung und der Laplace-Verteilung herstellt. Die ursprüngliche Version des Galtonschen Brettes besteht in einer quadratgitterförmigen Anordnung von Nägeln auf einem vertikalen Brett. Die durch einen Trichter senkrecht auf den ersten Nagel fallende Kugel wird mit gleicher Wahrscheinlichkeit 1/2 nach rechts bzw. links abgelenkt, wobei die Nägel so eingerichtet sein sollen, daß die Kugel jeweils wieder senkrecht auf die Nägel der nächsten Reihe auftrifft. In den unterhalb des Quadratgitters der Nägel angeordneten Fächern verteilen sich dann die Kugeln gemäß einer $\mathfrak{B}(n, 1/2)$-Verteilung, wobei n die Anzahl der Reihen der Nägel des Quadratgitters bezeichnet. Dies liegt an der Beziehung $1/2(\binom{m}{k}2^{-m} + \binom{m}{k+1}2^{-m}) = \binom{m+1}{k}2^{-(m+1)}$, $k = 0,\ldots,m-1$ $(1 \le m \le n)$. Nun sind alle Vorbereitungen getroffen worden, um die bereits erwähnte Modifikation des Galtonschen Brettes zu behandeln.

Beispiel *(Modifiziertes Galtonsches Brett)*
Zwei parallele Reihen von 2N + 1 Zellen mit der Breite 1 für die untere Reihe bzw. 2N + 2 Zeilen der oberen Reihe seien um α mit $0 < \alpha < 1$ versetzt, wobei die beiden Zellen am Rand der oberen Reihe nur mit der Breite α bzw. $1 - \alpha$ auftreten, während die mittlere, (N+1)-te Zelle der unteren Reihe mit Kugeln gefüllt ist. Durch eine Drehung der beiden parallelen Reihen um 180° entsteht für $\alpha = 1/2$ aufgrund einer analogen Argumentation wie beim klassischen Galtonschen Brett bei der n-ten Drehung eine $\mathfrak{B}(n, 1/2)$-Verteilung für die Kugeln in den Zellen der oberen bzw. unteren Reihe, falls $n \le 2N$ ist, wobei insbesondere die 2N-te Drehung für die 2N + 1 Zellen der unteren Reihe eine $\mathfrak{B}(2N,1/2)$-Verteilung liefert, falls $\alpha = 1/2$ gewählt worden ist. Es soll gezeigt werden, daß die für n = 2m mit m > N entstehende Verteilung der Kugeln der unteren Reihe von 2N + 1 Zellen bei beliebigem $\alpha \in (0,1)$ asymptotisch einer Laplace-Verteilung zustrebt. Bezeichnet nämlich $p_k^{(2m)}$, $k = 1,\ldots,2N+1$, die Einzelwahrscheinlichkeiten der Verteilung bei der 2m-ten Drehung, so gelten die Rekursionsformeln $p_1^{(2(m+1))} = \alpha\, p_1^{(2m)} + (1-\alpha)^2 p_1^{(2m)} + \alpha(1-\alpha)p_2^{(2m)}$, $p_k^{(2(m+1))} = (1-\alpha)\alpha\, p_{k-1}^{(2m)} + (\alpha^2 + (1-\alpha)^2)p_k^{(2m)} + \alpha(1-\alpha)p_{k+1}^{(2m)}$ für $1 < k \le 2N$ und $p_{2N+1}^{(2(m+1))} = (1-\alpha)p_{2N+1}^{(2m)} + \alpha^2\, p_{2N+1}^{(2m)} + (1-\alpha)\alpha\, p_{2N}^{(2m)}$. Wegen der Beschränktheit der Einzelwahrscheinlichkeiten gibt es daher eine Teilfolge $(p_k^{(2m_n)})_{n=1,2,\ldots}$ von $(p_k^{(2m)})_{m=1,2,\ldots}$ mit $\lim_{n\to\infty} p_k^{(2m_n)} = p_k$ für alle $k = 1,\ldots,2N+1$. Aus den obigen Rekursionsformeln ergeben sich dann dieselben Rekursionsformeln für die Grenzwahrscheinlichkeiten p_k, $k = 1,\ldots,2N+1$, indem die oberen Indizes fortfallen. Insbesondere

folgt aus $p_1 = \alpha p_1 + (1-\alpha) p_1 + \alpha(1-\alpha) p_2$ wegen $0 < \alpha < 1$ die Beziehung $p_1 = p_2$. Ferner liefert $p_2 = (1-\alpha)\alpha p_1 + (\alpha^2 + (1-\alpha)^2) p_2 + \alpha(1-\alpha) p_3$ wegen $p_1 = p_2$ und $0 < \alpha < 1$ die Gleichung $p_2 = p_3$. Auf diese Weise erhält man $p_1 = p_2 = \ldots = p_{2N}$. Aus $p_{2N+1} = (1-\alpha) p_{2N+1} + \alpha^2 p_{2N+1} + (1-\alpha)\alpha p_{2N}$ folgt schließlich wegen $0 < \alpha < 1$ die Beziehung $p_{2N} = p_{2N+1}$, so daß $\lim_{m \to \infty} p_k^{(2m)} = \frac{1}{2N+1}$, $k = 1,\ldots,2N+1$ gilt, also tatsächlich asymptotisch eine Laplace-Verteilung erreicht wird.

3.2. Hypergeometrische Verteilung

Unter der Annahme, daß alle $\binom{r+s}{n}$ Kombinationen ohne Wiederholungen gleichwahrscheinlich sind, gilt für die Wahrscheinlichkeit, daß beim n-maligen Ziehen ohne Zurücklegen aus einer Urne, die r rote und s schwarze Kugeln enthält, daß genau k rote Kugeln gezogen werden, nach der Multiplikationsregel $\frac{\binom{r}{k}\binom{s}{n-k}}{\binom{r+s}{n}}$. Man erhält denselben Wert, wenn man die Annahme macht, daß alle $\binom{r+s}{n} n!$ Permutationen ohne Wiederholungen gleichwahrscheinlich sind. Dann gibt es nach der Produktregel zu den $\binom{n}{k}$ Konstellationen $\binom{r}{k} k!\, \binom{s}{n-k} (n-k)!$ günstige Fälle, so daß $\frac{\binom{n}{k}\binom{r}{k} k! \binom{s}{n-k}(n-k)!}{\binom{r+s}{n} n!} = \frac{\binom{r}{k}\binom{s}{n-k}}{\binom{r+s}{n}}$ die gesuchte Wahrscheinlichkeit ist. Diese ist wegen $0 \leq k \leq r$ und $0 \leq n-k \leq s$ für $\max\{0, n-s\} \leq k \leq \min\{r,n\}$ positiv, falls $n \leq r+s$ zutrifft. Zu einem analogen Ausdruck gelangt man, wenn man bei N Produktionsstücken, von denen M defekt sind, nach der Wahrscheinlichkeit fragt, daß bei einer Auswahl von n Produktionsstücken genau k defekte Produktionsstücke beobachtet werden. Unter der Annahme, daß alle $\binom{N}{n}$ Möglichkeiten gleichwahrscheinlich sind, erhält man $\frac{\binom{M}{k}\binom{N-M}{n-k}}{\binom{N}{n}}$ für diese Wahrscheinlichkeit, die für $\max\{0, n-N+M\} \leq k \leq \min\{M,n\}$ positiv ist, falls $M \leq N$ und $n \leq N$ zutrifft. Die zugehörige diskrete Wahrscheinlichkeitsverteilung heißt *hypergeometrische Verteilung* mit den Parametern N, M, und n, wobei $M \leq N$ und $n \leq N$ gilt (in Zeichen: $\mathfrak{H}(N,M,n)$-Verteilung). Für N = 49, M = 6 und n = 6 erhält man z. B. die Wahrscheinlichkeit dafür, daß man beim Lottospiel "6 aus 49" (ohne Zusatzzahl) genau k Treffer erzielt ($0 \leq k \leq 6$). Bemerkenswert ist, daß für $N \to \infty$ und $M \to \infty$ derart, daß $\frac{M}{N} \to p$ zutrifft, gilt

$$\frac{\binom{M}{k}\binom{N-M}{n-k}}{\binom{N}{n}} = \binom{n}{k} \frac{\prod_{\mu=0}^{k-1} \frac{M-\mu}{N} \prod_{\nu=0}^{n-k-1} \frac{N-M-\nu}{N}}{\prod_{\lambda=0}^{n-1} \frac{N-\lambda}{N}} \to \binom{n}{k} p^k (1-p)^{n-k},\ k = \{0,\ldots,n\},\ \text{also}$$

erhält man als Grenzwert die Einzelwahrscheinlichkeiten einer $\mathfrak{B}(n,p)$-Verteilung.

Sind nun die N Produktionsstücke nach $m \geq 2$ Merkmalen, die sich gegenseitig ausschließen, klassifiziert mit Klassenhäufigkeiten $M_1,\ldots,M_m$, so beträgt bei Auswahl von n Produktionsstücken (simultane Auswahl oder Ziehen ohne Zurücklegen) die Wahrscheinlichkeit k_1 Produktionsstücke mit dem 1. Merkmal, k_2 Produktionsstücke mit dem 2. Merkmal, ..., k_m Produktionsstücke mit dem m-ten Merkmal zu beobachten, nach der Multiplikationsregel

$$\frac{\binom{M_1}{k_1}\binom{M_2}{k_2}\cdots\binom{M_m}{k_m}}{\binom{N}{n}},\ M_j \in \mathbb{N},\ j=1,\ldots,m,\ M_1+M_2+\ldots+M_m=N,\ k_j \in \mathbb{N}_0,\ j=1,\ldots,m,$$

$k_1+k_2+\ldots+k_m=n$. Dabei wird wieder angenommen, daß alle $\binom{N}{n}$ möglichen Kombinationen ohne Wiederholungen gleichwahrscheinlich sind. Die zugehörige diskrete Wahrscheinlichkeitsverteilung heißt *mehrdimensionale hypergeometrische Verteilung* (in Zeichen: $\mathfrak{M}\mathfrak{H}(N,M_1,\ldots,M_m,n)$-Verteilung).

Wird die Auswahl von n Produktionsstücken unabhängig mit Zurücklegen aus einer Menge von N Produktionsstücken, die nach $m \geq 2$ Merkmalen, welche sich gegenseitig ausschließen, vorgenommen, so gibt es N^n mögliche Fälle, die als gleichwahrscheinlich angenommen werden sollen. Für die Anzahl der Fälle, wo k_1-mal ein Produktionsstück mit dem 1. Merkmal, k_2-mal ein Produktionsstück mit dem 2. Merkmal, ..., k_m-mal ein Produktionsstück mit dem m-ten Merkmal beobachtet wird, gilt: Jede der $\binom{n}{k_1}\binom{n-k_1}{k_2}\cdots\binom{n-k_1-\ldots-k_{m-1}}{k_m} = \frac{n!}{k_1!k_2!\ldots k_m!}$ Konstellationen besitzt nach der Multiplikationsregel $M_1^{k_1}\cdot M_2^{k_2}\cdot\ldots\cdot M_m^{k_m}$ Möglichkeiten, so daß für die betreffende Wahrscheinlichkeit $\frac{n!}{k_1!\ldots k_m!}\, p_1^{k_1}\cdot\ldots\cdot p_m^{k_m}$ mit $p_j = \frac{M_j}{N}$, $j=1,\ldots,m$, $M_j \in \mathbb{N}$, $M_1+\ldots+M_m=N$, $k_j \in \mathbb{N}_0$, $j=1,\ldots,m$, $k_1+\ldots+k_m=n$, zutrifft. Bei beliebigen $p_j \geq 0$, $j=1,\ldots,m$, mit $p_1+\ldots+p_m=1$ gilt nach dem Multinomialsatz

$$\sum_{\substack{k_j \in \mathbb{N}_0 \\ j=1,\ldots,m \\ k_1+\ldots+k_m=n}} \frac{n!}{k_1!\ldots k_m!}\, p_1^{k_1}\cdot\ldots\cdot p_m^{k_m} = (p_1+\ldots+p_m)^n = 1.$$

Dabei ergibt sich der Multinomialsatz als Verallgemeinerung des binomischen Lehrsatzes aufgrund einer ähnlichen Argumentation wie die soeben erfolgte Herleitung der Einzelwahrscheinlichkeiten $\frac{n!}{k_1!\ldots k_m!}\, p_1^{k_1}\ldots p_m^{k_m}$ der sogenannten *Multinomialverteilung* mit den Parametern n und $p_1,\ldots,p_m$ (in Zeichen: $\mathfrak{M}(n,p_1,\ldots,p_m)$-Verteilung). Als Anwendung erhält man beim n-maligen unabhängigen Würfeln mit einem ungefälschten Würfel für die Wahrscheinlichkeit, daß k_1-mal die Augenzahl 1,..., k_6-mal die Augenzahl 6 auftritt $\frac{n!}{k_1!\ldots k_6!}\left(\frac{1}{6}\right)^n$.

Neben der mehrdimensionalen Verallgemeinerung der Binomialverteilung bzw. hypergeometrischen Verteilung ist im Fall einer Urne mit r roten bzw. s schwarzen Kugeln von Interesse, wie groß beim unabhängigen Ziehen mit Zurücklegen bzw. beim Ziehen ohne Zurücklegen die Wahrscheinlichkeit dafür ist, daß k schwarze Kugeln gezogen werden, bis zum erstenmal $r_o \leq r$ rote Kugeln gezogen worden sind. Beim unabhängigen Ziehen mit Zurücklegen geht man davon aus, daß alle $(r+s)^{k+r_o}$ Permutationen gleichwahrscheinlich sind. Dann gibt es zu den $\binom{k+r_o-1}{r_o-1}$ Konstellationen nach der Multiplikationsregel $r^{r_o}s^k$ verschiedene Möglichkeiten, so daß $\binom{k+r_o-1}{r_o-1}p^{r_o}(1-p)^k$ mit $p = \frac{r}{r+s}$ die gesuchte Wahrscheinlichkeit ist. Wegen $\binom{k+r_o-1}{r_o-1} = (-1)^k\binom{-r_o}{k}$ (der Binomialkoeffizient $\binom{\alpha}{k}$ ist für eine beliebige reelle Zahl α und $k \in \mathbb{N}_o$ als $\frac{\alpha(\alpha-1)\ldots(\alpha-k+1)}{k!}$ definiert), kann man hierfür auch $\binom{-r_o}{k}p^{r_o}(-q)^k$, $k \in \mathbb{N}_o$, $q = 1-p$, schreiben. Mit Hilfe der binomischen Reihe folgt $\sum_{k=0}^{\infty}\binom{-r_o}{k}p^{r_o}(-q)^k = p^{r_o}(1-q)^{-r_o} = 1$, so daß es sich hier tatsächlich um ein diskretes Zufallsexperiment handelt. Die zugehörige diskrete Wahrscheinlichkeitsverteilung heißt *negative Binomialverteilung* mit den Parametern r_o und p; $0 \leq p \leq 1$ und p nicht notwendig rational (in Zeichen: $\mathfrak{NB}(r_o,p)$-Verteilung). Im Fall $r_o = 1$ spricht man auch von einer *geometrischen* oder *Pascal-Verteilung*. Ferner gilt für $q = \frac{\lambda}{r_o}$ mit $r_o \to \infty$ und $\lambda > 0$ wegen $\binom{r_o+k-1}{r_o-1} = \binom{r_o+k-1}{k}$ die asymptotische Aussage $\binom{r_o+k-1}{r_o-1}p^{r_o}q^k = \frac{(r_o+k-1)(r_o+k-2)\ldots r_o}{r_o^k}\left(1-\frac{\lambda}{r_o}\right)^{r_o}\frac{\lambda^k}{k!} \to \frac{\lambda^k}{k!}e^{-\lambda}$, $k \in \mathbb{N}_o$, so daß in diesem Fall die Einzelwahrscheinlichkeiten der negativen Binomialverteilung gegen die Einzelwahrscheinlichkeiten der Poisson-Verteilung mit dem Parameter λ konvergieren.

Geht man für das entsprechende Problem beim Ziehen ohne Zurücklegen davon aus, daß alle $\binom{r+s}{r_o+k}(r_o+k)!$ Permutationen ohne Wiederholungen gleichwahrscheinlich sind, so gibt es nach der Multiplikationsregel $\binom{r}{r_o-1}\binom{s}{k}\binom{r_o+k-1}{r_o-1}(r_o-1)!k!(r-r_o+1)$ günstige Fälle, so daß nach einer einfachen Umformung für die gesuchte Wahrscheinlichkeit $\binom{r_o+k-1}{r_o-1}\binom{s-k+r-r_o}{r-r_o}/\binom{r+s}{r}$ gilt mit $1 \leq r_o \leq r$, $k = 0,\ldots,s$. Die zugehörige diskrete Wahrscheinlichkeitsverteilung heißt *negative hypergeometrische Verteilung* mit den Parametern $r+s$, r und r_o; $1 \leq r_o \leq r$ (in Zeichen: $\mathfrak{NH}$ $(r+s, r, r_o)$-Verteilung). Natürlich kann die negative hypergeometrische Verteilung auch in der Sprache der *Qualitätskontrolle* formuliert werden, wo nach der Wahrscheinlichkeit gefragt wird, daß genau k nicht defekte Produktionsstücke beim Auswählen ohne

Zurücklegen aus einer Menge von N Produktionsstücken, von denen $M \le N$ defekt sind, beobachtet werden, bis zum ersten Mal $M_o \le M$ defekte Produktionsstücke vorliegen. Hier müssen die Parameter $r + s$ durch N, r durch M und r_o durch M_o ersetzt werden. Man spricht übrigens bei der negativen hypergeometrischen bzw. negativen Binomialverteilung auch von *Wartezeitverteilungen.*

Abschließend soll gezeigt werden, daß bei geeigneter Wahl der Parameter N, M und M_o, nämlich $N \to \infty$, $M \to \infty$ mit $\frac{M}{N} \to p$ bzw. $N \to \infty$, $M \to \infty$ und $M_o \to \infty$ mit $N - M = n$ und $\frac{M_o}{M} \to p$, die Einzelwahrscheinlichkeiten der $\mathfrak{NH}(N, M, M_o)$-Verteilung gegen die Einzelwahrscheinlichkeiten einer $\mathfrak{NB}(M_o,p)$-Verteilung bzw. einer $\mathfrak{B}(n,p)$-Verteilung konvergieren, denn es gilt:

$$\frac{\binom{M_o+k-1}{M_o-1}\binom{N-k-M_o}{M-M_o}}{\binom{N}{M}} = \binom{M_o+k-1}{M_o-1}\cdot\frac{M(M-1)\ldots(M-M_o+1)}{N^{M_o}}\cdot\frac{(N-M)\cdot\ldots\cdot(N-M-k+1)}{N^k}\cdot$$

$$\frac{N^{k+M_o}}{N(N-1)\cdot\ldots\cdot(N-k-M_o+1)} \to \binom{M_o+k-1}{M_o-1}p^{M_o}q^k \quad \text{bzw.}$$

$$\frac{\binom{M_o+k-1}{M_o-1}\binom{N-k-M_o}{M-M_o}}{\binom{N}{M}} = \frac{\binom{M_o+k-1}{k}\binom{N-k-M_o}{N-M-k}}{\binom{N}{N-M}} = \frac{(M_o+k-1)\cdot\ldots\cdot M_o}{M^k}\cdot\frac{1}{k!}\cdot$$

$$\frac{(N-k-M_o)\cdot\ldots\cdot(M-M_o+1)}{M^{N-M-k}}\cdot\frac{1}{(n-k)!}\left(\frac{N(N-1)\cdot\ldots\cdot(M+1)}{n!\,M^{N-M}}\right)^{-1} \to \binom{n}{k}p^k(1-p)^{n-k},\ k = 0,\ldots,n.$$

4. Einige allgemeine Eigenschaften von diskreten Wahrscheinlichkeitsverteilungen

Ein diskretes Zufallsexperiment (Ω,p) ist bisher als abzählbarer Ergebnisraum $\Omega \neq \emptyset$ mit $p: \Omega \to \mathbb{R}$, $p(\omega) \geq 0$ für jedes $\omega \in \Omega$, $\sum_{\omega\in\Omega} p(\omega) = 1$ eingeführt worden. Ist der Ergebnisraum Ω nicht abzählbar, so fordert man zusätzlich die Existenz einer abzählbaren Teilmenge Ω_o von Ω mit $\sum_{\omega\in\Omega_o} p(\omega) = 1$ und $p(\omega) = 0$ für $\omega \notin \Omega_o$. Die durch die Summe der Einzelwahrscheinlichkeiten für $E \in \mathfrak{P}(\Omega)$ gemäß $P(E) = \sum_{\omega\in E\cap\Omega_o} p(\omega)$ (Wahrscheinlichkeit für das Eintreffen des Ereignisses E) definierte Mengenfunktion $P: \mathfrak{P}(\Omega) \to \mathbb{R}$ heißt *diskrete Wahrscheinlichkeitsverteilung* oder kurz *Verteilung* über Ω. Die abzählbare Menge $\{\omega \in \Omega: p(\omega) > 0\}$ heißt *Träger* von P und wird im folgenden mit Ω_P bezeichnet. Das einfachste Beispiel hierfür ist eine diskrete Verteilung mit einelementigem Träger $\{\omega\}$ $(\omega\in\Omega)$. Sie ist durch das diskrete Zufallsexperiment (Ω,p_ω) mit $p_\omega(\omega') = 1$ für $\omega' = \omega$ und $p_\omega(\omega') = 0$, falls $\omega \neq \omega'$ gilt, festgelegt. Die zugehörige diskrete Verteilung heißt *Dirac-Verteilung* oder auch Einpunktverteilung in ω (in Zeichen: δ_ω). Die Bedeutung dieser Verteilung erkennt man am besten daran, daß die zu einem diskreten Zufallsexperiment (Ω,p) gehörende diskrete Verteilung P über Ω durch eine konvexe Linearkombination $\sum_{\omega\in\Omega_o} p(\omega)\,\delta_\omega$ von Dirac-Verteilungen darstellbar ist. Dabei ist $\sum_{\omega\in\Omega_o} p(\omega)\delta_\omega$ (genauso wie Summen von reellwertigen Funktionen) durch $(\sum_{\omega\in\Omega_o} p(\omega)\delta_\omega)(E) = \sum_{\omega\in\Omega_o} p(\omega)\,\delta_\omega(E)$ erklärt. Die Darstellung einer zu einem diskreten Zufallsexperiment (Ω,p) gehörenden Verteilung P über Ω gemäß $P = \sum_{\omega\in\Omega_o} p(\omega)\delta_\omega$ kann auch als eindeutige konvexe Linearkombination von p durch Extremalpunkte der Menge $\mathfrak{P} := \{p: (\Omega,p)$ diskretes Zufallsexperiment$\}$ aufgefaßt werden. Dabei heißt $p \in \mathfrak{P}$ extremal, wenn aus $p = \alpha p_1 + (1-\alpha)p_2$, $p_j \in \mathfrak{P}$, $j = 1,2$, und $0 < \alpha < 1$, folgt $p_1 = p_2$. Offenbar ist diese Eigenschaft damit gleichwertig, daß es ein $\omega \in \Omega$ gibt mit $p(\omega) = 1$, d. h. die zugehörige diskrete Verteilung über Ω ist die Dirac-Verteilung δ_ω. Diese Interpretation ermöglicht Kennzeichnungen der Laplace-Verteilung durch Extremaleigenschaften.

Beispiel *(Kennzeichnungen der Laplace-Verteilung durch Extremaleigenschaften)*
Es sei $\Omega = \Omega_o^n$ mit Ω_o als nicht leerer und endlicher Menge und $n \in \mathbb{N}$. Ferner bezeichne π^* die durch die Permutation π von $\{1,\ldots,n\}$ induzierte Abbildung $\pi^*: \Omega \to \Omega$ gemäß $\pi^*(\omega_1,\ldots,\omega_n) := (\omega_{\pi(1)},\ldots,\omega_{\pi(n)})$, $(\omega_1,\ldots,\omega_n) \in \Omega_o^n$. Dann lassen sich die Extremalpunkte von $\mathfrak{P}_I := \{p: (\Omega,p)$ diskretes Zufallsexperiment mit $p: \Omega \to \mathbb{R}$ ist unter allen π^* invariant, d. h. es gilt $p \circ \pi^* = p$ für jedes $\pi^*\}$ einfach als die Zufallsexperimente (Ω,p) kennzeichnen, für die es

ein $\omega \in \Omega$ gibt, so daß $([\omega], p|[\omega])$ ein Laplace-Experiment ist. Dabei bezeichnet $[\omega]$ die Äquivalenzklasse mit Repräsentanten $\omega \in \Omega$ bezüglich der Äquivalenzrelation $\omega_1 \sim \omega_2$ genau dann, wenn es ein π^* mit $\omega_2 = \pi^*\omega_1$, $\omega_j \in \Omega$, $j = 1,2$, gibt. Dies ergibt sich sofort aus der Feststellung, daß Ω die Vereinigung der paarweise disjunkten Äquivalenzklassen $[\omega]$, $\omega \in \Omega$, ist, und jedes $p \in \mathfrak{P}_i$ auf jedem $[\omega]$, $\omega \in \Omega$, konstant ist. Daher ist auch jedes $p \in \mathfrak{P}_i$ eindeutig als konvexe Linearkombination von extremalen $p \in \mathfrak{P}_i$ darstellbar. Ersetzt man nun Ω durch $\{1,\dots,n\}$ ($n \in \mathbb{N}$ fest) bzw. durch $\mathbb{N}$, sowie $\mathfrak{P}_i$ durch $\mathfrak{P}_m := \{p:(\Omega,p)$ diskretes Zufallsexperiment mit $p\colon \Omega \to \mathbb{R}$ monoton fallend$\}$, so sind die Extremalpunkte von $\mathfrak{P}_m$ durch die Existenz von $k \in \mathbb{N}$ mit $(\{1,\dots,k\}, p|\{1,\dots,k\})$ ist ein Laplace-Experiment gekennzeichnet. Ist nämlich $(\{1,\dots,k\}, p|\{1,\dots,k\})$ ein Laplace-Experiment, d. h. es gilt $p(j) = \frac{1}{k}$, $j = 1,\dots,k$, und $p(j) = 0$ für $j > k$, so folgt aus $p = \alpha p_1 + (1-\alpha)p_2$ mit $p_j \in \mathfrak{P}_m$, $j = 1,2$, und $0 < \alpha < 1$ unmittelbar $p_j = p$, $j = 1,2$. Umgekehrt liefert im Fall $\Omega = \mathbb{N}$ die Existenz von $k_j \in \mathbb{N}$, $j = 1,2$, mit $p(1) = \dots = p(k_1) > p(k_1+1) = \dots = p(k_1+k_2) > p(k_1+k_2+1) \geq \dots$ die Existenz von $p_j \in \mathfrak{P}_m$, $j = 1,2$, mit $p_1 \neq p_2$ und $p = \frac{1}{2}p_1 + \frac{1}{2}p_2$. Wählt man nämlich $\varepsilon > 0$ mit $\min\{p(k_1) - p(k_1+1), p(k_1+k_2) - p(k_1+k_2+1)\} \geq 2\varepsilon$, so leistet p_1 mit $p_1(j) := p(j) - \frac{\varepsilon}{k_1}$, $j = 1,\dots,k_1$, $p_1(j) := p(j) + \frac{\varepsilon}{k_2}$, $j = k_1+1,\dots,k_1+k_2$, $p_1(j) := p(j)$, $j > k_1+k_2$, und $p_2(j) := p(j) + \frac{\varepsilon}{k_1}$, $j = 1,\dots,k_1$, $p_2(j) := p(j) - \frac{\varepsilon}{k_2}$, $j = k_1+1,\dots,k_1+k_2$, $p_2(j) := p(j)$, $j > k_1+k_2$, das Verlangte. Im Fall $\Omega = \{1,\dots,n\}$ ergibt sich die Behauptung mit $p(k_1+k_2) > 0$. Es soll schließlich noch gezeigt werden, daß jedes $p \in \mathfrak{P}_m$ eindeutig als $\sum_j \alpha_j p_j$ mit $(\{1,\dots,j\}, p_j|\{1,\dots,j\})$ als Laplace-Experiment, und $\alpha_j \geq 0$, $\sum_j \alpha_j = 1$ dargestellt werden kann. Aus $p = \sum_j \alpha_j p_j$ ergibt sich nämlich $p(k) = \sum_j \frac{\alpha_j}{j}$ und damit $\alpha_k = k(p(k) - p(k+1))$. Für diese Wahl von α_k gilt dann $\sum_{k=1}^{N} \alpha_k = -(N+1)p(N+1) + \sum_{k=1}^{N+1} p(k)$. Aus $\sum_{k=1}^{\infty} p_k < \infty$ und $p_k \in \mathfrak{P}_m$ folgt aber $k\,p_k \to 0$ für $k \to \infty$ und damit schließlich $\sum_{k=1}^{\infty} \alpha_k = 1$. Ferner gilt $\sum_k k(p(k) - p(k+1))p_k(j) = \sum_{k \geq j} (p(k) - p(k+1)) = p(j)$ für jedes $j \in \Omega$, wenn man $p(k) := 0$ für $k > n$ im Fall $\Omega = \{1,\dots,n\}$ beachtet.

Als wichtigste Aussage aufgrund der Darstellung $P = \sum_{\omega \in \Omega_0} p(\omega)\,\delta_\omega$ erhält man eine Vererbbarkeitseigenschaft von Dirac-Verteilungen.

Beispiel *(Vererbbarkeitseigenschaft von Dirac-Verteilungen)*

Es soll gezeigt werden, daß bei gegebenen $E_j \in \mathfrak{P}(\Omega)$ und $\alpha_j \in \mathbb{R}$, $j = 1,\dots,n$, mit $\sum_{j=1}^{n} \alpha_j \delta_\omega(E_j) \geq 0$ für alle $\omega \in \Omega$ folgt $\sum_{j=1}^{n} \alpha_j P(E_j) \geq 0$ für jede zu einem diskreten Zufallsexperiment (Ω,p) gehörende diskrete Verteilung P über Ω. Dies ergibt sich durch Vertauschung der beiden Summationen, wenn man in $\sum_{j=1}^{n} \alpha_j P(E_j)$

für $P(E_j) = \sum_{\omega \in \Omega_0 \cap E_j} p(\omega)$, $j = 1,\dots,n$, schreibt. Dann erhält man nämlich $\sum_{j=1}^{n} \alpha_j P(E_j) = \sum_{\omega \in \Omega_0} p(\omega) \left(\sum_{j=1}^{n} \alpha_j \delta_\omega(E_j)\right) \geq 0$, da $p(\omega) \geq 0$ für alle $\omega \in \Omega$ zutrifft. Insbesondere folgt aus $\sum_{j=1} \alpha_j \delta_\omega(E_j) = 0$ für alle $\omega \in \Omega$ die Gültigkeit von $\sum_{j=1}^{n} \alpha_j P(E_j) = 0$ für jede zu einem diskreten Zufallsexperiment (Ω, p) gehörende diskrete Verteilung P über Ω.

Fordert man im Fall $a_j \in \mathbb{R}$ und $E_j \in \mathfrak{P}(\Omega)$, $j \in \mathbb{N}$, daß $\sum_{j=1}^{\infty} |a_j| \delta_\omega(E_j) \leq K$ für alle $\omega \in \Omega$ für ein $K > 0$ gilt, so folgt aus $\sum_{j=1}^{\infty} a_j \delta_\omega(E_j) = 0$ (bzw. ≥ 0) für jedes $\omega \in \Omega$, daß $\sum_{j=1}^{\infty} \alpha_j P(E_j) = 0$ (bzw. ≥ 0) für jede zu einem diskreten Zufallsexperiment (Ω, p) gehörende Verteilung P über Ω zutrifft.

Als Anwendung dieses Beispiels können einige wichtige allgemeine Eigenschaften von diskreten Verteilungen P über Ω besonders einfach hergeleitet werden:

1. $P(\Omega) = 1$ *(Normiertheit)*
2. $P(E) \geq 0$, $E \in \mathfrak{P}(\Omega)$ *(Nicht-Negativität)*
3. $P(E_1 \cap E_2^c) = P(E_1) - P(E_2)$, falls $E_2 \subset E_1$, $E_j \in \mathfrak{P}(\Omega)$, $j = 1,2$ *(Subtraktivität)*
4. $P(E_2) \leq P(E_1)$, falls $E_2 \subset E_1$, $E_j \in \mathfrak{P}(\Omega)$, $j = 1,2$ *(Isotonie)*
5. $P\left(\bigcup_{j=1}^{n} E_j\right) \leq \sum_{j=1}^{n} P(E_j)$ für $E_j \in \mathfrak{P}(\Omega)$, $j = 1,\dots,n$ *(Subadditivität)*
6. $P\left(\bigcup_{j=1}^{\infty} E_j\right) = \sum_{j=1}^{\infty} P(E_j)$ für $E_j \in \mathfrak{P}(\Omega)$ paarweise disjunkt, $j = 1,2,\dots$ *(σ-Additivität)*
7. $P\left(\bigcup_{j=1}^{n} E_j\right) = \sum_{k=1}^{n} (-1)^{k+1} \sum_{1 \leq j_1 < \dots < j_k \leq n} P(E_{j_1} \cap \dots \cap E_{j_k})$ für $E_j \in \mathfrak{P}(\Omega)$, $j = 1,\dots,n$

   (Siebformel von Sylvester und Poincaré)

Die Eigenschaften 1. und 2. folgen unmittelbar aus der Definition von P, während 4. eine Folgerung aus 3. zusammen mit 2. ist. Die Gültigkeit von 3. für Dirac-Verteilungen folgt aus der Tatsache, daß $\omega \in E_1 \cap E_2^c$ mit $\omega \in E_1$ und $\omega \notin E_2$ sowie $\omega \notin E_1 \cap E_2^c$ mit $\omega \notin E_1$ (also $\omega \notin E_2$, wegen $E_2 \subset E_1$) gleichwertig ist. Die σ-Additivität von P ergibt sich durch Vertauschung der beiden auftretenden Summationen, während 5. für Dirac-Verteilungen unmittelbar klar ist und damit aufgrund des obigen Beispiels bewiesen ist. Etwas mehr Mühe bereitet der Nachweis der Gültigkeit von 7., der wieder aufgrund des obigen Beispiels nur für Dirac-Verteilungen δ_ω, $\omega \in \Omega$, zu führen ist.

Hier ist nur der Fall $\omega \in \bigcup_{j=1}^{n} E_j$ von Interesse, so daß $\omega \in \bigcap_{j=1}^{m} E_j$, $\omega \notin \bigcup_{j=m+1}^{n} E_j$ mit $1 \le m \le n$, angenommen werden kann ($\bigcup_{j=n+1}^{n} E_j := \emptyset$). Dann bleibt aber nur noch $1 = \sum_{k=1}^{m} (-1)^{k+1} \binom{m}{k}$ zu zeigen, was aber aus $\sum_{k=0}^{m} (-1)^k \binom{m}{k} = (1-1)^m = 0$ folgt.

Die Bezeichnung "Siebformel" versteht man besser, wenn man beachtet, daß die Partialsummen $\sum_{k=1}^{m} (-1)^{k+1} \sum_{1 \le i_1 < \ldots < i_k \le n} P(A_{i_1} \cap \ldots \cap A_{i_k})$, $m = 1,\ldots,n$, abwechselnd nicht kleiner bzw. nicht größer als $P(\bigcup_{i=1}^{n} A_i)$ sind, d. h. es gilt $(-1)^m (P(\bigcup_{i=1}^{n} A_i) - \sum_{k=1}^{m} (-1)^{k+1} \sum_{1 \le i_1 < \ldots < i_k \le n} P(A_{i_1} \cap \ldots \cap A_{i_k})) \ge 0$ für $m = 1,\ldots,n$. Für einen Beweis braucht man nur $P = \delta_\omega$, $\omega \in \Omega$, zu betrachten, so daß im Fall $\omega \in \bigcup_{i=1}^{n} A_i$, also $\omega \in \bigcup_{i=1}^{\ell} A_i$ und $\omega \notin \bigcup_{i=\ell+1}^{n} A_i$ mit $1 \le \ell \le n$, nur noch $(-1)^m (1 - \sum_{k=1}^{m} (-1)^{k+1} \binom{\ell}{k}) = (-1)^m \sum_{k=0}^{m} (-1)^k \binom{\ell}{k} \ge 0$ für $m = 1,\ldots,\ell - 1$ zu zeigen ist, denn im Fall $m \ge \ell$ gilt $\sum_{k=0}^{m} (-1)^k \binom{\ell}{k} = (1-1)^\ell = 0$. Nun liefert aber eine Taylorentwicklung $(1-x)^\ell = \sum_{\nu=0}^{m} \binom{\ell}{\nu} (-1)^\nu x^\nu + \binom{\ell}{m+1} (-1)^{m+1} (1-y)^{\ell-m-1}$ mit y als Zwischenstelle von 0 und x, woraus für $x = 1$ die Behauptung folgt.

Es soll jetzt als Anwendung der Siebformel von Sylvester und Poincaré eine einfache Lösung für das Rencontre-Problem angegeben werden.

Beispiel *(Rencontre-Problem)*

Es bezeichne P die Laplace-Verteilung über $\Omega = \{\pi : \pi$ Permutation von $\{1,\ldots,n\}\}$ und $E_j = \{\pi \in \Omega : \pi(j) = j\}$, $j = 1,\ldots,n$. Dann ist $P((\bigcup_{j=1}^{n} E_j)^c)$ die Wahrscheinlichkeit für das Auftreten einer fixpunktfreien Permutation. Ferner gilt $P(E_{j_1} \cap \ldots \cap E_{j_k}) = \frac{(n-k)!}{n!}$, $1 \le j_1 < \ldots < j_k \le n$, da $E_{j_1} \cap \ldots \cap E_{j_k}$ die Wahrscheinlichkeit für das Auftreten einer Permutation mit j_m, $m = 1,\ldots,k$, als Fixpunkte ist. Nach der Siebformel von Sylvester und Poincaré erhält man dann $P(\bigcup_{j=1}^{n} E_j) = \sum_{k=1}^{n} (-1)^{k+1} \binom{n}{k} \frac{(n-k)!}{n!} = \sum_{k=1}^{n} \frac{(-1)^{k+1}}{k!}$, woraus $P((\bigcup_{j=1}^{n} E_j)^c) = \sum_{k=0}^{n} \frac{(-1)^k}{k!}$ folgt.

Die Siebformel erlaubt auch eine einfache Antwort auf die durch die am Ende des zweiten Abschnitts behandelten Beispiele motivierte Frage nach der Mächtigkeit der Menge aller surjektiven Abbildungen zwischen endlichen Mengen.

Beispiel *(Mächtigkeit der Menge aller surjektiven Abbildungen zwischen endlichen Mengen)*

Bezeichnet E die Menge $\{f : f : \{1,\ldots,m\} \to \{1,\ldots,n\}$ surjektiv$\}$ mit $m \ge n$, so gilt mit $\Omega := \{f : f : \{1,\ldots,m\} \to \{1,\ldots,n\}\}$ und $E_k := \{f \in \Omega : k \notin f(\{1,\ldots,m\})\}$, $k = 1,\ldots,n$, die

Beziehung $E^c = \bigcup_{k=1}^{n} E_k$. Wegen $|E_{j_1} \cap \ldots \cap E_{j_k}| = (n-k)^m$, $1 \le j_1 < \ldots < j_k \le n$, liefert die Siebformel $|E| = |\Omega| - \sum_{k=1}^{n} (-1)^{k+1} \binom{n}{k} (n-k)^m = \sum_{k=0}^{n} (-1)^k \binom{n}{k} (n-k)^m$.

Zur Anwendung der Subadditivität soll diese Eigenschaft diskreter Verteilungen umformuliert und diese Umformulierung praxisorientiert interpretiert werden:

Beispiel *(Populationsanteil mit mehreren gemeinsamen Merkmalen)*
Aus der Subadditivität einer diskreten Verteilung P über Ω folgt $P(\bigcap_{i=1}^{n} A_i) = 1 - P(\bigcup_{i=1}^{n} A_i^c) \ge 1 - \sum_{i=1}^{n} P(A_i^c) = 1 - \sum_{i=1}^{n} (1 - P(A_i)) = 1 - n + \sum_{i=1}^{n} P(A_i)$, woraus bei Vorgabe von unteren Schranken $p_i \le P(A_i)$, $i = 1,\ldots,n$, folgt $P(\bigcap_{i=1}^{n} A_i) \ge \sum_{i=1}^{n} p_i + 1 - n$. Ist P speziell die Laplace-Verteilung über einer endlichen und nicht leeren Menge Ω und enthält A_i mindestens $p_i \cdot 100$ Prozent von Ω, $i = 1,\ldots,n$, so enthält $\bigcap_{i=1}^{n} A_i$ mindestens $(\sum_{i=1}^{n} p_i + 1 - n) \cdot 100$ Prozent von Ω.

Bisher sind diskrete Verteilungen über einem Ergebnisraum im Zusammenhang mit diskreten Zufallsexperimenten eingeführt worden. Man kann eine diskrete Verteilung aber auch durch ihre wesentlichen Eigenschaften definieren: Eine *diskrete Wahrscheinlichkeitsverteilung* oder kurz *diskrete Verteilung* P über $\Omega \neq \emptyset$ ist eine normierte, nicht-negative und σ-additive Mengenfunktion $P: \mathfrak{P}(\Omega) \to \mathbb{R}$ mit der Eigenschaft, daß es eine abzählbare Teilmenge Ω_o von Ω gibt, so daß $P(\Omega_o) = 1$ zutrifft. Durch $p(\omega) := P(\{\omega\})$, $\omega \in \Omega$, erhält man dann ein diskretes Zufallsexperiment (Ω, p), so daß beide Definitionen für eine diskrete Verteilung P über Ω gleichwertig sind. Dabei ist zu betonen, daß eine diskrete Verteilung P über Ω durch das zugehörige diskrete Zufallsexperiment (Ω, p) gemäß $p(\omega) = P(\{\omega\})$ eindeutig bestimmt ist. Stellt nun Ω eine Gruppe G dar und ersetzt man die Forderung der Existenz einer abzählbaren Teilmenge Ω_o von Ω mit $P(\Omega_o) = 1$ durch die Invarianz $P(gA) = P(A)$ mit $gA := \{gg' : g' \in A\}$, $g \in G$, $A \in \mathfrak{P}(G)$, so charakterisiert dies die Laplace-Verteilung.

Beispiel *(Kennzeichnung der Laplace-Verteilung durch eine Invarianzeigenschaft)*
Es soll gezeigt werden, daß eine nicht negative, normierte und σ-additive Mengenfunktion P über Ω mit Ω als Gruppe G genau dann gemäß $P(gA) = P(A)$, $g \in G$, $A \in \mathfrak{P}(G)$, invariant ist, wenn G endlich und P die Laplace-Verteilung über G ist. Bei endlicher Gruppe G erfüllt natürlich die Laplace-Verteilung

P über G die Invarianzforderung. Zur Behandlung der umgekehrten Fragestellung geht man von der Annahme aus, daß G nicht endlich ist. Bezeichnet $\{g_1, g_2, \ldots\}$ eine abzählbare Teilmenge von G, so ist auch die von $\{g_1, g_2, \ldots\}$ erzeugte Untergruppe $U = \{g_{i_1}^{j_1} \cdot \ldots \cdot g_{i_k}^{j_k} : i_\nu \in \mathbb{N},\ j_\nu \in \{-1,1\},\ \nu = 1,\ldots,k,\ k \in \mathbb{N}\}$ abzählbar.

Die Äquivalenzrelation $g \sim g'$ gemäß $g^{-1}g' \in U$, $g, g' \in G$, erlaubt eine Zerlegung von G in paarweise disjunkte Mengen der Gestalt hU mit $h \in V \subset G$ (Äquivalenzklasse mit Repräsentanten $h \in V$, V vollständiges Repräsentantensystem). Daher kann G auch als abzählbare Vereinigung der paarweise disjunkten Mengen uV, $u \in U$, dargestellt werden, woraus wegen $P(uV) = P(V)$, $u \in U$, zusammen mit der σ-Additivität von P folgt $P(V) = 0$ und damit der Widerspruch $P(G) = 0$. Also ist G endlich und $P(\{g\}) = \frac{1}{|G|}$, $g \in G$.

Aufgrund der Tatsache, daß jedem diskreten Zufallsexperiment (Ω, p) umkehrbar eindeutig eine diskrete Verteilung P über Ω gemäß $P(\{\omega\}) = p(\omega)$, $\omega \in \Omega$, zugeordnet ist, ist das *direkte Produkt* $P_1 \otimes P_2$ von Verteilungen P_i über Ω_i, $i = 1,2$, als diskrete Verteilung über $\Omega_1 \times \Omega_2$ gemäß $(P_1 \otimes P_2)(\{(\omega_1, \omega_2)\}) = P_1(\{\omega_1\})\, P_2(\{\omega_2\})$, $\omega_i \in \Omega_i$, $i = 1,2$, eindeutig bestimmt. Tatsächlich wird hierdurch eine diskrete Verteilung über $\Omega_1 \times \Omega_2$ erklärt, da $\Omega_{P_1} \times \Omega_{P_2}$ mit Ω_{P_i}, als Träger von P_i, $i=1,2$, abzählbar ist und $\sum_{\substack{\omega_j \in \Omega_{P_j} \\ j=1,2}} P_1(\{\omega_1\})\, P_2(\{\omega_2\}) = 1$ gilt. Dabei ist $\Omega_{P_1} \times \Omega_{P_2}$ der Träger $\Omega_{P_1 \otimes P_2}$ von $P_1 \otimes P_2$. Ist P eine diskrete Verteilung über einem Ergebnisraum der Gestalt $\Omega_1 \times \Omega_2$ mit $\Omega_j \neq \emptyset$, $j = 1,2$, so erhält man durch $P_1(\{\omega_1\}) := P(\{\omega_1\} \times \Omega_2)$, $\omega_1 \in \Omega_1$, bzw. $P_2(\{\omega_2\}) := P(\Omega_1 \times \{\omega_2\})$, $\omega_2 \in \Omega_2$, diskrete Verteilungen P_i über Ω_i, $i = 1,2$. Da $E_1 := \{\omega_1 \in \Omega_1 : P(\{\omega_1\} \times \Omega_2) > 0\}$ bzw. $E_2 := \{\omega_2 \in \Omega_2 : P(\Omega_1 \times \{\omega_2\}) > 0\}$ abzählbar ist und $\sum_{\omega_i \in E_i} P_i(\{\omega_i\}) = 1$, $i = 1,2$, gilt, liegt tatsächlich mit P_i, $i = 1,2$, eine diskrete Verteilung über Ω_i, $i = 1,2$, vor. Dabei ist E_i dann der Träger Ω_{P_i} von P_i, $i = 1,2$. Die Verteilungen P_i über Ω_i, $i = 1,2$, heißen die *Randverteilungen (Marginalverteilungen)* von P über $\Omega_1 \times \Omega_2$. Bemerkenswert in diesem Zusammenhang ist, daß eine Laplace-Verteilung über einem kartesischen Produkt von zwei endlichen, nicht leeren Ergebnisräumen dadurch gekennzeichnet ist, daß die zugehörigen Randverteilungen Laplace-Verteilungen sind.

Beispiel *(Kennzeichnung der Laplace-Verteilung durch eine Vererbbarkeitseigenschaft bei direkten Produkten)*

Es sei Ω_i endlich und nicht leer, $i = 1,2$. Dann ist eine diskrete Verteilung P über $\Omega_1 \times \Omega_2$ genau dann die Laplace-Verteilung über $\Omega_1 \times \Omega_2$, wenn die zu P gehörenden Randverteilungen über Ω_i, $i = 1,2$, Laplace-Verteilungen über Ω_i

sind, i = 1,2. Ist nämlich P die Laplace-Verteilung über $\Omega_1 \times \Omega_2$, so gilt $P_1(\{\omega_1\}) = \frac{|\{\omega_1\} \times \Omega_2|}{|\Omega_1 \times \Omega_2|} = \frac{1}{|\Omega_1|}$ für jedes $\omega_1 \in \Omega_1$ und $P_2(\{\omega_2\}) = \frac{|\Omega_1 \times \{\omega_2\}|}{|\Omega_1 \times \Omega_2|}$ $= \frac{1}{|\Omega_2|}$ für alle $\omega_2 \in \Omega_2$. Umgekehrt ist $P_1 \otimes P_2$ die Laplace-Verteilung über $\Omega_1 \times \Omega_2$, wenn P_i die Laplace-Verteilung über Ω_i, i = 1,2, ist. Dies folgt sofort aus $(P_1 \otimes P_2)(\{(\omega_1,\omega_2)\}) = \frac{1}{|\Omega_1|} \cdot \frac{1}{|\Omega_2|} = \frac{1}{|\Omega_1 \times \Omega_2|}$ für alle $(\omega_1,\omega_2) \in \Omega_1 \times \Omega_2$.

Natürlich läßt sich der Begriff des direkten Produkts auf endlich viele diskrete Verteilungen P_i über Ω_i, i = 1,...,r, verallgemeinern, indem man $P_1 \otimes \ldots \otimes P_r$ als diskrete Verteilung gemäß $(P_1 \otimes \ldots \otimes P_r)(\{(\omega_1,\ldots,\omega_r)\}) := P_1(\{\omega_1\}) \cdot \ldots \cdot P_r(\{\omega_r\})$, $\omega_i \in \Omega_i$, i= 1,...,r, einführt. Ferner kann zu jeder diskreten Verteilung P über $\Omega_1 \times \ldots \times \Omega_r$ eine *s–dimensionale Randverteilung* $P_{i_1,\ldots,i_s}$ über $\Omega_{i_1} \times \ldots \times \Omega_{i_s}$, $1 \le i_1 < \ldots < i_s \le r$ $(1 \le s \le r)$ eingeführt werden, indem man $P_{i_1,\ldots,i_s}(\{(\omega_{i_1},\ldots,\omega_{i_s})\})$ $= P(\Omega_1 \times \ldots \times \Omega_{i_1-1} \times \{\omega_{i_1}\} \times \Omega_{i_1+1} \times \ldots \times \Omega_{i_s-1} \times \{\omega_{i_s}\} \times \Omega_{i_s+1} \times \ldots \times \Omega_r)$ für $\omega_{i_j} \in \Omega_{i_j}$, j = 1,...,s, setzt. Auf diese Weise entsteht eine diskrete Verteilung über $\Omega_{i_1} \times \ldots \times \Omega_{i_s}$, wobei man im Fall s = 1 die für r = 2 schon bekannten eindimensionalen Randverteilungen P_i über Ω_i, i = 1,...,r, erhält.

Beispiel *(Randverteilungen der Multinomialverteilung)*

Es sei P die $\mathfrak{M}(n,p_1,\ldots,p_m)$-Verteilung. Dann sind die zu P gehörenden eindimensionalen Randverteilungen P_j Binomialverteilungen mit den Parametern n und p_j, j = 1,...,n. Im Fall j = 1 erhält man nämlich $P_1(\{k_1\}) =$

$$\sum_{\substack{k_j \in \mathbb{N}_0 \\ j=2,\ldots,m \\ k_2+\ldots+k_m=n-k_1}} \frac{n!}{k_1!k_2!\ldots k_m!} p_1^{k_1} \cdot \ldots \cdot p_m^{k_m} =$$

$$\frac{n!}{k_1!(n-k_1)!} p_1^{k_1} \sum_{\substack{k_j \in \mathbb{N}_0 \\ j=2,\ldots,m \\ k_2+\ldots+k_m=n-k_1}} \frac{(n-k_1)!}{k_2!\ldots k_m!} p_2^{k_2} \cdot \ldots \cdot p_m^{k_m} = \binom{n}{k_1} p_1^{k_1}(p_2+\ldots+p_m)^{n-k_1}$$

$= \binom{n}{k_1} p_1^{k_1}(1-p_1)^{n-k_1}$. Entsprechend erhält man für die s-dimensionale Randverteilung $P_{i_1,\ldots,i_s}$ $(2 \le s \le m)$ eine $\mathfrak{M}(n,p'_1,\ldots,p'_s)$-Verteilung mit $p'_j := p_{i_j}$, j = 1,...,s-1, $p'_s := 1 - p_{i_1} - \ldots - p_{i_s}$.

Beispiel *(Randverteilungen der mehrdimensionalen hypergeometrischen Verteilung)*

Es sei P die $\mathfrak{MH}(N,M_1,\ldots,M_m, n)$-Verteilung. Dann sind die zugehörigen eindimensionalen Randverteilungen P_j jeweils $\mathfrak{H}(N,M_j,n)$-Verteilungen, j = 1,...,m.

Im Fall j = 1 gilt nämlich

$$P_1(\{k_1\}) = \sum_{\substack{k_j \in \mathbb{N}_0 \\ j=2,\dots,m \\ k_2+\dots+k_m=n-k_1}} \frac{\binom{M_1}{k_1}\cdot\binom{M_2}{k_2}\cdot\ldots\cdot\binom{M_m}{k_m}}{\binom{N}{n}} =$$

$$= \frac{\binom{M_1}{k_1}\binom{N-M_1}{n-k_1}}{\binom{N}{n}} \cdot \sum_{\substack{k_j \in \mathbb{N}_0 \\ j=2,\dots,m \\ k_2+\dots+k_m=n-k_1}} \frac{\binom{M_2}{k_2}\cdot\ldots\cdot\binom{M_m}{k_m}}{\binom{M_2+\dots+M_m}{k_2+\dots+k_m}} = \frac{\binom{M_1}{k_1}\binom{N-M_1}{n-k_1}}{\binom{N}{n}}.$$ Analog erhält

man für die s-dimensionale Randverteilung $P_{i_1,\dots,i_s}$ eine $\mathfrak{MH}(N,M_1',\dots,M_s',n)$-Verteilung mit $M_j' := M_{i_j}$, $j = 1,\dots,s-1$, $M_s' := N-M_{i_1}-\dots-M_{i_s}$ $(2 \le s \le m)$.

Im nächsten Abschnitt wird gezeigt werden, daß eine diskrete Verteilung i.a. nicht durch ihre eindimensionalen Randverteilungen bestimmt ist.

5. Elementare bedingte Wahrscheinlichkeiten und stochastische Unabhängigkeit von Ereignissen

Die Sprechweise "ein Ereignis $A \in \mathfrak{P}(\Omega)$ tritt auf" ist bereits dadurch erklärt worden, daß ein Ergebnis $\omega \in A$ beobachtet wird. Dabei heißt $A = \emptyset$ das *unmögliche Ereignis* bzw. $A = \Omega$ das *sichere Ereignis* sowie $A = \{\omega\}$, $\omega \in \Omega$, *Elementarereignis*. Insbesondere ist mit $A, B \in \mathfrak{P}(\Omega)$ die *Vereinigung* $A \cup B$ das Ereignis, daß A oder B auftritt, der *Durchschnitt* $A \cap B$ das Ereignis, daß A und B auftritt und das *Komplement* A^c das Ereignis, daß A nicht auftritt. Sind A und B disjunkt, so schreibt man für $A \cup B$ auch $A + B$ und für $\bigcup_{i=1}^{k} A_i$ bei paarweise disjunkten A_i, $i = 1,\ldots,k$ $(\leq \infty)$, $\sum_{i=1}^{k} A_i$. Statt $A \cap B$ wird manchmal auch kurz AB geschrieben. Das Ereignis, daß entweder A oder B auftritt, wird mit $A \Delta B$ bezeichnet. Es gilt $A \Delta B = (A \cup B) \cap (A \cap B)^c = A \cap B^c + A^c \cap B$.

Ist nun speziell P die Laplace-Verteilung über einer endlichen, nicht leeren Menge Ω als Ergebnisraum, so gilt für die Wahrscheinlichkeit $P(A|B)$ dafür, daß A eintritt unter der Bedingung, daß $B \neq \emptyset$ bereits eingetreten ist $\frac{|A \cap B|}{|B|}$, also $P(A|B) = \frac{P(A \cap B)}{P(B)}$. Man nennt daher bei beliebiger diskreter Verteilung P über Ω mit $A, B \in \mathfrak{P}(\Omega)$, $P(B) > 0$, den Ausdruck $\frac{P(A \cap B)}{P(B)}$ *elementare bedingte Wahrscheinlichkeit* (in Zeichen: $P(A|B)$). Tatsächlich ist durch $A \rightarrow \frac{P(A \cap B)}{P(B)}$, $A \in \mathfrak{P}(\Omega)$, wieder eine diskrete Verteilung über Ω gegeben. Insbesondere heißen die Ereignisse $A, B \in \mathfrak{P}(\Omega)$ *unter P stochastisch unabhängig* (wenn klar ist, welche diskrete Verteilung über Ω zugrundeliegt, wird im folgenden auch kurz *"stochastisch unabhängig"* gesagt, obgleich zwei Ereignisse unter einer diskreten Verteilung P stochastisch unabhängig und unter einer anderen diskreten Verteilung P' stochastisch abhängig sein können), falls $P(A|B) = P(A)$ also $P(A \cap B) = P(A)P(B)$ gilt. Dabei wird in der letzten Beziehung nicht $P(B) > 0$ vorausgesetzt. Allerdings folgt natürlich aus $P(B) = 0$ für beliebiges $A \in \mathfrak{P}(\Omega)$ stets $P(A \cap B)$ $(= 0) = P(A)P(B)$. Gilt $P(B) = 1$, so trifft ebenfalls wieder $P(A \cap B) (= P(A)) = P(A)P(B)$ zu. Durch Abänderung einer Laplace-Verteilung über einer n-elementigen Menge mit $n > 1$ für ein Ergebnis, z. B. $n \in \Omega = \{1,\ldots,n\}$ gemäß $P(\{i\}) = p$, $i = 1,2,\ldots,n-1$, und $P(\{n\}) = 1-(n-1)p$ mit $0 < p < \frac{1}{n-1}$ und p irrational, erhält man eine diskrete Verteilung P über Ω mit der Eigenschaft, daß aus der stochastischen Unabhängigkeit von $A, B \in \mathfrak{P}(\Omega)$ folgt $A \in \{\emptyset, \Omega\}$ oder $B \in \{\emptyset, \Omega\}$. Um dies einzusehen, wird zunächst gezeigt, daß aus der stochastischen Unabhängigkeit von $A, B \in \mathfrak{P}(\Omega)$ unter einer beliebigen diskreten Verteilung stets folgt $P(A \cap B^c) = P(A)P(B^c)$, $P(A^c \cap B) = P(A^c)P(B)$ und $P(A^c \cap B^c) = P(A^c)P(B^c)$. Aus Symmetriegründen braucht nur $P(A \cap B^c) = P(A)P(B^c)$ gezeigt werden, was aber aus der Subtraktivität von P wegen $P(A \cap B^c) = P(A \cap (A \cap B)^c) = P(A) - P(A \cap B) = P(A) - P(A)P(B) =$

$P(A)(1 - P(B)) = P(A)P(B^c)$ folgt. Im Spezialfall kann daher $\Omega \notin A \cup B$ und $A,B \neq \emptyset$ angenommen werden, falls es unter P stochastisch unabhängige $A,B \in \mathfrak{P}(\Omega)$ mit $A,B \notin \{\emptyset,\Omega\}$ gibt. Dann gilt $P(A \cap B) = p|A \cap B| = P(A)P(B) = p|A| \cdot p|B|$, also $p = \frac{|A \cap B|}{|A| \cdot |B|}$, d. h. p wäre eine rationale Zahl.

Als Anwendung elementarer bedingter Wahrscheinlichkeiten bzw. des Begriffs der stochastischen Unabhängigkeit soll das zweimalige Ziehen aus einer Urne ohne bzw. mit (und dann unabhängig) Zurücklegen behandelt werden. Für die bedingte Wahrscheinlichkeit dafür, daß im zweiten Zug eine rote Kugel gezogen wird unter der Bedingung, daß bereits im ersten Zug ohne Zurücklegen eine rote Kugel gezogen worden ist, gilt $\frac{r-1}{r+s-1}$. Daher beträgt die Wahrscheinlichkeit beim zweimaligen Ziehen ohne Zurücklegen, daß sowohl im ersten als auch im zweiten Zug eine rote Kugel gezogen wird, $\frac{r-1}{r+s-1} \cdot \frac{r}{r+s}$. Entsprechend erhält man für die Wahrscheinlichkeit beim zweimaligen Ziehen ohne Zurücklegen im ersten Zug eine schwarze Kugel und im zweiten Zug eine rote Kugel zu ziehen $\frac{r}{r+s-1} \cdot \frac{s}{r+s}$, so daß die Wahrscheinlichkeit beim zweimaligen Ziehen ohne Zurücklegen dafür, daß im zweiten Zug eine rote Kugel gezogen wird, $\frac{r-1}{r+s-1} \cdot \frac{r}{r+s} + \frac{r}{r+s-1} \cdot \frac{s}{r+s} = \frac{r}{(r+s-1)(r+s)}(r-1+s) = \frac{r}{r+s}$ beträgt, also mit der Wahrscheinlichkeit übereinstimmt, im ersten Zug eine rote Kugel zu ziehen. Aus Symmetriegründen erhält man für die Wahrscheinlichkeit beim zweimaligen Ziehen ohne Zurücklegen dafür, daß im zweiten Zug eine schwarze Kugel gezogen wird, $\frac{s}{r+s}$. Daher stimmen die eindimensionalen Randverteilungen beim zweimaligen Ziehen ohne Zurücklegen mit denen beim zweimaligen unabhängigen Ziehen überein, ohne daß die Wahrscheinlichkeit dafür, daß z. B. in beiden Zügen eine rote Kugel gezogen wird, übereinstimmt. Beim Ziehen ohne Zurücklegen ergab sich hierfür die Wahrscheinlichkeit $\frac{r(r-1)}{(r+s)(r+s-1)}$, während sich aufgrund der stochastischen Unabhängigkeit der beiden betreffenden Ereignisse beim zweimaligen unabhängigen Ziehen $(\frac{r}{r+s})^2$ ergibt. Hieraus folgt insbesondere, daß eine diskrete Verteilung i.a. nicht eindeutig durch ihre eindimensionalen Randverteilungen bestimmt ist.

Bevor einige Rechenregeln für elementare bedingte Wahrscheinlichkeiten behandelt werden, soll als weitere Anwendung elementarer bedingter Wahrscheinlichkeiten nochmals die Wahrscheinlichkeit dafür bestimmt werden, daß beim Ziehen ohne Zurücklegen aus einer Urne mir r roten und s schwarzen Kugeln genau k schwarze Kugeln gezogen werden, bis zum ersten Mal r_o ($\leq r$) rote Kugeln vorliegen. Zunächst gilt für die Wahrscheinlichkeit dafür, daß bis zum $(k + r_o - 1)$-ten Zug genau $r_o - 1$ rote Kugeln gezogen werden,

$\frac{\binom{r}{r_o-1}\binom{s}{k}}{\binom{r+s}{k+r_o-1}}$, während unter dieser Bedingung für die Wahrscheinlichkeit dafür, daß im $(k+r_o)$-ten Zug eine rote Kugel gezogen wird, $\frac{r-r_o+1}{r+s-k-r_o+1}$ gilt. Hieraus resultiert für die gesuchte Wahrscheinlichkeit

$$\frac{\binom{r}{r_o-1}\binom{s}{k}(r-r_o+1)}{\binom{r+s}{k+r_o-1}(r+s-k-r_o+1)} = \frac{\binom{k+r_o-1}{r_o-1}\binom{r+s-r_o-k}{r-r_o}}{\binom{r+s}{r}}.$$

Eine häufig verwendete Aussage, elementare bedingte Wahrscheinlichkeiten betreffend, bezieht sich auf den *Satz von der totalen Wahrscheinlichkeit:* Es seien A und $A_1,\ldots,A_n \in \mathfrak{P}(\Omega)$, wobei die A_j, $j = 1,\ldots,n$, paarweise disjunkt sind und $A \subset \sum_{i=1}^{n} A_i$ zutrifft. Dann gilt für jede diskrete Wahrscheinlichkeitsverteilung P über Ω mit $P(A_i) > 0$, $i = 1,\ldots,n$, $P(A) = \sum_{i=1}^{n} P(A|A_i)P(A_i)$. Dies folgt sofort aus $P(A) = P(\sum_{i=1}^{n} (A \cap A_i)) = \sum_{i=1}^{n} P(A \cap A_i) = \sum_{i=1}^{n} P(A|A_i)P(A_i)$. Als Anwendung wird das folgende Beispiel behandelt.

Beispiel *(Ruinwahrscheinlichkeit eines Spielers)*
Es wird eine ungefälschte Münze geworfen, wobei der Spieler 1 DM erhält bzw. bezahlen muß, falls "Wappen" bzw. "Zahl" geworfen worden ist. Das Anfangskapital des Spielers betrage a DM ($a \in \mathbb{N}_o$) und das Zielkapital sei b DM ($b \in \mathbb{N}$, $b \geq a$). Gesucht ist die Wahrscheinlichkeit für den Ruin des Spielers, d. h. das Kapital des Spielers ist 0, wobei das Spiel dann beendet ist. Dasselbe gilt für den Fall, daß der Spieler das Zielkapital erreicht. Bezeichnet man die gesuchte Wahrscheinlichkeit mit $p_b(a)$, so gilt nach dem Satz von der totalen Wahrscheinlichkeit mit den bedingenden Ereignissen "Wappen" bzw. "Zahl" im ersten Wurf die Rekursionsformel $p_b(a) = \frac{1}{2} p_b(a+1) + \frac{1}{2} p_b(a-1)$, $a \in \{1,\ldots,b-1\}$, $p_b(0) = 1$, $p_b(b) = 0$. Hieraus folgt $p_b(a+1) - p_b(a) = p_b(a) - p_b(a-1) = p_b(a-1) - p_b(a-2) = \ldots = p_b(1) - p_b(0) = p_b(1) - 1 =: c$, d. h. $p_b(a) = c + p_b(a-1) = 2c + p_b(a-2) = \ldots = (a-1)c + p_b(1) = a\,c + p_b(0) = a\,c + 1$ für $a \in \{0,1,\ldots,b\}$, so daß der Fall $a = b$ die Bestimmungsgleichung $0 = bc + 1$ für c liefert, d. h. es gilt $c = -\frac{1}{b}$ und damit schließlich $p_b(a) = 1 - \frac{a}{b}$. Bezeichnet nun $q_b(a)$ die Wahrscheinlichkeit, daß der Spieler das Zielkapital erreicht, so gelten dieselben Rekursionsformeln, allerdings mit anderen Nebenbedingungen, nämlich $q_b(0) = 0$ und $q_b(b) = 1$, so daß aus $q_b(a) = da + q_b(0) = da$ für $a \in \{0,1,\ldots,b\}$ der Fall $a = b$ die Bestimmungsgleichung $1 = db$ für d liefert, d. h. es gilt $d = \frac{1}{b}$ und damit $q_b(a) = \frac{a}{b} = 1 - p_b(a)$. Der Ergebnisraum für dieses Zufallsexperiment als Menge aller Folgen, die aus 1 bzw. -1 bestehen, ist nicht abzählbar. Man kann aber zunächst alle Folgen der Länge n betrachten mit zugehöriger Ruinwahrscheinlichkeit $p_b^{(n)}(a)$. Wegen $p_b^{(n)}(a) \leq p_b^{(n+1)}(a)$ existiert

$\lim_{n\to\infty} p_b^{(n)}(a)$ und kann als Ruinwahrscheinlichkeit $p_b(a)$ interpretiert werden. Es ist interessant, daß dieselbe Ruinwahrscheinlichkeit bzw. Gewinnwahrscheinlichkeit auftritt, wenn der Spieler die sogenannte kühne Strategie spielt.

Beispiel *(Kühne Strategie)*
Ist $a \in [0, \frac{b}{2}]$, so wird das Kapital von a DM eingesetzt und der Spieler erhält oder verliert a DM jeweils mit Wahrscheinlichkeit 1/2. Bei $a \in [\frac{b}{2}, b]$ wird b - a DM eingesetzt und der Spieler erhält oder verliert diesen Betrag jeweils mit Wahrscheinlichkeit 1/2. Bezeichnet $q_b(a)$ wieder die Wahrscheinlichkeit, daß der Spieler das Zielkapital von b DM erreicht, so gelten nach dem Satz von der totalen Wahrscheinlichkeit die Rekursionsformeln $q_b(a) = \frac{1}{2} q_b(2a)$ für $a \in [0, \frac{b}{2}]$, $q_b(a) = \frac{1}{2} + \frac{1}{2} q_b(2a - b)$ für $a \in [\frac{b}{2}, b]$, während sich für die Ruinwahrscheinlichkeit $p_b(a)$ die Rekursionsformeln $p_b(a) = \frac{1}{2} + \frac{1}{2} p_b(2a)$, $a \in [0, \frac{b}{2}]$, und $p_b(a) = \frac{1}{2} p_b(2a - b)$, $a \in [\frac{b}{2}, b]$, ergeben. Mit $f_b(\alpha) := q_b(b\alpha) - \alpha$, $\alpha \in A_b := \{\frac{a}{b}: a \in \mathbb{N}_0, a \le b\}$ $(b \in \mathbb{N})$ gilt dann $f_b(\alpha) = \frac{1}{2} f_b(2\alpha)$, $\alpha \in A_b \cap [0, \frac{1}{2}]$, und $f_b(\alpha) = \frac{1}{2} f_b(2\alpha - 1)$, $\alpha \in A_b \cap [\frac{1}{2}, 1]$. Es soll jetzt $f_b(\alpha) = 0$ für $\alpha \in A_b$ gezeigt werden, woraus $q_b(a) = \frac{a}{b}$ und $p_b(a) = 1 - \frac{a}{b}$ folgt, denn $1 - p_b$ erfüllt die Rekursionsformeln von q_b einschließlich der Nebenbedingungen $q_b(0) = 0$, $q_b(b) = 1$. Bezeichnet $\alpha_M \in A_b$ bzw. $\alpha_m \in A_b$ eine Maximal- bzw. Minimalstelle von f_b auf A_b, so gilt im Fall $\alpha_M \in [0, \frac{1}{2}]$ die Ungleichung $f_b(\alpha_M) = \frac{1}{2} f_b(2\alpha_M) \le \frac{1}{2} f_b(\alpha_M)$, also $f_b(\alpha_M) \le 0$, während im Fall $\alpha_M \in [\frac{1}{2}, 1]$ die Ungleichung $f_b(\alpha_M) = \frac{1}{2} f_b(2\alpha_M - 1) \le \frac{1}{2} f_b(\alpha_M)$, also wieder $f_b(\alpha_M) \le 0$ zutrifft. Analog zeigt man $f_b(\alpha_m) \ge 0$, woraus $f_b(\alpha) = 0$ für $\alpha \in A_b$ folgt.

Eine weitere wichtige Aussage für elementare bedingte Wahrscheinlichkeiten betrifft die *Formel von Bayes:* Für jede diskrete Wahrscheinlichkeitsverteilung P über Ω mit $P(B_i) > 0$ für $B_i \in \mathfrak{P}(\Omega)$, paarweise disjunkt, $i = 1,2,\ldots,n$ gilt:
$P(B_k|B) = \frac{P(B_k)P(B|B_k)}{\sum_{i=1}^{n} P(B_i)P(B|B_i)}$, $k = 1,2,\ldots,n$, falls für $B \in \mathfrak{P}(\Omega)$ die Beziehung $B \subset \sum_{i=1}^{n} B_i$ und $P(B) > 0$ zutrifft. Der Nachweis der Gültigkeit der Formel von Bayes folgt aus dem Satz von der totalen Wahrscheinlichkeit, wonach $P(B) = \sum_{i=1}^{n} P(B_i)P(B|B_i)$ gilt, wenn man beachtet, daß $P(B_k \cap B) = P(B_k|B)P(B) = P(B|B_k)P(B_k)$, $k = 1,2,\ldots,n$, zutrifft. Dann ergibt sich nämlich

$$P(B_k|B) = \frac{P(B_k \cap B)}{P(B)} = \frac{P(B_k)P(B|B_k)}{P(B)}, \quad k = 1,2,\ldots,n.$$

Als Anwendung wird ein häufiges Prüfungsverfahren für Eignungstests behandelt.

Beispiel *(Multiple choice Verfahren)*
Einem Studenten wird in einer Prüfung eine Frage vorgelegt, zu der es n mögliche Antworten gibt, von denen genau eine richtig ist. Es bezeichne $p \in (0,1)$ die Wahrscheinlichkeit dafür, daß sich der Student auf die Prüfung vorbereitet hat. Ferner wird angenommen, daß der Student die Frage richtig beantwortet, wenn er sich auf die Prüfung vorbereitet hat. Im anderen Fall wird mit Wahrscheinlichkeit $1/n$ eine der Antworten zufällig ausgewählt. Es soll nun in Abhängigkeit von n und p die Wahrscheinlichkeit dafür bestimmt werden, daß der Student sich auf die Prüfung vorbereitet hat, falls er die Frage richtig beantwortet. Zu diesem Zweck bezeichne A das Ereignis, daß der Student die Frage richtig beantwortet, und B das Ereignis, daß der Student sich auf die Prüfung vorbereitet hat. Dann gilt also zunächst $P(B) = p$, $P(B^c) = 1 - p$, $P(A|B) = 1$, $P(A|B^c) = 1/n$. Hieraus folgt nach der Formel von Bayes $P(B|A) = \frac{P(A|B)P(B)}{P(A|B)P(B)+P(A|B^c)P(B^c)} = \frac{p}{p+(1-p)\cdot 1/n}$. Insbesondere konvergiert also $P(B|A)$ für $n \to \infty$ monoton wachsend gegen 1, was man intuitiv erwartet.

Eine weitere wichtige Aussage für elementare bedingte Wahrscheinlichkeiten betrifft den *Multiplikationssatz für elementare bedingte Wahrscheinlichkeiten:* Für jede diskrete Wahrscheinlichkeitsverteilung P über Ω mit $P(A_0 \cap A_1 \cap \ldots \cap A_{n-1}) > 0$ für $A_j \in \mathfrak{P}(\Omega)$, $j = 0,1,\ldots,n-1$, gilt $P(A_0 \cap A_1 \cap \ldots \cap A_n) = P(A_0)P(A_1|A_0)P(A_2|A_0 \cap A_1)\ldots P(A_n|A_0 \cap A_1 \cap \ldots \cap A_{n-1})$ bei beliebigem Ereignis $A_n \in \mathfrak{P}(\Omega)$. Dies folgt unmittelbar aus der Definition elementarer bedingter Wahrscheinlichkeiten. Als Anwendung wird nochmals die Wahrscheinlichkeit für einen Doppelgeburtstag behandelt.

Beispiel *(Doppelgeburtstag, konstante Einzelwahrscheinlichkeiten)*
Es bezeichne A_i das Ereignis, daß die $(i + 1)$-te Person einen Geburtstag hat, der verschieden ist von den Geburtstagen der vorangehenden Personen $1,\ldots,i$, $i = 1,\ldots,r-1$ (r Anzahl der Personen). Dann gilt unter der Annahme, daß die einzelnen Wahrscheinlichkeiten dafür, daß ein bestimmter Tag des Jahres als Geburtstag in Frage kommt, konstant $\frac{1}{365}$ ist, $P(A_i|A_0 \cap \ldots \cap A_{i-1}) = \frac{365-i}{365}$, $i = 1,\ldots,r-1$ ($A_0 = \Omega$), also $P(A_1 \cap A_2 \cap \ldots \cap A_{r-1}) = \frac{365(365-1)\ldots(365-r+1)}{365^r} = \frac{\binom{365}{r}r!}{365^r}$, so daß $1 - \frac{\binom{365}{r}r!}{365^r}$ die Wahrscheinlichkeit dafür ist, daß bei r Personen mindestens ein Doppelgeburtstag auftritt.

Für zwei Ereignisse ist bereits die stochastische Unabhängigkeit unter einer diskreten Wahrscheinlichkeitsverteilung definiert worden. Allgemeiner heißen

$A_1,\dots,A_n \in \mathfrak{P}(\Omega)$ *stochastisch unabhängig* unter einer diskreten Wahrscheinlichkeitsverteilung P über Ω, wenn $P(A_{i_1} \cap \dots \cap A_{i_m}) = P(A_{i_1}) \cdot \ldots \cdot P(A_{i_m})$ für alle $i_j \in \{1,\dots,n\}$, $j = 1,\dots,m$, $1 \le i_1 < \dots < i_m \le n$, $2 \le m \le n$, gilt. Es soll gezeigt werden, daß die Gültigkeit dieser $2^n - n - 1$ $(= \sum_{m=2}^{n} \binom{n}{m})$ Gleichungen äquivalent ist mit der Gültigkeit der folgenden 2^n Gleichungen: $P(B_1 \cap B_2 \cap \dots \cap B_n) = P(B_1)P(B_2) \cdot \ldots \cdot P(B_n)$ mit $B_j \in \{A_j, A_j^c\}$, $j = 1,\dots,n$. Aus den letzten 2^n Gleichungen folgen die $2^n - n - 1$ Gleichungen, welche die stochastische Unabhängigkeit von $A_1,\dots,A_n$ definieren, wenn man beachtet, daß z. B. durch Addition der beiden Gleichungen $P(A_1 \cap B_2 \cap \dots \cap B_n) = P(A_1)P(B_2) \cdot \ldots \cdot P(B_n)$ und $P(A_1^c \cap B_2 \cap \dots \cap B_n) = P(A_1^c)P(B_2) \cdot \ldots \cdot P(B_n)$ die Gleichung $P(B_2 \cap \dots \cap B_n) = P(B_2) \cdot \ldots \cdot P(B_n)$ entsteht. Durch dieses Verfahren stellt man leicht jede der $2^n - n - 1$ Gleichungen für die stochastische Unabhängigkeit her. Umgekehrt folgt aus der stochastischen Unabhängigkeit von $A_1,\dots,A_n$ zusammen mit der Siebformel $P(\bigcup_{i=1}^{m} A_i \cap A_{m+1} \cap \dots \cap A_n) =$ $P(A_{m+1}) \cdot \ldots \cdot P(A_n) \sum_{k=1}^{m} (-1)^{k+1} \sum_{1 \le i_1 < \dots < i_k \le m} P(A_{i_1} \cap \dots \cap A_{i_k}) =$ $P(A_{m+1} \cap \dots \cap A_n) P(\bigcup_{i=1}^{m} A_i)$, $1 \le m < n$, und damit $P((\bigcup_{i=1}^{m} A_i)^c \cap A_{m+1} \cap \dots \cap A_n) =$ $P(A_1^c) \cdot \ldots \cdot P(A_m^c) P(A_{m+1}) \cdot \ldots \cdot P(A_n)$, $1 \le m < n$, da wiederum nach der Siebformel $P(\bigcap_{i=1}^{m} A_i^c) = P(A_1^c \cdot \ldots \cdot P(A_m^c)$ zutrifft. Auf diese Weise entsteht jede der 2^n Gleichungen $P(B_1 \cap \dots \cap B_n) = P(B_1) \cdot \ldots \cdot P(B_n)$, $B_j \in \{A_j, A_j^c\}$, $j = 1,\dots,n$.

Als Anwendung des Begriffs der stochastischen Unabhängigkeit soll nochmals das Problem der Wahrscheinlichkeit für einen Doppelgeburtstag behandelt werden, allerdings nunmehr für nicht konstante Wahrscheinlichkeit dafür, daß ein bestimmter der 365 Tage eines Jahres als Geburtstag in Frage kommt.

Beispiel *(Doppelgeburtstag, nicht konstante Einzelwahrscheinlichkeiten)*
Bezeichnet p_j die Wahrscheinlichkeit, daß $j \in \{1,\dots,365\}$ ein Geburtstag von einer der r betrachteten Personen ist, so gilt aufgrund der stochastischen Unabhängigkeit der Ereignisse, daß i_j, $j = 1,\dots,r$, mit $i_1 < i_2 < \dots < i_r$ als Geburtstag in Frage kommt, für die Wahrscheinlichkeit, daß alle r Personen an verschiedenen Tagen Geburtstag haben $r! \sum_{1 \le i_1 < \dots < i_r \le n} p_{i_1} \cdot \ldots \cdot p_{i_r}$ mit $n = 365$. Dabei heißt $S_{r,n}$ mit $S_{r,n}(p_1,\dots,p_n) := \sum_{1 \le i_1 < \dots < i_r \le n} p_{i_1} \cdot \ldots \cdot p_{i_r}$ symmetrisches Polynom der Ordnung r, wobei $r \le n$ und n im folgenden eine sonst beliebige natürliche Zahl ist. Es soll zunächst für $r \ge 2$ (und $r \le n$) gezeigt werden, daß $S_{r,n}$ für $p_1 = p_2 = \dots = p_n = \frac{1}{n}$ maximal ist (unter allen $p_j \ge 0$, $j = 1,\dots,n$, mit $\sum_{j=1}^{n} p_j = 1$). Zu diesem Zweck wird zunächst für $2 < r \le n$ die Beziehung
$S_{r,n}(p_1,\dots,p_n) = S_{r,n-2}(p_2,\dots,p_{n-1}) + (p_1 + p_n) S_{r-1,n-2}(p_2,\dots,p_{n-1}) +$

$p_1p_nS_{r-2,n-2}(p_2,\dots,p_{n-1})$ nachgewiesen, aus der sich dann $S_{r,n}(\frac{p_1+p_n}{2},p_2,\dots,p_{n-1},\frac{p_1+p_2}{2}) - S_{r,n}(p_1,\dots,p_n) = (\frac{p_1-p_2}{2})^2 S_{r-2,n-2}(p_2,\dots,p_{n-1})$ und damit die behauptete Maximalität von $S_{r,n}$ für $p_1 = p_2 = \dots = p_n = \frac{1}{n}$ ergibt. Im Fall $r = 2$ ist dies wegen $2S_{2,n}(p_1,\dots,p_n) = (\sum_{j=1}^n p_j)^2 - \sum_{j=1}^n p_j^2 = 1 - \sum_{j=1}^n p_j^2$ klar, so daß speziell für $n = 365$ gezeigt worden ist, daß die Wahrscheinlichkeit für mindestens einen Doppelgeburtstag bei r Personen am kleinsten ist, wenn die einzelnen Wahrscheinlichkeiten, daß ein bestimmter Tag des Jahres als Geburtstag in Frage kommt, konstant $\frac{1}{365}$ ist. Es bleibt allerdings noch die Beziehung $S_{r,n}(p_1,\dots,p_n) = S_{r,n-2}(p_2,\dots,p_{n-1}) + (p_1+p_n)S_{r-1,n-2}(p_2,\dots,p_{n-1}) + p_1p_n S_{r-2,n-2}(p_2,\dots,p_{n-1})$ für $2 < r \le n$ zu beweisen. Zu diesem Zweck beachtet man, daß $S_{r,n}(p_1,\dots,p_n)$ der Koeffizient von t^r des Polynoms $P(t) := (1+p_1t)\cdot\ldots\cdot(1+p_nt)$, $t \in \mathbb{R}$ ist, also $S_{r,n}(p_1,\dots,p_n) = \frac{1}{r!}\frac{d^r}{dt^r}P(t)\big|_{t=0}$ gilt. Die Leibnizsche Regel für das Differenzieren von Produkten von Funktionen liefert dann $S_{r,n}(p_1,\dots,p_n) = \frac{1}{r!}\sum_{k=0}^{2}[\binom{r}{k}\frac{d^k}{dt^k}(1+p_1t)(1+p_nt)\big|_{t=0}\cdot\frac{d^{r-k}}{dt^{r-k}}(1+p_2t)\ldots$

$$\ldots(1+p_{n-1}t)\big|_{t=0}] = \frac{1}{r!}\binom{r}{2}2p_1p_n\frac{d^{r-2}}{dt^{r-2}}(1+p_2t)\cdot\ldots\cdot(1+p_{n-1}t)\big|_{t=0} +$$

$$\frac{1}{r!}r(p_1+p_n)\frac{d^{r-1}}{dt^{r-1}}(1+p_2t)\cdot\ldots\cdot(1+p_{n-1}t)\big|_{t=0} + \frac{1}{r!}\frac{d^r}{dt^r}(1+p_2t)\cdot\ldots\cdot(1+p_{n-1}t)\big|_{t=0}$$

$$= p_1p_nS_{r-2,n-2}(p_2,\dots,p_n) + (p_1+p_n)S_{r-1,n-2}(p_2,\dots,p_{n-1}) + S_{r,n-2}(p_2,\dots,p_{n-1}).$$

Einen anderen Beweis dafür daß $r!\sum_{1\le i_1<\ldots<i_r\le n} p_{i_1}\cdot\ldots\cdot p_{i_r}$ für $p_1 = \dots = p_n = \frac{1}{n}$ mit $1 \le r \le n$ maximal ist, läßt sich mit Hilfe der Kennzeichnung der Laplace-Verteilung durch Extremaleigenschaften führen, wonach für jede durch ein diskretes Zufallsexperiment $(\{1,\dots,n\},p)$ mit $p: \{1,\dots,n\} \to \mathbb{R}$ monoton fallend definierte Verteilung P über $\{1,\dots,n\}$ eine Darstellung $P = \sum_{k=1}^n \alpha_k P_k$ mit P_k als Laplace-Verteilung über $\{1,\dots,k\}$ und $\alpha_k \ge 0$, $k = 1,\dots,n$, $\sum_{k=1}^n \alpha_k = 1$ möglich ist. Dann gilt also für das Ereignis $E := \{(\omega_1,\dots,\omega_r) \in \Omega: \omega_i \ne \omega_j,\ i \ne j,\ i,j \in \{1,\dots,r\}\}$ mit $P^{(r)} := P \otimes \ldots \otimes P$ und $\Omega := \{1,\dots,n\}^r$ die Gleichung $P^{(r)}(E) = r!\sum_{1\le i_1<\ldots<i_r\le n} p_{i_1}\cdot\ldots\cdot p_{i_r}$, wobei $\hat{\pi}(E) = E$ für jedes $\hat{\pi}: \Omega \to \Omega$ mit $\hat{\pi}(\omega_1,\dots,\omega_r) = (\omega_{\pi(1)},\dots,\omega_{\pi(r)})$ und π als Permutation von $\{1,\dots,r\}$ zutrifft. Ferner kann ohne Einschränkung der Allgemeinheit $p_1 \ge p_2 \ge \dots \ge p_n$ angenommen werden, da $P^{(r)}(E)$ als Funktion von $p_1,\dots,p_n$ permutationsinvariant ist. Wegen der Permutationsinvarianz von E kann in der Darstellung $P^{(n)}(E) = \sum_{(i_1,\dots,i_r)\in\Omega}(\alpha_{i_1}P_{i_1}\otimes\ldots\otimes\alpha_{i_r}P_{i_r})(E)$ für $(\alpha_{i_1}P_{i_1}\otimes\ldots\otimes\alpha_{i_r}P_{i_r})(E) = \prod_{\nu=1}^r \alpha_{i_\nu}(P_{\pi(i_1)}\otimes\ldots\otimes P_{\pi(i_r)})(E) = \prod_{\nu=1}^n \alpha_{i_\nu}\cdot\frac{\hat{\imath}_1(\hat{\imath}_2-1)\ldots(\hat{\imath}_r-r+1)}{\hat{\imath}_1\cdot\hat{\imath}_2\cdot\ldots\cdot\hat{\imath}_r}$ mit $\hat{\imath}_1 \le \hat{\imath}_2 \le \dots \le \hat{\imath}_r$ bei geeigneter Wahl der Permutation π von $\{1,\dots,r\}$ gemäß

$\pi(i_\nu)=\hat{\imath}_\nu$, $\nu=1,\dots,r$, angenommen werden, wobei $\hat{\imath}_\nu \ge \nu$, $\nu=1,\dots,r$, gilt, da sonst die Wahrscheinlichkeit für E verschwindet. Wegen $\frac{k-l}{k} \le \frac{n-l}{n}$, $k=1,\dots,n$, $l \ge 0$, folgt schließlich $P^{(n)}(E) \le \sum_{(l_1,\dots,l_r)\in\Omega} \prod_{\nu=1}^{r} \alpha_{l_\nu}(\binom{n}{r}r!/n^r) = (\alpha_1+\dots+\alpha_n)^r(\binom{n}{r}r!/n^r) = \binom{n}{r}r!/n^r$.

Ferner soll noch ein Beispiel zur stochastischen Unabhängigkeit im Zusammenhang mit Teilbarkeitsfragen aus der elementaren Zahlentheorie behandelt werden, das einen einfachen Beweis für die von Euler stammende Formel für die Anzahl der zu $n \in \mathbb{N}$ teilerfremden Zahlen aus der Menge $\{1,\dots,n\}$ liefern.

Beispiel *(Eulersche φ-Funktion)*
Es sei $n = p_1^{\alpha_1} \cdot \dots \cdot p_k^{\alpha_k}$ eine Primzahldarstellung der natürlichen Zahl n ($\alpha_j \in \mathbb{N}$, p_j paarweise verschiedene Primzahlen, $j=1,\dots,k$). Ferner bezeichne P die Laplace-Verteilung über $\Omega = \{1,\dots,n\}$ und A_j die Ereignisse $\{m \in \Omega\colon p_j$ teilt $m\}$, $j=1,\dots,k$. Dann gilt $A_{j_1} \cap \dots \cap A_{j_r} = \{1\cdot p_{j_1} \cdot \dots \cdot p_{j_r}, 2\cdot p_{j_1} \cdot \dots \cdot p_{j_r}, \dots, \frac{n}{p_{j_1}\cdot\dots\cdot p_{j_r}} p_{j_1}\cdot\dots\cdot p_{j_r}\}$, $1 \le j_1 < j_2 < \dots < j_r \le k$, $r=1,\dots,k$, woraus $P(A_{j_1}\cap\dots\cap A_{j_r}) = \frac{1}{p_{j_1}} \cdot \dots \cdot \frac{1}{p_{j_r}} = P(A_{j_1}) \cdot \dots \cdot P(A_{j_r})$ folgt, d. h. $A_1,\dots,A_k$ sind unter P stochastisch unabhängig. Ferner folgt aus der Siebformel die Beziehung $P((\bigcup_{j=1}^{k} A_j)^c) = 1 - \sum_{r=1}^{k} (-1)^{r+1} \sum_{1\le j_1<\dots<j_r\le k} \frac{1}{p_{j_1}} \cdot \dots \cdot \frac{1}{p_{j_r}} = \prod_{j=1}^{k}(1-\frac{1}{p_j})$, so daß für die sogenannte *Eulersche φ-Funktion* an der Stelle n als Anzahl der zu n teilerfremden Zahlen aus der Menge $\{1,\dots,n\}$ gilt $\varphi(n) = n\prod_{j=1}^{k}(1-\frac{1}{p_j})$. Es sei darauf hingewiesen, daß $P(A_1^c\cap\dots\cap A_k^c) = \prod_{j=1}^{k}(1-\frac{1}{p_j})$ auch unmittelbar aus der Kennzeichnung stochastisch unabhängiger Ereignisse folgt.
Für den Fall, daß P_m eine diskrete Verteilung über $\Omega = \{1,\dots,n\}$ ist, so daß $P_m|\mathfrak{P}(\{1,\dots,m\})$ die Laplace-Verteilung über $\{1,\dots,m\}$ mit $m \in \{1,\dots,n\}$ ist, gilt für das Ereignis $E := (\bigcup_{j=1}^{k} A_j)^c = \{\nu \in \Omega\colon \nu$ und n sind teilerfremd$\}$ aufgrund der Siebformel $P_m(E) = 1 - \sum_{\mu=1}^{k}(-1)^{\mu+1}\sum_{1\le i_1<\dots<i_\mu\le k} P_m(A_{i_1}\cap\dots\cap A_{i_\mu})$, $m=1,\dots,n$.
Wegen $P_m(A_{i_1}\cap\dots\cap A_{i_\mu}) = \frac{1}{m}[\frac{m}{p_{i_1}\cdot\dots\cdot p_{i_\mu}}]$ gilt $\frac{1}{p_{i_1}\cdot\dots\cdot p_{i_\mu}} - \frac{1}{m} \le P_m(A_{i_1}\cap\dots\cap A_{i_\mu}) \le \frac{1}{p_{i_1}\cdot\dots\cdot p_{i_\mu}}$, woraus $\prod_{j=1}^{k}(1-\frac{1}{p_j}) - \frac{2^{k-1}}{m} \le P_m(E) \le \prod_{j=1}^{k}(1-\frac{1}{p_j}) + \frac{2^{k-1}}{m}$ also $P_n(E) - \frac{2^{k-1}}{m} \le P_m \le P_n(E) - \frac{2^{k-1}}{m}$ resultiert. Wegen $\sum_{\nu=0}^{k}\binom{k}{\nu} = 2^k$ und $\sum_{\nu=0}^{k}\binom{k}{\nu}(-1)^\nu = 0$ gilt nämlich $\sum_{\nu=0}^{k}\binom{k}{2\nu} = \sum_{\nu=0}^{k}\binom{k}{2\nu+1} = 2^{k-1}$. Ist nun P eine diskrete Verteilung über $\{1,\dots,n\}$ mit $P(\{1\}) \ge \dots \ge P(\{n\})$, so liefert die Kennzeichnung der

Laplace- Verteilung durch Extremaleigenschaften die Beziehung $P = \sum_{m=1}^{n} \alpha_m P_m$, mit $\alpha_m = m(P(\{m\}) - P(\{m+1\}))$, $m = 1,\ldots,n$ $(P(\{n+1\}) := 0)$, woraus sich $|P_n(E) - P(E)| \leq 2^{k-1} P(\{1\})$ ergibt mit $P_n(E) = \prod_{j=1}^{k} (1 - \frac{1}{p_j})$. Insbesondere konvergiert $P_n(E) - P(E)$ in Abhängigkeit von n für $n \to \infty$ gegen Null, wenn man $P(\{1\})$ in Abhängigkeit von n so wählt, daß für $k = k(n)$ gilt $2^k \cdot P(\{1\}) \to 0$ für $n \to \infty$, z. B. liefert $P(\{1\}) = O(\frac{1}{n})$ für $k = k(n)$ dann die Bedingung $\frac{\ell n\, n}{\ell n\, 2} - k(n) \to \infty$ für $n \to \infty$.

Die Binomialverteilung mit den Parametern n und p sowie die negative Binomialverteilung mit den Parametern r und p ist bereits für einen beliebigen Parameterwert $p \in [0,1]$ eingeführt worden. Die Bedeutung und Begründung für nicht notwendig rationale Parameterwerte $p \in [0,1]$ wird durch das nachfolgende Beispiel geklärt.

Beispiel *(Bernoulli-Experiment)*
Ein Bernoulli-Experiment besteht aus dem zweielementigen Ergebnisraum $\Omega = \{0,1\}$, wobei "1" das Eintreffen eines bestimmten Ereignisses (z. B. "Wappen" beim Münzwurf) und "0" das Eintreffen des Komplements (z. B. "Zahl" beim Münzwurf) symbolisiert, und p bzw. $q = 1 - p$ die zugehörige Wahrscheinlichkeit ist. Man spricht auch bei Beobachtung von "1" als "Treffer" und bezeichnet p auch als "Trefferwahrscheinlichkeit". Übersetzt man die experimentelle Unabhängigkeit bei n-maliger unabhängiger Wiederholung eines Bernoulli-Experiments theoretisch durch stochastische Unabhängigkeit, so erhält man als Modell für ein *Bernoulli-Experiment vom Umfang n* das diskrete Zufallsexperiment (Ω,p) mit $\Omega = \{0,1\}^n$ und $p(\omega_1,\ldots,\omega_n) = p^{\sum_{i=1}^{n}\omega_i} q^{n-\sum_{i=1}^{n}\omega_i}$, $(\omega_1,\ldots,\omega_n) \in \Omega$. Ferner beträgt die Wahrscheinlichkeit dafür, daß genau k Treffer auftreten, $\binom{n}{k}p^k q^{n-k}$, woraus wegen $\sum_{k=0}^{n} \binom{n}{k}p^k q^{n-k} = 1$ folgt, daß (Ω,p) tatsächlich ein diskretes Zufallsexperiment darstellt. Für die Wahrscheinlichkeit, bei unabhängiger Wiederholung eines Bernoulli-Experiments mit Trefferwahrscheinlichkeit p genau k-mal Nichttreffer zu beobachten, bis zum erstenmal genau r Treffer vorliegen, gilt nach den Überlegungen zur negativen Binomialverteilung $\binom{-r}{k}p^r(-q)^k$.

Die Interpretation der Einzelwahrscheinlichkeiten $\frac{n!}{k_1!\ldots k_m!} p_1^{k_1} \cdot \ldots \cdot p_m^{k_m}$ der $\mathfrak{M}(n,p_1,\ldots,p_m)$-Verteilung mit beliebigen $p_j \in [0,1]$, $j = 1,\ldots,m$, $p_1 + \ldots + p_m = 1$, ist jetzt ebenfalls einfach: Man betrachtet eine n-fache unabhängige Wiederholung eines Zufallsexperiments, bei dem bei jedem Einzelversuch genau eines von m (sich gegenseitig ausschließenden) Ereignissen auftritt, so daß $\frac{n!}{k_1!\cdots k_m!} p_1^{k_1} \cdot \ldots \cdot p_m^{k_m}$ die Wahrscheinlichkeit dafür ist, daß genau k_1-mal das erste Ereignis (mit zugehöriger Trefferwahrscheinlichkeit p_1), ...,k_m-mal das m-te Ereignis (mit zugehöriger Trefferwahrscheinlichkeit p_m) beobachtet wird. Offenbar sind die im Zusammenhang mit der Multinomialverteilung auftretenden m Ereignisse nicht stochastisch unabhängig, da sonst die Multinomialverteilung das m-fache direkte Produkt von $\mathfrak{B}(n,p_i)$-Verteilungen, $i = 1,\ldots,m$, wäre. Dasselbe gilt für das n-fache Ziehen ohne Zurücklegen aus einer Urne, die r rote und s schwarze Kugeln enthält. Bezeichnet in dieser Situation A_j das Ereignis, im j-ten Zug eine rote Kugel zu ziehen, $j = 1,\ldots,n$, so sind $A_1,\ldots,A_n$ stochastisch abhängig, wie bereits im Fall $n = 2$ gezeigt worden ist. Für beliebiges $n \in \mathbb{N}$ kann man aber zeigen, daß $A_1,\ldots,A_n$ *austauschbar* sind, d. h. die Wahrscheinlichkeit für das Eintreffen von $A_{i_1} \cap \ldots \cap A_{i_k}$, $i_j \in \{1,\ldots,n\}$ paarweise verschieden, $j = 1,\ldots,k$, hängt für jedes $k \in \{1,\ldots,n\}$ nur von k ab. Im Fall $n = 2$ ist dies bereits im Zusammenhang mit den Überlegungen zu elementaren bedingten Wahrscheinlichkeiten gezeigt worden. Die Austauschbarkeit der Ereignisse A_j, daß im j-ten Zug eine rote Kugel beim n-maligen Ziehen ohne Zurücklegen aus einer Urne, die r rote und s schwarze Kugeln enthält, gezogen werden, $j = 1,\ldots,n$, ergibt sich aus $P(A_{j_i} \cap \ldots \cap A_{j_k}) = \binom{r}{k} / \binom{r+s}{k}$, $1 \le j_1 < \ldots < j_k \le n$. Es gilt nämlich $P(A_{j_1} \cap \ldots \cap A_{j_k}) = a_{j_k}(r,s) / \binom{r+s}{j_k} j_k!$ mit $a_{j_k}(r,s)$ als Anzahl der Möglichkeiten, daß bei j_k Ziehungen ohne Zurücklegen aus einer Urne mit r roten und s schwarzen Kugeln bei den Zügen mit den Nummern $j_1,\ldots,j_k$ eine rote Kugel gezogen wird. Wegen $a_{j_k}(r,s) = \binom{r}{k} k! \binom{r+s-k}{j_k-k} \cdot (j-k)!$ ergibt sich $P(A_{j_1} \cap \ldots \cap A_{j_k}) = \binom{r}{k} / \binom{r+s}{k}$, $1 \le j_1 < \ldots < j_k \le n$, da $\binom{r+s}{j_k} j_k! = \binom{r+s}{k} k! \binom{r+s-k}{j_k-k} (j_k-k)!$ zutrifft.

6. Mittelwert und Streuung einer diskreten Wahrscheinlichkeitsverteilung

Ist P eine diskrete Wahrscheinlichkeitsverteilung über $\mathbb{R}$ mit endlichem Träger $\Omega_P = \{x_1,\dots,x_n\}$, so läßt sich diese als Massenbelegung mit Masse $p_j := P(\{x_j\})$ im Punkt x_j, $j = 1,\dots,n$, deuten. Der Massenmittelpunkt (Schwerpunkt) μ dieses Systems von Massenpunkten ist dann durch die Bedingung $\sum_{i=1}^{n} (x_i - \mu)p_i = 0$ bestimmt, woraus $\mu = \sum_{i=1}^{n} x_i p_i$ folgt. Stochastisch ist μ als ein Lagemaß für ein Zentrum des Trägers $\Omega_P = \{x_1,\dots,x_n\}$ zu deuten. Man nennt μ auch Mittelwert der Verteilung von P, wobei die Definition von μ als *Mittelwert einer Verteilung* P über $\mathbb{R}$ mit unendlichem Träger $\Omega_P = \{x_1,x_2,\dots\}$ gemäß $\mu = \sum_{i=1}^{\infty} x_i p_i$ sinnvoll ist, wenn man die absolute Konvergenz von $\sum_{i=1}^{\infty} x_i p_i$ (also $\sum_{i=1}^{\infty} |x_i| p_i < \infty$) fordert, da dann der Wert von μ nicht davon abhängt, in welcher Reihenfolge die Elemente des Trägers Ω_P von P abgezählt werden.

Diskrete Verteilungen über $\mathbb{R}$ treten immer dann auf, wenn man lediglich an einem mit einer reellen Zahl $X(\omega)$ in Verbindung stehendem Ergebnis $\omega \in \Omega$ interessiert ist, wobei zunächst nur über Ω eine diskrete Verteilung P erklärt ist. Dabei heißt die durch $X\colon \Omega \to \mathbb{R}$ definierte Abbildung *reellwertige Zufallsgröße*. Zur Erläuterung werden hierzu einige Beispiele betrachtet:

Beispiel *($\mathfrak{B}(n,p)$-verteilte Zufallsgröße)*
Bezeichnet $(\{0,1\}^n,p)$ ein Bernoulli-Experiment vom Umfang n mit Trefferwahrscheinlichkeit p, also $p(\omega_1,\dots,\omega_n) = p^{\sum_{i=1}^{n}\omega_i}(1-p)^{n-\sum_{i=1}^{n}\omega_i}$, $(\omega_1,\dots,\omega_n) \in \{0,1\}^n$, so interessiert insbesondere bei Vorliegen eines Ergebnisses $(\omega_1,\dots,\omega_n)$ die Anzahl $X(\omega_1,\dots,\omega_n) := \sum_{i=1}^{n} \omega_i$ der Treffer. Insbesondere gilt $P(\{(\omega_1,\dots,\omega_n) \in \{0,1\}^n\colon X(\omega_1,\dots,\omega_n) = k\}) = \binom{n}{k} p^k (1-p)^{n-k}$, $k \in \{0,1,\dots,n\}$. Man spricht daher von einer *$\mathfrak{B}(n,p)$-verteilten Zufallsgröße.*

Beispiel *(Zufallsgröße mit einer Rencontre-Problem-Verteilung)*
Bezeichnet P die Laplace-Verteilung über der Menge Ω aller Permutationen von $\{1,\dots,n\}$, so kann man sich für die Anzahl $X(\omega)$ der Elemente von $\{1,\dots,n\}$ interessieren, die unter $\omega \in \Omega$ festgelassen werden. Es ist im Zusammenhang mit dem Rencontre-Problem bereits gezeigt worden, daß $P(\{\omega \in \Omega\colon X(\omega) = m\}) = \frac{1}{m!} \sum_{k=0}^{n-m} \frac{(-1)^k}{k!}$, $m = 0,1,\dots,n$, gilt, so daß man von einer *Zufallsgröße mit einer Rencontre-Problem-Verteilung* sprechen kann.

Beispiel *(Zufallsgröße mit einer Dreiecksverteilung)*
Es bezeichne P die Laplace-Verteilung über $\{1,2,\dots,6\}^2$ zur Beschreibung des zweimaligen, unabhängigen Würfelwurfs mit einem ungefälschten Wür-

fel. Hier kann man sich insbesondere für $X(i,j) = i + j$, also die Augensummenzahl des Ergebnisses (i,j), interessieren. Da insbesondere $1 \le i,j \le 6$ mit $1 \le 7 - i, 7 - j \le 6$ äquivalent ist, gilt $P(\{(i,j) \in \{1,\ldots,6\}^n: i+j = k\}) = P\{(i,j) \in \{1,\ldots,6\}^2: i+j = 14-k\})$ für $k = 2,\ldots,7$, so daß nur noch die Wahrscheinlichkeiten $p(k) := P(\{(i,j) \in \{1,\ldots,6\}^2: i+j = k\})$ für $k = 2,\ldots,7$ zu bestimmen sind. Es gilt $p(k) = \frac{1}{36}|\{(1,k-1), (2,k-2),\ldots,(k-1,1)\}| = \frac{k-1}{36}$, $k = 2,\ldots,7$, so daß die Punkte $(k,p(k))$, $k = 2,\ldots,12$, auf einem Dreieck liegen, wobei $(7, \frac{1}{6})$ ein Eckpunkt des Dreiecks ist. Man spricht auch bei der zu den $p(k)$, $k = 2,\ldots,12$, gehörenden Verteilung über $\{2,\ldots,12\}$ von einer *Dreiecksverteilung*, so daß X mit $X(i,j) = i+j$, $(i,j) \in \{1,\ldots,6\}^2$, eine Zufallsgröße mit einer Dreiecksverteilung ist.

Modifiziert man ein Bernoulli-Experiment, indem man $m \ge 2$ sich ausschließende Ereignisse zur möglichen Beobachtung zuläßt, dann erhält man eine *$\mathbb{R}^m$-wertige Zufallsgröße* $X: \Omega \to \mathbb{R}^m$, wenn man sich nur dafür interessiert, wie häufig die m sich ausschließenden Ereignisse jeweils auftreten. Daher soll zur Untersuchung des Zusammenhangs zwischen einer diskreten Verteilung P über Ω und einer reellwertigen oder allgemeiner einer $\mathbb{R}^m$-wertigen Zufallsgröße $X: \Omega \to \mathbb{R}^m$ $(m \ge 1)$, sogar ein beliebiger Bildbereich Ω_X für X zugrunde gelegt wird, also Abbildungen $X: \Omega \to \Omega_X$ betrachtet werden, zumal die nachfolgenden Überlegungen zur Untersuchung des Zusammenhangs zwischen einer diskreten Verteilung P über Ω und einer Abbildung $X: \Omega \to \mathbb{R}^m$ keine Eigenschaften des $\mathbb{R}^m$ benutzen. Im Spezialfall $\Omega_X = \mathbb{R}$ interessierte insbesondere das Ereignis $\{\omega \in \Omega: X(\omega) = k\}$ $(k \in \mathbb{N})$, so daß es naheliegend ist, die zu $X: \Omega \to \Omega_X$ gehörende *Umkehrabbildung* X^{-1}: $\mathfrak{P}(\Omega_X) \to \mathfrak{P}(\Omega)$ gemäß $X^{-1}(B) := \{\omega \in \Omega: X(\omega) \in B\}$, $B \in \mathfrak{P}(\Omega_X)$, einzuführen. Die Umkehrabbildung hat die folgenden beiden Eigenschaften:

1. *Operationstreue:* $X^{-1}(\bigcup_{i\in I} B_i) = \bigcup_{i\in I} X^{-1}(B_i)$, $X^{-1}(\bigcap_{i\in I} B_i) = \bigcap_{i\in I} X^{-1}(B_i)$, $B_i \in \mathfrak{P}(\Omega_X)$, $i \in I$, I beliebige Indexmenge, und $(X^{-1}(B))^c = X^{-1}(B^c)$, $B \in \mathfrak{P}(\Omega_X)$.

2. *Ordnungstreue:* $X^{-1}(B_1) \subset X^{-1}(B_2)$, $B_i \in \mathfrak{P}(\Omega_X)$, $i = 1,2$, $B_1 \subset B_2$.

Aufgrund dieser beiden Eigenschaften ist es nun nicht schwer einzusehen, daß durch $P^X: \mathfrak{P}(\Omega_X) \to \mathbb{R}$ gemäß $P^X(B) := P(X^{-1}(B))$, $B \in \mathfrak{P}(\Omega_X)$, eine diskrete Verteilung über Ω_X definiert wird, die *Verteilung von X unter P* genannt werden soll. Nicht-Negativität und Normiertheit von P^X ist (letztere Eigenschaft wegen $X^{-1}(\Omega_X) = \Omega$) klar, während die σ-Additivität von P^X aus $X^{-1}(\sum_{i=1}^{\infty} B_i) = \sum_{i=1}^{\infty} X^{-1}(B_i)$, $B_i \in \mathfrak{P}(\Omega_X)$ paarweise disjunkt, $i = 1,2,\ldots$, folgt.

Schließlich ergibt sich die Existenz einer abzählbaren Teilmenge $\Omega_X^{(o)}$ von Ω_X mit $P^X(\Omega_X^{(o)}) = 1$ gemäß $\Omega_X^{(o)} := X(\Omega_o)$, Ω_o abzählbare Teilmenge von Ω mit $P(\Omega_o) = 1$, denn es gilt $\Omega_o \subset X^{-1}(X(\Omega_o))$. Mit Hilfe von P^X ist es jetzt besonders einfach, den Begriff des *Mittelwertes* von P^X bzw. *Erwartungswertes* von X unter P für reellwertige Zufallsgrößen $X: \Omega \to \mathbb{R}$ allgemein einzuführen gemäß $\sum_j x_j P^X(\{x_j\})$ mit $\{x_1,x_2,\ldots\}$ als Träger von P^X, falls $\sum_{j=1}^{\infty} |x_j| P^X(\{x_j\}) < \infty$ zutrifft (in Zeichen: E(X) bzw. $E_P(X)$, falls man die Abhängigkeit von P ausdrücken möchte). Auf diese Weise erhält man als Mittelwert von P^X mit P^X als Laplace-Verteilung über $\{x_1,\ldots,x_n\}$ das *arithmetische Mittel* $\frac{x_1+\ldots+x_n}{n}$. Die Bedeutung des Begriffs des Erwartungswertes wird besonders deutlich, wenn man nach dem durchschnittlichen Gewinn im Zusammenhang mit dem Ruinproblem fragt.

Beispiel *(Durchschnittlicher Gewinn bei einem fairen Spiel)*
Beim Ruinproblem verliert der Spieler sein Anfangskapital a mit Wahrscheinlichkeit $1-\frac{a}{b}$ und erreicht das Zielkapital b mit Wahrscheinlichkeit $\frac{a}{b}$, so daß der Erwartungswert für den Gewinn $-a(1-\frac{a}{b}) + (b-a)\cdot\frac{a}{b} = 0$ beträgt. Dies ist mit der Vorstellung verträglich, daß es sich hier um ein faires Spiel handelt.

Die Bedeutung des Begriffs des Erwartungswertes soll noch im Zusammenhang mit der Frage nach der durchschnittlichen Trefferzahl bzw. durchschnittlichen Wartezeit bis zum Vorliegen einer vorgegebenen Trefferzahl beim Ziehen mit bzw. ohne Zurücklegen veranschaulicht werden.

Beispiel *(Durchschnittliche Trefferzahl)*
Nach Definition gilt für den Erwartungswert einer $\mathfrak{B}(n,p)$-verteilten Zufallsgröße X die Gleichung $E(X) = \sum_{k=0}^{n} k\binom{n}{k}p^k(1-p)^{n-k} = \sum_{k=1}^{n} k\cdot\frac{n}{k}\binom{n-1}{k-1}p^k(1-p)^{n-k}$ $= np\sum_{\ell=0}^{n-1}\binom{n-1}{\ell}p^\ell(1-p)^{n-1-\ell} = np$, d. h. die mittlere Trefferzahl in einem Bernoulli-Experiment vom Umfang n und mit Trefferwahrscheinlichkeit p beträgt (plausiblerweise) np. Insbesondere wird man im Durchschnitt $n\frac{r}{r+s}$ rote Kugeln beim n-maligen unabhängigen Ziehen mit Zurücklegen aus einer Urne mit r roten und s schwarzen Kugeln erhalten. Es ist überraschend, daß auch beim n-maligen Ziehen ohne Zurücklegen aus einer Urne mit r roten und s schwarzen Kugeln ebenfalls durchschnittlich $n\frac{r}{r+s}$ rote Kugeln gezogen werden, wie die folgende Rechnung zeigt:

$$\sum_{k=0}^{n} k\binom{r}{k}\binom{s}{n-k}/\binom{r+s}{n} = \sum_{k=1}^{n} k\cdot\frac{r}{k}\binom{r-1}{k-1}\binom{s}{n-k}/\binom{r+s}{n} = r\sum_{\ell=0}^{n-1}\binom{r-1}{\ell}\binom{s}{n-1-\ell}/\binom{r+s}{n} =$$
$$= r\binom{r-1+s}{n-1}/\binom{r+s}{n} = r\cdot\frac{n}{r+s}\,.$$

Für die durchschnittlichen Wartezeiten, bis zum erstenmal r_o rote Kugeln beim n-maligen Ziehen aus einer Urne mit r roten und s schwarzen Kugeln vorliegen, ergibt sich, daß beim unabhängigen Ziehen mit Zurücklegen die mittlere Wartezeit stets größer ist als beim Ziehen ohne Zurücklegen:

Beispiel *(Mittlere Wartezeiten)*
Nach Definition des Mittelwertes für eine $\mathfrak{NB}(r,p)$-Verteilung ist $\sum_{k=0}^{\infty} k\binom{r_o+k-1}{r_o-1}p^{r_o}(1-p)^k$ zu berechnen. Aus $\sum_{k=0}^{\infty}(r_o+k)\binom{r_o+k-1}{r_o-1}p^{r_o}(1-p)^k =$ $\sum_{k=0}^{\infty} r_o\binom{r_o+k}{r_o}p^{r_o}(1-p)^k = \frac{r_o}{p}$ folgt $\sum_{k=0}^{\infty} k\binom{r_o+k-1}{r_o-1}p^{r_o}(1-p)^k = \frac{r_o}{p} - r_o = r_o\frac{q}{p}$, so daß insbesondere die mittlere Wartezeit, bis zum erstenmal r_o rote Kugeln beim unabhängigen Ziehen aus einer Urne mir r ($\geq r_o$) roten und s schwarzen Kugeln vorliegen, $s\frac{r_o}{r}$ beträgt. Für den entsprechenden Mittelwert beim Ziehen ohne Zurücklegen aus einer Urne mit r roten und s schwarzen Kugeln ist $\sum_{k=0}^{s} k\binom{r_o+k-1}{r_o-1}\binom{r+s-r_o-k}{r-r_o}/\binom{r+s}{r}$ zu bestimmen. Aus

$$\sum_{k=0}^{s}(r_o+k)\frac{\binom{r_o+k-1}{r_o-1}\binom{r+s-r_o-k}{r-r_o}}{\binom{r+s}{r}} = \sum_{k=0}^{s} r_o\frac{\binom{r_o+k}{r_o}\binom{r+s-r_o-k}{r-r_o}}{\binom{r+s}{r}} = r_o\frac{\binom{r+1+s}{r+1}}{\binom{r+s}{r}} =$$

$= r_o\frac{r+s+1}{r+1}$ folgt, daß durchschnittlich $r_o\frac{r+s+1}{r+1} - r_o = s\frac{r_o}{r+1}$ $\left(< s\frac{r_o}{r}\right)$ schwarze Kugeln gezogen werden, bis zum erstenmal r_o rote Kugeln beim Ziehen ohne Zurücklegen vorliegen.

Aus $X: \Omega \to \Omega_X$ und $f: \Omega_X \to \mathbb{R}$ erhält man durch Komposition $f \circ X: \Omega \to \mathbb{R}$ eine reellwertige Zufallsgröße, für deren Erwartungswert $E(f \circ X)$ in bezug auf eine diskrete Verteilung P über Ω auch $\sum_j f(x_j)P^X(\{x_j\})$ geschrieben werden kann mit $\{x_1, x_2, \ldots\}$ als Träger von P^X *(Transformationsformel für Erwartungswerte)*. Dies folgt aus der absoluten Konvergenz von $\sum_i y_i P^{f \circ X}(\{y_i\})$ mit $\{y_1, y_2, \ldots\}$ als Träger von $P^{f \circ X}$, wenn man beachtet, daß $P^X(\{f^{-1}(\{y_i\})\}) = \sum_{x_j \in f^{-1}(\{y_i\})} P^X(\{x_j\})$ gilt. Insbesondere erhält man für $\Omega_X = \mathbb{R}$ und $f: \mathbb{R} \to \mathbb{R}$ als Identität für den Erwartungswert $E(X)$ bezüglich einer diskreten Verteilung P über Ω mit dem Träger Ω_P die Darstellung $E(X) = \sum_{\omega \in \Omega_P} X(\omega)P(\{\omega\})$. Als Anwendung soll der neben den konstanten, reellwertigen Zufallsgrößen einfachste Fall einer reellwertigen Zufallsgröße mit zwei verschiedenen Werten als Bild $X(\Omega)$ von Ω unter X behandelt werden. Handelt es sich um die beiden Werte 0 und 1, so spricht man auch von einem *Indikator* I_A (der Menge $A \in \mathfrak{P}(\Omega)$, auf der diese Funktion den Wert 1 annimmt): $I_A(\omega) = 1$, $\omega \in A$ bzw. $I_A(\omega) = 0$, $\omega \notin A$.

Beispiel *(Erwartungswert von Indikatoren)*
Wegen $E(I_A) = \sum_{\omega \in \Omega_P} I_A(\omega)P(\{\omega\}) = \sum_{\omega \in A \cap \Omega_P} P(\{\omega\}) = P(A \cap \Omega_P)$ gilt $E(I_A) = P(A)$.

Einen Zusammenhang zwischen $E(f \circ X)$ und $E(X)$ für eine reellwertige Zufallsgröße $X: \Omega \to \mathbb{R}$ und $f: \mathbb{R} \to \mathbb{R}$ in Gestalt einer Ungleichung erhält man, wenn f zusätzlich *konvex* ist, d. h. $f(\alpha x_1 + (1-\alpha)x_2) \le \alpha f(x_1) + (1-\alpha)f(x_2)$ gilt für alle $x_j \in \mathbb{R}$, $j = 1,2$, und $\alpha \in [0,1]$. Mit Hilfe vollständiger Induktion nach n soll zunächst für konvexe Funktionen die Ungleichung $f(p_1x_1+\ldots+p_nx_n) \le$ $\le p_1 f(x_1) + \ldots + p_n f(x_n)$ für alle $x_j \in \mathbb{R}$, $j = 1,\ldots,n$, und $p_j \in [0,1]$, $j = 1,\ldots,n$, mit $p_1+\ldots+p_n = 1$ bewiesen werden. Für den Fall $n = 2$ handelt es sich gerade um die Definition der Konvexität von f. Wegen $f(p_1x_1 + \ldots + p_nx_n + p_{n+1}x_{n+1}) \le$ $\le (1-p_{n+1})f\left(\frac{p_1x_1+\ldots+p_nx_n}{1-p_{n+1}}\right) + p_{n+1}f(x_{n+1}) \le (1-p_{n+1})\left(\frac{p_1}{1-p_{n+1}} f(x_1)+\ldots\right.$ $\left.\ldots + \frac{p_n}{1-p_{n+1}} f(x_n)\right) + p_{n+1}f(x_{n+1}) = p_1 f(x_1) + \ldots + p_n f(x_n) + p_{n+1} f(x_{n+1})$ mit $p_j \in [0,1]$, $j = 1,\ldots,n+1$, $p_1 + \ldots + p_{n+1} = 1$, folgt die behauptete Ungleichung, aus der sich $E(f \circ X) = \sum_j f(x_j)P^X(\{x_j\}) \ge f(\sum_j x_jP^X(\{x_j\})) = f(E(X))$ ergibt, falls der Träger $\{x_1,x_2,\ldots\}$ von P^X endlich ist. Für den Fall, daß der Träger $\{x_1,x_2,\ldots\}$ von P^X unendlich ist, wird zunächst gezeigt, daß eine konvexe Funktion $f: \mathbb{R} \to \mathbb{R}$ auf jedem endlichen Intervall $[a,b] \subset \mathbb{R}$ beschränkt ist: Es sei $M := \max\{f(a),f(b)\}$ und $z \in [a,b]$. Dann läßt sich z in der Gestalt $z = \lambda a + (1-\lambda)b$ mit $0 \le \lambda \le 1$ schreiben, woraus wegen der Konvexität von f folgt $f(z) \le \lambda f(a) + (1-\lambda)f(b) \le M$. Da jedes $z \in [a,b]$ auch in der Gestalt $z = \frac{a+b}{2} + t$ mit $t \in [\frac{a-b}{2}, \frac{b-a}{2}]$ geschrieben werden kann, und jeder Punkt $\frac{a+b}{2} \pm t$ mit $t \in [\frac{a-b}{2}, \frac{b-a}{2}]$ zu $[a,b]$ gehört, gilt ferner $f(\frac{a+b}{2}) \le \frac{1}{2} f(\frac{a+b}{2} + t) + \frac{1}{2} f(\frac{a+b}{2} - t)$, d. h. $f(\frac{a+b}{2} + t) \ge 2f(\frac{a+b}{2}) - f(\frac{a+b}{2} - t)$ $\ge 2f(\frac{a+b}{2}) - M$ für alle $t \in [\frac{a-b}{2}, \frac{b-a}{2}]$, so daß f auf $[a,b]$ auch nach unten beschränkt ist. Mit Hilfe der Beschränktheit von f auf $[a,b]$ wird jetzt noch die Existenz einer nicht negativen reellen Zahl K gezeigt mit $|f(x) - f(y)| \le$ $\le K|x-y|$ für alle $x,y \in [a,b]$ *(Lipschitzstetigkeit* von f auf $[a,b]$), wobei zu beachten ist, daß K i.a. von a,b abhängt. Man kann $K = 2M$ mit $M := \sup\{|f(x)|: x \in [a-1,b+1]\}$ wählen. Dann gilt $|f(x)| \le \frac{K}{2}$ für alle $x \in [a-1,b+1]$. Ferner erhält man für $x,y \in [a,b]$, $x \neq y$, mit $z := y + \frac{y-x}{|y-x|}$, $\lambda := \frac{|y-x|}{1+|y-x|}$ die Darstellung $y = \lambda z + (1-\lambda)x$ mit $z \in [a-1,b+1]$ und $\lambda \in [0,1]$, woraus $f(y) \le$ $\le \lambda f(z) + (1-\lambda)f(x) = \lambda(f(z) - f(x)) + f(x)$, also $f(y) - f(x) \le \lambda \cdot 2 \cdot \frac{K}{2} \le K|y-x|$ für alle $x,y \in [a,b]$ und damit schließlich $|f(x) - f(y)| \le K|x-y|$ für alle $x,y \in [a,b]$ resultiert. Ist nun der Träger $\{x_1,x_2,\ldots\}$ von P^X abzählbar unendlich, so liefert die Stetigkeit der konvexen Funktion $f: \mathbb{R} \to \mathbb{R}$ die Beziehung
$f(\sum_{j=1}^{\infty} x_jP^X(\{x_j\})) = f(\lim_{n\to\infty} \sum_{j=1}^{n} x_jP^X(\{x_j\})) = \lim_{n\to\infty} f(\sum_{j=1}^{n} x_jP^X(\{x_j\})) =$

$$= \lim_{n\to\infty} f(\sum_{j=1}^{n} x_j P^X(\{x_j\}) + (1 - \sum_{j=1}^{n} P^X(\{x_j\})) \cdot 0) \le \lim_{n\to\infty} \sum_{j=1}^{n} P^X(\{x_j\}) f(x_j) +$$

$$+ \lim_{n\to\infty} (1 - \sum_{j=1}^{n} P^X(\{x_j\})) \cdot f(0) = \sum_{j=1}^{\infty} P^X(\{x_j\}) f(x_j),$$ also $f(E(X)) \le E(f \circ X)$ *(Jensensche Ungleichung)*.

Eine wichtige Klasse konvexer Funktionen stellen die 2-mal stetig differenzierbaren Funktionen $f: \mathbb{R} \to \mathbb{R}$ mit $f''(x) \ge 0$ für alle $x \in \mathbb{R}$ dar. Die Taylorentwicklung von f liefert dann nämlich die beiden Ungleichungen $f(y) \ge f(y + \lambda(x - y)) - \lambda(x-y)f'(y+\lambda(x-y))$ und $f(x) \ge f(x - (1-\lambda)(x - y)) + (1-\lambda)(x-y)f'(x - (1-\lambda)(x-y))$ für alle $x,y \in \mathbb{R}$ und jedes $\lambda \in [0,1]$, woraus durch Multiplikation der ersten Ungleichung mit $1 - \lambda$ bzw. der zweiten Ungleichung mit λ und Addition beider Ungleichungen $\lambda f(x) + (1-\lambda)f(y) \ge f(\lambda x + (1-\lambda)y)$ für alle $x,y \in \mathbb{R}$ und jedes $\lambda \in [0,1]$ folgt.
Ist speziell $f: (0,\infty) \to \mathbb{R}$ mit $f(x) = \frac{1}{x}$, so ist f wegen $f'' \ge 0$ konvex, so daß aufgrund der Ungleichung von Jensen $E(\frac{1}{X}) \ge \frac{1}{E(X)}$ für jede reellwertige Zufallsgröße $X: \Omega \to (0,\infty)$ mit existierenden Erwartungswerten $E(X)$ und $E(\frac{1}{X})$ gilt. Eine Anwendung hiervon wird im folgenden Beispiel behandelt.

Beispiel *(Vergleich zweier Methoden für Aktienkäufe)*
Jemand möchte n DM in einem Jahr für Aktien anlegen, wobei k_i die Kosten pro Aktie im i-ten Monat $(i = 1,\dots,12)$ des betreffenden Jahres bezeichnen. Wenn man möglichst viele Aktien kaufen möchte, stellt sich die Frage, ob es günstiger ist, gleich viele Aktien pro Monat zu kaufen oder pro Monat gleich viel Geld für Aktien anzulegen. Werden gleich viele Aktien x pro Monat gekauft, so gilt $\sum_{i=1}^{12} x k_i = n$, also $x = \frac{n}{\sum_{i=1}^{12} k_i}$, so daß nach dieser Methode $\frac{12n}{\sum_{i=1}^{12} k_i}$ Aktien im Jahr erworben werden. Die andere Methode liefert $\sum_{i=1}^{12} \frac{n}{12} \cdot \frac{1}{k_i}$ Aktien im Jahr. Wegen $\frac{1}{\sum_{i=1}^{12} k_i \cdot \frac{1}{12}} \le \sum_{i=1}^{12} \frac{1}{k_i} \cdot \frac{1}{12}$ ist die letztere Methode günstiger.

Für eine mehr theoretische Anwendung der Jensenschen Ungleichung wird der Begriff des p-ten Moments $E(X^p)$ einer reellwertigen Zufallsgröße $X: \Omega \to \mathbb{R}$ unter einer diskreten Verteilung P über Ω benötigt $(p > 0)$. Wegen $|X|^r \le |X|^p + 1$ für $0 < r \le p$ existiert mit $E(X^p)$ auch $E(X^r)$. Genauer gilt die *Ungleichung von Liapunoff:* $(E(|X|^r))^{1/r} \le (E(|X|^p))^{1/p}$, die sich wegen der Konvexität von $f: (0,\infty) \to \mathbb{R}$, $f(x) = x^\alpha$, $x > 0$, $\alpha \ge 1$, mit $\alpha = \frac{p}{r}$ aus dem folgenden Spezialfall der Jensenschen Ungleichung $E(|X^r|^{p/r}) \ge (E(|X|^r))^{p/r}$ ergibt.

Für die Laplace-Verteilung über $\Omega = \{x_1,\dots,x_n\}$ mit $x_j \in \mathbb{R}$, $j = 1,\dots,n$, ergab sich das arithmetische Mittel $\frac{x_1+\dots+x_n}{n}$ als Mittelwert. Handelt es sich speziell bei den x_j um Zuwächse $a_{j-1} + a_j$, $j = 1,\dots,n$, mit $a_0 := 0$, so können die a_j, $j = 1,\dots,n$, als Änderungen und $\frac{a_1+\dots+a_n}{n}$ als durchschnittliche Änderung aufgefaßt werden. Bei prozentualen Änderungen wie etwa bei Verzinsung eines Kapitals K mit Zinsfuß p_j im j-ten Jahr, $j = 1,\dots,n$, erhält man im j-ten Jahr als Kapital $K(1+p_1) \cdot \dots \cdot (1+p_j)$, $j = 1,\dots,n$, so daß das arithmetische Mittel nicht mehr als Maß für eine durchschnittliche prozentuale Änderung sinnvoll ist. Die prozentualen Änderungen betragen nämlich $1+p_1, 1+p_2, \dots, 1+p_n$, so daß ein Faktor f als Maß für die durchschnittliche prozentuale Änderung zu bestimmten ist mit $f \cdot \dots \cdot f = f^n = (1+p_1)\cdot\dots\cdot(1+p_n)$, d. h. $f = \sqrt[n]{(1+p_1)\cdot\dots\cdot(1+p_n)}$ *(geometrisches Mittel)*. Sind x_j, $j = 1,\dots,n$, positive reelle Zahlen, so gilt die folgende Ungleichung zwischen arithmetischem und geometrischem Mittel: $\sqrt[n]{x_1 \cdot \dots \cdot x_n} \le \frac{x_1+\dots+x_n}{n}$, die sich aus der Konvexität von $f: (0,\infty) \to \mathbb{R}$, $f(x) = \ell n(\frac{1}{x})$, $x > 0$, wegen $f(\frac{x_1+\dots+x_n}{n}) \le \frac{1}{n}(f(x_1)+\dots+f(x_n))$ ergibt.

Eine wichtige Rechenregel für Erwartungswerte reellwertiger Zufallsgrößen stellt die *Linearität* dar: $E(\alpha_1X_1+\dots+\alpha_nX_n) = \alpha_1E(X_1)+\dots+\alpha_nE(X_n)$, wobei $X_j: \Omega \to \mathbb{R}$, $j = 1,\dots,n$, reellwertige Zufallsgrößen mit existierendem Erwartungswert sind, und $\alpha_j \in \mathbb{R}$, $j = 1,\dots,n$. Zum Beweis braucht nur der Fall $n = 2$ und wegen $E(\alpha_1X_1) = \alpha_1E(X_1)$ nur der Fall $\alpha_1 = \alpha_2 = 1$ betrachtet zu werden, wobei zunächst aufgrund der Dreiecksungleichung $|X_1 + X_2| \le |X_1| + |X_2|$ klar ist, daß der Erwartungswert von $X_1 + X_2$ existiert. Ferner gilt $E(X_1 + X_2) = \sum_{\omega\in\Omega_P}(X_1(\omega) + X_2(\omega))P(\{\omega\}) = \sum_{\omega\in\Omega_P} X_1(\omega)P(\{\omega\}) + \sum_{\omega\in\Omega_P} X_2(\omega)P(\{u\}) = E(X_1)+E(X_2)$, wenn man beachtet, daß wegen der absoluten Konvergenz der betreffenden unendlichen Reihen beliebige Vertauschungen bei der Summation erlaubt sind.

Bevor die Linearität des Erwartungswertes zur konkreten Bestimmung von Mittelwerten spezieller Verteilungen angewendet wird, soll diese Eigenschaft für eine mehr theoretische Anwendung, nämlich zur Herleitung der *Cauchy-Schwarzschen* Ungleichung dienen. Zu diesem Zweck seien X_1 und X_2 zwei reellwertige Zufallsgrößen mit existierendem zweiten Moment, so daß auch $E((X_1 + \lambda X_2)^2)$ wegen $(X_1 + \lambda X_2)^2 \le 2(X_1^2 + (\lambda X_2)^2)$ für jedes $\lambda \in \mathbb{R}$ existiert. Ferner gilt aufgrund der Linearität des Erwartungswertes $E((X_1 + \lambda X_2)^2) = E(X_1^2) + 2\lambda E(X_1X_2) + \lambda^2E(X_2^2)$, wobei $\lambda_o = -E(X_1X_2)/E(X_2^2)$ die Minimalstelle der quadratischen Funktion in λ ist, falls $E(X_2^2) > 0$ zutrifft. In diesem Fall gilt also $E((X_1 + \lambda_o X_2)^2) = E(X_1^2) - \frac{(E(X_1X_2))^2}{E(X_2^2)} \ge 0$ und damit $E(X_1^2) \cdot E(X_2^2) \ge (E(X_1X_2))^2$. Im Fall $E(X_2^2) = 0$ gilt $P(X_2^{-1}(\{0\})) = 1$ und damit

$E(X_1X_2) = 0$, so daß ebenfalls $E(X_1^2)E(X_2^2) \geq (E(X_1X_2))^2$ *(Cauchy-Schwarzsche Ungleichung)* richtig ist.

Die Cauchy-Schwarzsche Ungleichung ist ein Spezialfall der Ungleichung von Hölder $E(|X_1X_2|) \leq E^{1/p}(|X_1|^p)E^{1/q}(|X_2|^q)$ für Zufallsgrößen X_j, $j = 1,2$, mit existierendem $E(X_1^p)$ bzw. $E(X_2^q)$, $p > 1$, $\frac{1}{p} + \frac{1}{q} = 1$. Man kann die Höldersche Ungleichung folgendermaßen mit Hilfe der Ungleichung von Jensen beweisen, wenn man beachtet, daß die Ungleichung von Hölder mit $E((\frac{|X_1|^p}{E(|X_1|^p)} / \frac{|X_2|^q}{E(|X_2|^q)})^{1/p} \cdot \frac{|X_2|^q}{E(|X_2|^q)}) \leq 1$ äquivalent ist, falls $E(|X_j|) > 0$, $j=1,2$, zutrifft, wobei im Fall $E(|X_1|) = 0$ bzw. $E(|X_2|) = 0$ nichts zu beweisen ist. Führt man schließlich noch die Verteilung $\hat{P}$ gemäß $\hat{P}(\{\omega\}) = \frac{|X_2(\omega)|^q}{E(|X_2|^q)} P(\{\omega\})$, $\omega \in \Omega$, mit P als ursprüngliche Verteilung über Ω ein, und bezeichnet schließlich $\hat{E}$ den Erwartungswert bezüglich $\hat{P}$, so ist die Ungleichung von Hölder gleichwertig mit $\hat{E}((\frac{|X_1|^p}{E(|X_1|^p} / \frac{|X_2|^q}{E(|X_2|^q)})^{1/p}) \leq 1$. Die Ungleichung von Jensen liefert schließlich $\hat{E}((\frac{|X_1|^p}{E(|X_1|^p)} / \frac{|X_2|^q}{E(|X_2|^q)})^{1/p}) \leq \hat{E}^{1/p}(\frac{|X_1|^p}{E(|X_1|^p)} / \frac{|X_2|^q}{E(|X_2|^q)}) = 1$. Dabei existiert $E(X_1X_2)$ aufgrund der Ungleichung $|x_1x_2| \leq \frac{|x_1|^p}{p} + \frac{|x_2|^q}{q}$, $x_j \in \mathbb{R}$, $j = 1,2$. Man kann aber auch einfach auf die Existenz von $E(X_1X_2)$ schließen, wenn man beachtet, daß für eine reellwertige Zufallsgröße X gilt
$\lim_{n\to\infty} \sum_{\omega\in\Omega_P} |X_n(\omega)|P(\{\omega\}) = \sum_{\omega\in\Omega_P} |X(\omega)|P(\{\omega\})$, mit $X_n := X\, I_{\{|X|\leq n\}}$, $n \in \mathbb{N}$.

Eine weitere Anwendung der Linearität des Erwartungswertes erhält man, wenn man beachtet, daß die Trefferzahl in einem n-fachen Bernoulli-Experiment mit Trefferwahrscheinlichkeit p durch eine $\mathfrak{B}(n,p)$-verteilte Zufallsgröße X beschrieben werden kann, die wiederum die Darstellung $X = X_1 + \ldots + X_n$ besitzt, wobei die Zufallsgröße X_j den j-ten Einzelversuch, $j = 1,\ldots,n$, beschreibt, also $\mathfrak{B}(1,p)$-verteilt ist. Für einen Indikator ergab sich aber als Erwartungswert die Wahrscheinlichkeit des betreffenden Ereignisses, so daß sich hier $E(X_j) = p$, $j = 1,\ldots,n$, ergibt, woraus nochmals das bereits bekannte Ergebnis $E(X) = np$ resultiert. Insbesondere erhält man durchschnittlich $n \frac{r}{r+s}$ rote Kugeln beim n-maligen unabhängigen Ziehen mit Zurücklegen aus einer Urne mit r roten und s schwarzen Kugeln. Da beim n-maligen Ziehen ohne Zurücklegen aus einer Urne mit r roten und s schwarzen Kugeln die jeweiligen Zufallsgrößen X_j, die den j-ten Zug, $j = 1,\ldots,n$, beschreiben, ebenfalls $\mathfrak{B}(1,p)$-verteilt sind mit $p = \frac{r}{r+s}$, erhält man auch hier für die durchschnittliche Anzahl der roten gezogenen Kugeln $n \frac{r}{r+s}$.

Die Linearität des Erwartungswertes erlaubt ferner eine besonders einfache Herleitung der Siebformel von Poincaré und Sylvester.

Beispiel *(Siebformel von Sylvester und Poincaré)*
Für $X := I_{\bigcup_{i=1}^{n} A_i}$ gilt $1 - X = I_{(\bigcup_{i=1}^{n} A_i)^c} = I_{\bigcap_{i=1}^{n} A_i^c} = I_{A_1^c} \cdot \ldots \cdot I_{A_n^c} = (1 - I_{A_1}) \cdot \ldots \cdot (1 - I_{A_n})$

$$= 1 + \sum_{k=1}^{n} (-1)^k \sum_{1 \le i_1 < \ldots < i_k \le n} I_{A_{i_1}} \cdot \ldots \cdot I_{A_{i_k}} = 1 + \sum_{k=1}^{n} (-1)^k \sum_{1 \le i_1 < \ldots < i_k \le n} I_{A_{i_1} \cap \ldots \cap A_{i_k}},$$

woraus wegen der Linearität des Erwartungswertes $E(1 - X) = 1 - E(X) = 1 - P(\bigcup_{i=1}^{n} A) = 1 + \sum_{k=1}^{n} (-1)^k \sum_{1 \le i_1 < \ldots < i_k \le n} P(A_{i_1} \cap \ldots \cap A_{i_k})$ und damit die Siebformel von Sylvester und Poincare folgt.

Schließlich soll als weitere Anwendung der Linearität des Erwartungswertes die durchschnittliche Anzahl von Tagen mit einem Mehrfachgeburtstag bei r Personen berechnet werden, falls man voraussetzt, daß jeder der 365 Tage eines Jahres mit gleicher Wahrscheinlichkeit für einen Geburtstag in Betracht kommt.

Beispiel *(Durchschnittliche Anzahl von Tagen mit einem Mehrfachgeburtstag)*
Unter der Annahme, daß alle 365 Tage eines Jahres für einen Geburtstag von r Personen gleichwahrscheinlich sind, gilt für die Wahrscheinlichkeit, daß genau k der r Personen am i-ten Tag des Jahres Geburtstag haben $\binom{r}{k}(365-1)^{r-k}/365^r$, so daß $365\binom{r}{k}364^{r-k}/365^r = 365\binom{r}{k}(\frac{1}{365})^k(\frac{364}{365})^{r-k}$ die durchschnittliche Anzahl von Tagen eines Jahres mit einem k-fachen Geburtstag von r Personen ist. Der Erwartungswert für die Anzahl der Tage mit einem Mehrfachgeburtstag von r Personen beträgt demnach $365 - \binom{r}{0}(\frac{1}{365})^{-1} \cdot (\frac{364}{365})^r - \binom{r}{1}(\frac{1}{365})^0 \cdot (\frac{364}{365})^{r-1} = 365(1 - (\frac{364}{365})^r - r(\frac{364}{365})^{r-1} \cdot \frac{1}{365})$, wobei dieser Erwartungswert genau dann größer bzw. kleiner als 1 ist, wenn $1 + \frac{365}{364} + (\frac{365}{364})^2 + \ldots + (\frac{365}{364})^{r-2} > r$ bzw. $< r$ ist. Wegen $1 + \frac{365}{364} + (\frac{365}{364})^2 + \ldots + (\frac{365}{364})^{29-2} > 29$ bzw. $1 + \frac{365}{364} + (\frac{365}{364})^2 + \ldots + (\frac{365}{364})^{28-2} \le 28$ ist für $r \ge 29$ Personen mindestens ein Tag des Jahres mit einem Mehrfachgeburtstag zu erwarten.

Eine weitere Anwendung der Linearität des Erwartungswertes betrifft das Problem des Couponsammlers, bei dem nach der durchschnittlichen Anzahl von Coupons gefragt wird, bis zum erstenmal r verschiedene Coupons vorliegen, falls insgesamt N verschiedene Coupons existieren.

Beispiel *(Couponsammler-Problem)*

Bezeichnet X_j die Wartezeit, bis zum ersten Mal ein Coupon erhalten wird, der sich von den bereits j-1 verschiedenen, vorhandenen Coupons unterscheidet, so gilt $X_1 = 1$ und $P^{X_j} = \mathfrak{NB}(1, \frac{N-j+1}{N})$, j = 2,...,N. Wegen $E(X_j) = (1-\frac{N-j+1}{N})/\frac{N-j+1}{N}$, j = 2,...,N, gilt für die durchschnittliche Anzahl von Coupons, die gesammelt werden müssen, bis zum ersten Mal r verschiedene von N insgesamt vorhandenen, verschiedenen Coupons vorliegen $E(X_1) + \sum_{j=2}^{r} (E(X_j)+1) = 1 + \sum_{j=2}^{r} \frac{N}{N-j+1} = N \sum_{k=N-r+1}^{N} \frac{1}{k}$. Insbesondere erhält man für r = N näherungsweise für diesen Erwartungswert $N \ln N$.

Ferner stellt $6\,(1+\frac{1}{2}+\ldots+\frac{1}{6}) = 14{,}7$ die mittlere Anzahl von Würfen dar, die mit einem ungefälschten Würfel durchzuführen sind bis zum erstenmal alle sechs verschiedenen Augenzahlen beobachtet worden sind. Fragt man nach der entsprechenden Wahrscheinlichkeit dafür, daß beim n-fachen unabhängigen Würfelwurf mit einem ungefälschten Würfel alle sechs verschiedenen Augenzahlen beobachtet werden, so erhält man mit Hilfe der Ereignisse A_j, daß die Augenzahl j, j = 1,...,6, nicht gewürfelt worden ist, nach der Siebformel den Wert $\sum_{k=0}^{5} (-1)^k \binom{6}{k} (1-\frac{k}{6})^n$, der für $n \geq 13$ größer $\frac{1}{2}$ ist.

Als abschließendes Beispiel für die Anwendung der Linearität des Erwartungswertes wird noch der Mittelwert der Rencontre-Problem-Verteilung bestimmt.

Beispiel *(Mittelwert der Verteilung für die Anzahl der Fixpunkte bei Permutation von n Objekten)*

Die zugrunde liegende Zufallsgröße X wird als $X = I_{A_1}+\ldots+I_{A_n}$ mit $A_j = \{\pi \in \Omega: \pi(j) = j\}$, j = 1,...,n, dargestellt, wobei P die Laplace-Verteilung über $\Omega = \{\pi: \pi$ Permutation von $\{1,\ldots,n\}\}$ ist. Wegen $P(A_j) = \frac{(n-1)!}{n!} = \frac{1}{n}$, j = 1,...,n, gilt also $E(X) = P(A_1)+\ldots+P(A_n) = 1$. Dies kann man natürlich auch direkt aufgrund der Definition des Erwartungswertes einsehen, da $P^X(\{m\}) = \frac{1}{m!} \sum_{\nu=0}^{n-m} \frac{(-1)^\nu}{\nu!}$, m = 0,...,n, gilt, woraus $E(X) = \sum_{m=0}^{n} \frac{m}{m!} \sum_{\nu=0}^{n-m} \frac{(-1)^\nu}{\nu!} = \sum_{m=0}^{n-1} \frac{1}{m!} \sum_{\nu=0}^{n-1-m} \frac{(-1)^\nu}{\nu!} = 1$ folgt.

Schließlich soll noch ein Beispiel für die Berechnung des Mittelwertes einer Verteilung mit Hilfe von Rekursionsformeln für die Einzelwahrscheinlichkeiten dieser Verteilung behandelt werden, das auf Gauß zurückgeht.

Beispiel *(Mittlere Anzahl nicht leerer Urnen bei zufälliger Verteilung von m Kugeln auf k Urnen)*

Bezeichnet $p_{m,n}$ die Wahrscheinlichkeit, daß von den k Urnen genau m − n nicht leer sind, n = 0,...,m, so gilt die Rekursionsformel $p_{m+1,n+1} = \frac{m-n}{k} p_{m,n} + \frac{k-(m-n-1)}{k} p_{m,n+1}$, wenn man die beiden Fälle unterscheidet, daß die zusätzliche (m +1)-te Kugel bereits in einer der m −n Urnen zu finden ist, die von den ersten m Kugeln besetzt sind, bzw. daß die zusätzliche (m +1)-te Kugel in einer Urne zu finden ist, die von dem m −n − 1 durch die ersten m Kugeln besetzten Urnen verschieden ist und die entsprechenden Wahrscheinlichkeiten der Schnittereignisse mit Hilfe elementarer bedingter Wahrscheinlichkeiten bestimmt. Hieraus resultiert $(n+1)p_{m+1,n+1} = x((n+1)^2 p_{m,n+1} - n^2 p_{m,n}) - x\,n\,p_{m,n} + m(n+1)x\,p_{m,n} + (n+1)p_{m,n+1} - m(n+1)x\,p_{m,n+1}$ mit $x := \frac{1}{k}$, woraus durch Summation über n = 0,...,m mit $S_m := \sum_{n=0}^{m} n\,p_{m,n}$ folgt $S_{m+1} = -x\,S_m + m\,x\,S_m + mx + S_m - m\,x\,S_m = (1-x)S_m + mx$ wegen $\sum_{n=0}^{m} p_{m,n} = 1$. Damit erhält man $S_{m+1} = (1-x)^m S_1 + \sum_{k=1}^{m}(1-x)^{k-1}(m-k+1)x = (1-x)^m\, x \sum_{\mu=0}^{m-1}(1-x)^{-(\mu+1)}(\mu+1)$, wegen $S_1 = 0$, woraus schließlich $S_{m+1} = (1-x)^m\, x\,(1-x)\frac{d}{dx}[((\frac{1}{1-x})^m - 1)/x] = \frac{(1-x)^{m+1}}{x} + m+1-\frac{1}{x}$, also $S_m = \frac{(1-x)^m}{x} - \frac{1}{x} + m$ resultiert. Die mittlere Anzahl nicht leerer Urnen $\sum_{n=0}^{m}(m-n)p_{m,n} = m - S_m$ bei zufälliger Verteilung von m Kugeln auf k Urnen beträgt daher $k(1-(1-\frac{1}{k})^m)$. Natürlich ist dies auch die mittlere Anzahl der verschiedenen ausgewählten Kugeln beim m-maligen Ziehen mit Zurücklegen aus einer Urne mit k verschiedenen Kugeln.

Man kann die mittlere Anzahl nicht leerer Urnen bei zufäliger Verteilung von m Kugeln auf k Urnen auch aufgrund des Beispiels für die entsprechende Wahrscheinlichkeit $\frac{1}{k^m}\sum_{\nu=0}^{k}(-1)^\nu\binom{k}{\nu}(k-\nu)^m$, daß keine Urne leer ist, bestimmen. Zunächst ist zu beachten, daß die Wahrscheinlichkeit dafür, daß genau ℓ Urnen nicht leer sind, demnach $\frac{1}{k^m}\binom{k}{\ell}\sum_{\nu=0}^{\ell}(-1)^\nu\binom{\ell}{\nu}(\ell-\nu)^m$, $\ell = 0,1,\ldots,k$, beträgt, woraus sich für den gesuchten Mittelwert nicht leerer Urnen $\frac{1}{k^m}\sum_{\ell=0}^{k}\ell\binom{k}{\ell}p_m(\ell)$ mit $p_m(\ell) := \sum_{\nu=0}^{\ell}(-1)^n\binom{\ell}{\nu}(\ell-\nu)^m$, $\ell = 0,1,\ldots,k$, ergibt. Ferner liefert $\ell\binom{k}{\ell} = k\binom{k-1}{\ell-1}$, $\ell = 1,\ldots,k$, und $\binom{k-1}{\ell-1} = \binom{k}{\ell} - \binom{k-1}{\ell}$, $\ell = 1,\ldots,k$, für diesen Mittelwert $\frac{k}{k^m}(\sum_{\ell=1}^{k}\binom{k}{\ell}p_m(\ell) - \sum_{\ell=1}^{k-1}\binom{k-1}{\ell}p_m(\ell)) = \frac{k}{k^m}(k^m - p_m(0) - (k-1)^m + p_m(0)) = k(1-(1-\frac{1}{k})^m)$.

Es soll jetzt als ein Maß dafür, wie stark die Werte einer reellwertigen Zufallsgröße $X: \Omega \to \mathbb{R}$ unter einer diskreten Verteilung P über Ω, wobei $E(X^2)$ (und damit auch $E(X)$) existieren möge, die *mittlere quadratische Abweichung* $E((X-a)^2)$ von $a \in \mathbb{R}$ für $a := E(X)$ betrachtet werden. Wegen $E((X-a)^2) = E((X-E(X))^2)+(a-E(X))^2$ wird die mittlere quadratische Abweichung genau für $a = E(X)$ minimal, wodurch der Erwartungswert von X als beste Approximation von X durch eine reelle Zahl im Sinne einer mittleren quadratischen Abweichung gekennzeichnet wird. Dabei heißt $E((X-E(X))^2)$ *Varianz* von X (unter P) oder auch *Streuung* von P^X (in Zeichen: Var (X), manchmal auch $Var_P(X)$, wenn die Abhängigkeit der Varianz von X von der zugrundeliegenden Verteilung P zum Ausdruck gebracht werden soll). Es gilt $Var(X) = E(X^2) - (E(X))^2$ und $Var(\alpha X) = \alpha^2 Var(X)$, $\alpha \in \mathbb{R}$, woraus insbesondere folgt, daß $Var(X_1+X_2) = Var(X_1) + Var(X_2)$ i.a. falsch ist, wenn man z. B. $X_1 = X_2 =: X$ wählt, falls $Var(X) > 0$ gilt. Der Fall $Var(X) = 0$ ist dabei mit $P(\{\omega \in \Omega: X(\omega) = E(X)\}) = 1$ also mit $P^X = \delta_{E(X)}$ gleichwertig. Man kann aber die auftretende Differenz zwischen $Var(X_1+X_2)$ und $Var(X_1) + Var(X_2)$ leicht angeben. Es gilt: $Var(\sum_{i=1}^n X_i) = \sum_{i=1}^n Var(X_i) + 2 \sum_{1\le i<j\le n} Kov(X_i,X_j)$ mit $Kov(X_i,X_j) := E((X_i-E(X_i))(X_j-E(X_j)))$ als Kovarianz von X_i, X_j (wobei man manchmal hierfür auch $Kov_P(X_i,X_j)$ schreibt, um die Abhängigkeit von der zugrundeliegenden Verteilung P zum Ausdruck zu bringen). Diese sogenannte *Gleichung von Bienaymé* gilt für reellwertige Zufallsgrößen X_j mit existierendem Erwartungswert $E(X_j)$, $j = 1,\ldots,n$ $(n \ge 2)$, und ergibt sich durch Ausmultiplizieren von $(\sum_{j=1}^n (X_j-E(X_j)))^2$ gemäß $\sum_{j=1}^n (X_j-E(X_j))^2 + 2 \sum_{1\le i<j\le n} (X_i-E(X_i))(X_j-E(X_j))$, wenn man noch die Linearität des Erwartungswertes beachtet. Dabei kann man für $Kov(X_1,X_2)$ auch $E(X_1X_2) - E(X_1)E(X_2)$ schreiben, wobei $E(X_1X_2)$ wegen $|X_1X_2| \le \frac{X_1^2+X_2^2}{2}$ existiert. Die sogenannte *Kovarianz* $Kov(X_1,X_2)$ ist als Maß für den Zusammenhang zwischen X_1,X_2 interpretierbar, wie das folgende Beispiel zeigt, wo die beste Approximation von X_1 durch eine lineare Funktion $\alpha + \beta X_2$ im Sinne der mittleren quadratischen Abweichung bestimmt werden soll. Zuvor wird noch berücksichtigt, daß wegen der Ungleichung von Cauchy-Schwarz für $\rho(X_1,X_2) := \frac{Kov(X_1,X_2)}{\sqrt{Var(X_1)Var(X_2)}}$ gilt $(\rho(X_1,X_2))^2 \le 1$. Dabei heißt $\rho(X_1,X_2)$ *Korrelationskoeffizient* von X_1,X_2 und ist ebenfalls als ein Maß für den Zusammenhang zwischen X_1,X_2 anzusehen.

Beispiel *(Beste lineare Approximation im Sinne der mittleren quadratischen Abweichung)*
Es handelt sich hier um die Bestimmung von $\alpha_o, \beta_o \in \mathbb{R}$ mit $E((X_1-(\alpha_o+\beta_o X_2))^2)=\inf\{E((X_1-(\alpha+\beta X_2))^2)\colon \alpha,\beta \in \mathbb{R}\}$, wobei X_j reellwertige Zufallsgrößen mit existierendem $E(X_j^2)$, $j = 1,2$, sind. Wegen $E((X_1-(\alpha+\beta X_2))^2) = Var(X_1-(\alpha+\beta X_2)) +(E(X_1-(\alpha+\beta X_2)))^2$ kann $\alpha = E(X_1) - \beta E(X_2)$ gesetzt werden, so daß es sich nur noch um das Minimierungsproblem $\inf\{Var(X_1-\beta X_2)\colon \beta \in \mathbb{R}\}$ handelt, da $Var(X_1-(\alpha+\beta X_2))=Var(X_1-\beta X_2)$ gilt. Wegen $Var(X_1-\beta X_2)=Var(X_1)-2\beta Kov(X_1,X_2) + \beta^2 Var(X_2)$ ist $\beta_o = \frac{Kov(X_1,X_2)}{Var(X_2)} = \rho(X_1,X_2)\sqrt{\frac{Var(X_1)}{Var(X_2)}}$ die zugehörige Minimal stelle und $\inf\{Var(X_1+\beta X_2)\colon \beta\in\mathbb{R}\} = Var(X_1) - 2(\rho(X_1,X_2))^2 Var(X_1) + (\rho(X_1,X_2))^2 Var(X_1) = Var(X_1)(1-(\rho(X_1,X_2))^2)$, woraus nochmals $(\rho(X_1,X_2))^2 \le 1$ folgt. Ferner gilt $|\rho(X_1,X_2)| = 1$ genau dann, wenn es $\alpha_o,\beta_o \in \mathbb{R}$ mit $P(\{\omega \in \Omega\colon X_1 = \alpha_o+\beta_o X_2\}) =1$ gibt. Im Fall $Var(X_2) = 0$ liegt das bereits gelöste Minimierungsproblem $\inf\{E((X_1-\alpha)^2)\colon \alpha \in \mathbb{R}\}$ vor.

Bevor zwei Anwendungen der Gleichung von Bienaymé behandelt werden, sollen zwei Beispiele für die Bestimmung von Kovarianzen vorgestellt werden.

Beispiel *(Kovarianzen für die Komponenten einer multinomial- bzw. mehrdimensional hypergeometrisch verteilten Zufallsgröße)*
Es sei $P^{(X_1,\dots,X_m)}$ eine $\mathfrak{M}(n,p_1,\dots,p_m)$-Verteilung. Dann gilt

$$E(X_1X_2) = \sum_{\substack{k_j\in\mathbb{N}_o\\ j=1,\dots,m\\ k_1+\dots+k_m=n}} k_1k_2 \frac{n!}{k_1!k_2!\cdot\ldots\cdot k_m!} p_1^{k_1}\cdot\ldots\cdot p_m^{k_m} =$$

$$p_1p_2n(n-1) \sum_{\substack{k_j\in\mathbb{N}_o\\ j=1,\dots,m\\ k_1+\dots+k_m=n-2}} \frac{(n-2)!}{k_1!\dots k_m!} p_1^{k_1}\cdot\ldots\cdot p_m^{k_m} = p_1p_2n(n-1), \text{ also}$$

$Kov(X_1,X_2) = n(n-1)p_1p_2 - n^2p_1p_2 = -np_1p_2$. Handelt es sich bei $P^{(X_1,\dots,X_m)}$ um eine $\mathfrak{MH}(N,M_1,\dots,M_m,n)$-Verteilung, so erhält man $E(X_1X_2) =$

$$= \sum_{\substack{k_j\in\mathbb{N}_o\\ j=1,\dots,m\\ k_1+\dots+k_m=n}} k_1k_2 \frac{\binom{M_1}{k_1}\binom{M_2}{k_2}\cdot\ldots\cdot\binom{M_m}{k_m}}{\binom{N}{n}} =$$

$$M_1M_2\binom{N-2}{n-2}/\binom{N}{n} \sum_{\substack{k_j\in\mathbb{N}_o\\ j=1,\dots,m\\ k_1+\dots+k_m=n-2}} \frac{\binom{M_1-1}{k_1}\binom{M_2-1}{k_2}\cdot\ldots\cdot\binom{M_m}{k_m}}{\binom{N-2}{n-2}} = M_1M_2\frac{n(n-1)}{N(N-1)}, \text{ also}$$

$$Kov(X_1,X_2) = M_1M_2\frac{n(n-1)}{N(N-1)} - n^2\frac{M_1}{N}\frac{M_2}{N} = -n\frac{M_1}{N}\frac{M_2}{N} + M_1M_2\left(\frac{n(n-1)}{N(N-1)} - \frac{n(n-1)}{N^2}\right)$$

$$= -np_1p_2\frac{N-n}{N-1} \text{ mit } p_j = \frac{M_j}{N},\ j = 1,2.$$

In beiden Beispielen sind also die betrachteten Kovarianzen negativ. Bei monotonen Abbildungen sind die entsprechenden Kovarianzen dagegen nicht negativ, wie das folgende Beispiel zeigt.

Beispiel *(Kovarianzen für monotone Transformationen einer Zufallsgröße)*
Es sei P eine diskrete Verteilung über Ω, $X: \Omega \to \mathbb{R}$, $X_j := f_j \circ X$ mit f_j monoton wachsend (bzw. monoton fallend), $j = 1,2$, und mit existierenden $E(X_j)$, $j = 1,2$, sowie $E(X_1X_2)$. Dann gilt $Kov(X_1,X_2) \geq 0$, denn aus $(X_1(\omega_1) - X_1(\omega_2))(X_2(\omega_1) - X_2(\omega_2)) \geq 0$, $\omega_j \in \mathbb{R}$, $j = 1,2$, folgt $\sum_{\substack{\omega_j \in \Omega_P \\ j=1,2}} (X_1(\omega_1) - X_1(\omega_2))(X_2(\omega_1) - X_2(\omega_2))$ $P(\{\omega_1\})P(\{\omega_2\}) \geq 0$. Hieraus resultiert $2(E(X_1X_2) - E(X_1)E(X_2)) \geq 0$ und damit die Behauptung.

Als eine weitere Anwendung der Gleichung von Bienaymé soll nun die Streuung der Verteilung für die Anzahl der Fixpunkte von Permutationen von n Objekten bestimmt werden. Dabei ist zu beachten, daß für die Varianz eines Indikators I_A gilt $Var(I_A) = E(I_A) - (E(I_A))^2 = P(A)P(A^c)$.

Beispiel *(Streuung der Verteilung für die Anzahl der Fixpunkte bei Permutation von n Objekten)*
Die zugrundeliegende Zufallsgröße X wird wie bei der Bestimmung von $E(X) = 1$ als $I_{A_1}+\ldots+I_{A_n}$ mit $A_j = \{\pi \in \Omega: \pi(j) = j\}$, $j = 1,\ldots,n$ dargestellt, wobei P die Laplace-Verteilung über $\Omega = \{\pi: \pi$ Permutation von $\{1,\ldots,n\}\}$ ist. Für $n > 1$ gilt dann $Var(X) = n\, Var(I_{A_1}) + 2\binom{n}{2} Kov(I_{A_1},I_{A_2})$ wegen $Var(I_{A_j}) = P(A_j)P(A_j^c) = \frac{1}{n} \cdot (1 - \frac{1}{n})$, $j = 1,\ldots,n$, $Kov(I_{A_i},I_{A_j}) = E(I_{A_i} \cdot I_{A_j}) - E(I_{A_i})E(I_{A_j}) = P(A_i \cap A_j) - P(A_i)P(A_j) = \frac{1}{n(n-1)} - \frac{1}{n^2}$, $1 \leq i < j \leq n$, denn es trifft $P(A_i) = \frac{(n-1)!}{n!} = \frac{1}{n}$, $i = 1,\ldots,n$, und $P(A_i \cap A_j) = \frac{(n-2)!}{n!} = \frac{1}{n(n-1)}$, $1 \leq i < j \leq n$, zu. Damit erhält man $Var(X) = 1 - \frac{1}{n} + n(n-1)\left(\frac{1}{n(n-1)} - \frac{1}{n^2}\right) = 1 - \frac{1}{n} + 1 - (1 - \frac{1}{n}) = 1$ für $n > 1$. Für $n = 1$ erhält man $Var(X) = 0$. Natürlich kann man $Var(X) = 1$ für $n > 1$ auch direkt aufgrund der Definition der Varianz bestimmen. Wegen $P^X(\{m\}) = \frac{1}{m!} \sum_{\nu=0}^{n-m} \frac{(-1)^\nu}{\nu!}$, $m = 0,\ldots,n$, ergibt sich nämlich $E(X(X-1)) = \sum_{m=0}^{n} \frac{m(m-1)}{m!} \sum_{\nu=0}^{n-m} \frac{(-1)^\nu}{\nu!} = \sum_{m=0}^{n-2} \frac{1}{m!} \sum_{\nu=0}^{n-2-m} \frac{(-1)^\nu}{\nu!} = 1$, woraus $Var(X) = E(X(X-1)) + E(X) - E^2(X) = 1$ für $n \geq 2$ folgt.

Die zweite Anwendung der Gleichung von Bienaymé betrifft die Berechnung der Streuung einer hypergeometrischen Verteilung.

Beispiel *(Streuung einer hypergeometrischen Verteilung)*
Die Zufallsgröße X beschreibe die Anzahl der gezogenen roten Kugeln beim n-maligen Ziehen aus einer Urne mit r roten und s schwarzen Kugeln ohne Zurücklegen. Dann ist X als $I_{A_1}+\ldots+I_{A_n}$ mit A_j als Ereignis, daß mit j-ten Zug eine rote Kugel gezogen wird, $j = 1,\ldots,n$, darstellbar, wobei die Ereignisse $A_1,\ldots,A_n$ austauschbar sind. Hieraus folgt $\mathrm{Var}(I_{A_j}) = \mathrm{Var}(I_{A_1}) = P(A_1)P(A_1^c) = \frac{r}{r+s}\cdot\frac{s}{r+s}$, $j = 1,\ldots,n$, und $\mathrm{Kov}(I_{A_i},I_{A_j}) = \mathrm{Kov}(I_{A_1},I_{A_2})$, $1 \le i < j \le n$. Da die Gleichung von Bienaymé $\mathrm{Var}(X) = n\,\mathrm{Var}(I_{A_1}) + 2\binom{n}{2}\mathrm{Kov}(I_{A_1},I_{A_2})$ liefert, ist nur noch $\mathrm{Kov}(I_{A_1},I_{A_2})$ zu bestimmen. Den Wert hierfür erhält man, wenn man in der letzten Gleichung $n = r + s$ wählt, da dann $X = r$ und damit $\mathrm{Var}(X) = 0$ gilt, woraus $\mathrm{Kov}(I_{A_1},I_{A_2}) = -(r+s)\frac{r}{r+s}\cdot\frac{s}{r+s}\,/\,(r+s)(r+s-1) = \frac{-rs}{(r+s)^2(r+s-1)}$ folgt. Damit erhält man für Var(X) bei beliebigem n den Wert $n\frac{r}{r+s}\cdot\frac{s}{r+s} - n(n-1)\frac{rs}{(r+s)^2(r+s-1)} = n\frac{r}{r+s}\cdot\frac{s}{r+s}\left(1-\frac{n-1}{r+s-1}\right)$. Natürlich kann Var(X) auch direkt aufgrund der Definition der Varianz bestimmt werden. Zu diesem Zweck beachtet man, daß $\mathrm{Var}(X) = E(X^2) - (E(X))^2$ gilt und $E(X(X-1)) = \sum_{k=0}^{r} k(k-1)\frac{\binom{r}{k}\binom{s}{n-k}}{\binom{r+s}{n}} = r(r-1)\binom{r+s-2}{n-2}/\binom{r+s}{n}\sum_{k=0}^{r-2}\frac{\binom{r-2}{k}\binom{s}{n-2-k}}{\binom{r+s-2}{n-2}} = r(r-1)\frac{n(n-1)}{(r+s)(r+s-1)}$ gilt und bereits $E(X) = n\frac{r}{r+s}$ gezeigt worden ist. Daher gilt $\mathrm{Var}(X) = r(r-1)\frac{n(n-1)}{(r+s)(r+s-1)} + n\frac{r}{r+s} - n^2\frac{r^2}{(r+s)^2} =$
$n\frac{r}{r+s}\cdot\frac{s}{r+s}\left(\frac{(r-1)(n-1)(r+s)}{s(r+s-1)} + \frac{r+s}{s} - n\frac{r}{s}\right) = n\frac{r}{r+s}\cdot\frac{s}{r+s}\left(\frac{r+s}{s}\left(\frac{(r-1)(n-1)+(r+s-1)}{r+s-1}\right)\right.$
$\left.- n\frac{r}{s}\right) = n\frac{r}{r+s}\cdot\frac{s}{r+s}\left(\frac{r+s}{s}\;\frac{rn-n+s}{r+s-1} - n\frac{r}{s}\right) = n\frac{r}{r+s}\cdot\frac{s}{r+s}\left(\frac{1}{s}(rn-n+s) + \frac{1}{s}\frac{rn-n+s}{r+s-1} - n\frac{r}{s}\right)$
$= n\frac{r}{r+s}\cdot\frac{s}{r+s}\;\frac{(-n+s)(r+s-1)+rn-n+s}{s(r+s-1)} = n\frac{r}{r+s}\cdot\frac{s}{r+s}\;\frac{r+s-n}{r+s-1}$. Insbesondere folgt hieraus wegen $\mathrm{Kov}(X_1,X_2) = -n\frac{M_1}{N}\cdot\frac{M_2}{N}\left(\frac{N-n}{N-1}\right)$ mit $P^{(X_1,\ldots,X_n)}$ als $\mathfrak{MH}(N,M_1,\ldots,M_m,n)$-Verteilung $\rho(X_1,X_2) = -\sqrt{\frac{p_1\cdot p_2}{(1-p_1)\cdot(1-p_2)}}$, $p_j := \frac{M_j}{N}$, $j = 1,2$.

Die Bedeutung von Rekursionsformeln für die Einzelwahrscheinlichkeiten einer Verteilung für die Berechnung ihrer Streuung soll wieder wie bei der Bestimmung des Mittelwertes am Beispiel der zufälligen Verteilung von m Objekten auf k Plätze illustriert werden.

Die direkte Berechnung der Streuung einer Zufallsgröße X mit P als $\mathfrak{B}(n,p)$-Verteilung ist einfacher und kann auch mit Hilfe der Gleichung von Bienaymé durchgeführt werden. Beide Methoden werden im folgenden Beispiel behandelt.

Beispiel *(Streuung der Anzahl der Treffer in einem Bernoulli-Experiment vom Umfang n)*

Ist X eine Zufallsgröße mit P^X als $\mathfrak{B}(n,p)$-Verteilung, so gilt für $E(X(X-1))$ $= \sum_{k=0}^{n} k(k-1)\binom{n}{k}p^k q^{n-k} = n(n-1)p^2 \sum_{k=0}^{n-2} \binom{n-2}{k}p^k q^{n-2-k} = n(n-1)p^2$. Da $E(X) = np$ als mittlere Trefferzahl in einem Bernoulli-Experiment vom Umfang n bereits berechnet worden ist, gilt $Var(X) = n(n-1)p^2 + np - n^2p^2 = -np^2 + np = npq$. Mit Hilfe der Gleichung von Bienaymé erhält man bei Darstellung von X als $I_{A_1}+\dots+I_{A_n}$ mit A_j als Ereignis, daß im j-ten Versuch ein Treffer beobachtet wird, $Var(X) = n\,Var(I_{A_1}) + 2\sum_{1\le i<j\le n} Kov(I_{A_i}, I_{A_j})$, denn die Ereignisse A_j besitzen alle dieselbe Wahrscheinlichkeit $P(A_j) = p$ (Trefferwahrscheinlichkeit), $j = 1,\dots,n$. Ferner folgt aus der stochastischen Unabhängigkeit von $A_1,\dots,A_n$ die Gleichung $Kov(I_{A_i}, I_{A_j}) = E(I_{A_i}\cdot I_{A_j}) - E(I_{A_i})E(I_{A_j}) = E(I_{A_i\cap A_j}) - p^2$ $= P(A_i \cap A_j) - p^2 = P(A_i)P(A_j) - p^2 = p^2 - p^2 = 0$, $1 \le i < j \le n$. Aus $Var(I_{A_1})$ $= P(A_1)P(A_1^c) = pq$ folgt somit wieder $Var(X) = npq$.

Im letzten Beispiel ist die Tatsache verwendet worden, daß für stochastisch unabhängige Ereignisse A_1, A_2 gilt $Kov(I_{A_1}, I_{A_2}) = 0$. Diese Eigenschaft läßt sich auf Zufallsgrößen mit existierendem Erwartungswert übertragen, falls diese stochastisch unabhängig sind. Dabei heißen $X_j: \Omega \to \Omega_j$, $j = 1,\dots,n$, unter einer diskreten Verteilung P über Ω *stochastisch unabhängig*, falls für die Verteilung $P^{(X_1,\dots,X_n)}$ von $(X_1,\dots,X_n): \Omega \to \Omega_1 \times \dots \times \Omega_n$ gilt $P^{(X_1,\dots,X_n)}$ $= P^{X_1} \otimes \dots \otimes P^{X_n}$. Ist speziell $X_j := I_{A_j}$ mit $A_j \in \mathfrak{P}(\Omega)$, $j = 1,\dots,n$, so bedeutet die stochastische Unabhängigkeit (unter P) gerade die Gültigkeit von $P(B_1 \cap \dots \cap B_n) = P(B_1)\cdot \dots \cdot P(B_n)$ mit $B_j \in \{A_j, A_j^c\}$, $j = 1,\dots,n$, wobei bereits gezeigt worden ist, daß dies mit der stochastischen Unabhängigkeit der Ereignisse $A_1,\dots,A_n$ (unter P) äquivalent ist. Dabei ist der Begriff des direkten Produkts von diskreten Verteilungen ein geeignetes Hilfsmittel, um die Existenz von Zuallsgrößen $X_1,\dots,X_n$ mit vorgegebener Verteilung $P_1,\dots,P_n$ über $\Omega_1,\dots,\Omega_n$, anzugeben, die unter einer zu bestimmenden Verteilung P über Ω stochastisch unabhängig sind. Für Ω kann man nämlich das kartesische Produkt $\Omega_1 \times \dots \times \Omega_n$ und für P das direkte Produkt $P_1 \otimes \dots \otimes P_n$ wählen. Dann sind die X_j als Projektionen von Ω auf Ω_j, d. h. $X_j(\omega_1,\dots,\omega_n) := \omega_j$ für alle $(\omega_1,\dots,\omega_n) \in \Omega_1 \times \dots \times \Omega_n$, $j = 1,\dots,n$, wegen $P^{(X_1,\dots,X_n)} = P^{X_1} \otimes \dots \otimes P^{X_n}$ stochastisch unabhängig und es gilt $P^{X_j} = P_j$, $j = 1,\dots,n$. Ist speziell Ω_j endlich und nicht leer mit $|\Omega_j| > 1$, $j = 1,\dots,n$, und bezeichnet P_j die Laplace-

Verteilung über Ω_j, $j = 1,\dots,n$, sowie $B_j \in \mathfrak{P}(\Omega_j)$ mit $1 \le |B_j| =: r_j < |\Omega_j|$, $j = 1,\dots,n$, so stellen die Mengen $A_j := \Omega_1 \times \dots \times \Omega_{j-1} \times B_j \times \Omega_{j+1} \times \dots \times \Omega_n$, $j = 1,\dots,n$, Ereignisse dar mit $|A_{i_1} \cap \dots \cap A_{i_k}| = |\Omega| / \frac{|\Omega_{i_1}|}{r_{i_1}} \cdot \dots \cdot \frac{|\Omega_{i_k}|}{r_{i_k}}$, $1 \le i_1 < \dots < i_k \le n$, $1 \le k \le n$, $\Omega := \Omega_1 \times \dots \times \Omega_n$, wobei $A_j \notin \{\emptyset,\Omega\}$, $j = 1,\dots,n$, zutrifft. Bezeichnet nun P die Laplace-Verteilung über Ω, d. h. $P = P_1 \otimes \dots \otimes P_n$, so handelt es sich bei den A_j, $j = 1,\dots,n$, um unter P stochastisch unabhängige Ereignisse, die nicht trivial sind, d. h. es trifft $A_j \notin \{\emptyset,\Omega\}$, $j = 1,\dots,n$, zu. Ist nun Ω' eine endliche Menge, deren Mächtigkeit $|\Omega'|$ Faktoren $f_j > 1$, $j = 1,\dots,n$, besitzt (d. h. $|\Omega'| = f_1 \cdot \dots \cdot f_n$), so gibt es nicht triviale Ereignisse A'_i (d. h. $A'_i \notin \{\emptyset,\Omega'\}$), $i = 1,\dots,n$, mit $|A'_{i_1} \cap \dots \cap A'_{i_k}| = |\Omega'| / \frac{f_{i_1}}{r_{i_1}} \cdot \dots \cdot \frac{f_{i_k}}{r_{i_k}}$, $1 \le i_1 < \dots < i_k \le n$, $1 \le k \le n$, wobei $r_j \in \mathbb{N}$ mit $r_j < f_j$, $j = 1,\dots,n$, zutrifft. Man braucht bei den obigen Überlegungen nur $\Omega = \Omega_1 \times \dots \times \Omega_n$ mit $|\Omega_j| = f_j$, $j = 1,\dots,n$, zu wählen und zu beachten, daß für die Laplace-Verteilung P über Ω bzw. P' über Ω' mit $|\Omega| = |\Omega'|$ gilt $P' = P^X$ mit X als umkehrbar eindeutige Abbildung von Ω nach Ω'. Im folgenden Beispiel soll gezeigt werden, daß jede maximale Anzahl von unter der Laplace-Verteilung über einer endlichen, nicht leeren Menge Ω stochastisch unabhängigen und nicht trivialen Ereignissen $A_1,\dots,A_n$ gilt

$|A_{i_1} \cap \dots \cap A_{i_k}| = |\Omega| / \frac{f_{i_1}}{r_{i_1}} \cdot \dots \cdot \frac{f_{i_k}}{r_{i_k}}$, $1 \le i_1 < \dots < i_k \le n$, $1 \le k \le n$, mit $|\Omega| = f_1 \cdot \dots \cdot f_n$, $f_i, r_i \in \mathbb{N}$, $r_i < f_i$, $i = 1,\dots,n$, und mit n als Anzahl der Faktoren von $|\Omega|$, die größer als 1 sind.

Beispiel *(Struktur eines maximalen Systems von nicht trivialen und unter der Laplace-Verteilung stochastisch unabhängigen Ereignissen)*

Ist $A_1,\dots,A_m \in \mathfrak{P}(\Omega)$ mit $A_j \notin \{\emptyset,\Omega\}$, $j = 1,\dots,m$, stochastisch unabhängig unter P mit P als Laplace-Verteilung über der endlichen, nicht leeren Menge Ω, so gilt zunächst nach den obigen Überlegungen $m \ge n$, wenn $m \in \mathbb{N}$ maximal gewählt worden ist, wobei n die Anzahl der Faktoren f von $|\Omega|$ mit $f > 1$ ist. Es soll nun $m \le n$ gezeigt werden. Zu diesem Zweck beachtet man, daß $|\{i \in \{1,\dots,m\}$: f^k teilt nicht $|A_i|\}| \le k$ gilt, denn aus der Annahme, daß f^k nicht $|A_{i_j}|$, $j = 1,\dots,k+1$, teilt, folgt zusammen mit der stochastischen Unabhängigkeit der $A_1,\dots,A_m$ unter der Laplace-Verteilung P über Ω die Gleichung $|\Omega|^k\, |A_{i_1} \cap \dots \cap A_{i_{k+1}}| = |A_{i_1}| \cdot \dots \cdot |A_{i_{k+1}}|$ und damit der folgende Widerspruch: Da f eine Primzahl ist, ergibt sich, daß $f^{k \cdot k}$ die natürliche Zahl $|A_{i_1}| \cdot \dots \cdot |A_{i_{k+1}}|$ teilt. Da aber f^k nicht $|A_{i_j}|$, $j = 1,\dots,k+1$, teilt, kann höchstens f^{k-1} die natürlichen Zahlen $|A_{i_j}|$, $j = 1,\dots,k+1$, teilen, d. h. höchstens $f^{(k-1)(k+1)} = f^{k\,k-1}$ kann $|A_{i_1}| \cdot \dots \cdot |A_{i_{k+1}}|$ teilen. Ist nun $|\Omega| = p_1^{\alpha_1} \cdot \dots \cdot p_r^{\alpha_r}$ mit paarweise verschiedenen Primzahlen p_j,

$j=1,\dots,r$, also insbesondere $n=\alpha_1+\dots+\alpha_r$, so gilt $|\bigcup_{\nu=1}^{r}\{i\in\{1,\dots,m\}: p_\nu^{\alpha_\nu}$ teilt nicht $|A_i|\}| \le \sum_{\nu=1}^{r} |\{i\in\{1,\dots,m\}: p_\nu^{\alpha_\nu}$ teilt nicht $|A_i|\}| \le \sum_{\nu=1}^{r}\alpha_\nu$. Wäre also $m > n = \alpha_1+\dots+\alpha_r$, so würde ein $i_o \in \{1,\dots,m\}$ mit $i_o \notin \bigcup_{\nu=1}^{r}\{i\in\{1,\dots,m\}: p_\nu^{\alpha_\nu}$ teilt nicht $|A_i|\}$, d. h. $i_o \in \bigcap_{\nu=1}^{r}\{i\in\{1,\dots,m\}: p_\nu^{\alpha_\nu}$ teilt $|A_i|\}$ existieren, woraus der Widerspruch folgt, daß $|\Omega| = p_1^{\alpha_1}\cdot\ldots\cdot p_r^{\alpha_r}$ die natürliche Zahl $|A_{i_o}|$ teilt, also $A_{i_o}=\Omega$ gilt. Damit trifft $m=n$ zu und es gilt $|\bigcap_{\nu=1}^{r}\{i\in\{1,\dots,m\}: p_\nu^{\beta_\nu}$ teilt $|A_i|\}| \ge \sum_{\nu=1}^{r} |\{i\in\{1,\dots,m\}: p_\nu^{\beta_\nu}$ teilt $|A_i|\}| + (1-r)m \ge \sum_{\nu=1}^{r}(m-\beta_\nu)+(1-r)m = 1$, wenn man $\beta_\nu=\alpha_\nu$, $\nu=1,\dots,r$, $\nu \ne \nu_o \in \{1,\dots,r\}$, $\beta_{\nu_o}=\alpha_{\nu_o}-1$, wählt und die Überlegungen im Anschluß an die Subadditivität von diskreten Verteilungen im Beispiel über den Populationsanteil mit mehreren gemeinsamen Merkmalen beachtet. Wegen $A_i \ne \Omega$, $i=1,\dots,m$, gilt $1 \ge |\bigcap_{\nu=1}^{r}\{i\in\{1,\dots,m\}: p_\nu^{\beta_\nu}$ teilt $|A_i|\}|$ und damit $|\bigcap_{\nu=1}^{r}\{i\in\{1,\dots,m\}: p_\nu^{\beta_\nu}$ teilt $|A_i|\}|=1$. Also gibt es zu jedem $i\in\{1,\dots,m\}$ genau ein $\nu=\nu(i)\in\{1,\dots,n\}$ mit $|A_i| = |\Omega| / \frac{f_\nu}{r_\nu}$, $1 \le r_\nu < f_\nu$, $|\Omega| = f_1\cdot\ldots\cdot f_n$. Die stochastische Unabhängigkeit von $A_1,\dots,A_n$ unter der Laplace-Verteilung über Ω impliziert dann schließlich die behauptete Strukturaussage

$|A_{i_1}\cap\dots\cap A_{i_k}| = |\Omega| / \frac{f_{i_1}}{r_{i_1}}\cdot\ldots\cdot\frac{f_{i_k}}{r_{i_k}}$, $1\le i_1<\dots<i_k\le n$, $k=1,\dots,n$, wenn man die Faktoren $f_1,\dots,f_n$ von $|\Omega|$ geeignet indiziert. Insbesondere gibt es beim n-fachen unabhängigen Münzwurf mit einer ungefälschten Münze maximal n stochastisch unabhängige, nicht triviale Ereignisse und beim n-fachen unabhängigen Würfelwurf mit einem ungefälschten Würfel maximal $2n$ stochastisch unabhängige, nicht triviale Ereignisse. Schließlich ist es von Interesse, dieses Beispiel mit der bereits betrachteten Situation zu vergleichen, daß bei endlicher Menge Ω mit $|\Omega| > 1$ und P als Laplace-Verteilung über Ω eine konvexe Kombination $\alpha P + (1-\alpha)\delta_\omega$ ($\omega\in\Omega$ fest), $0<\alpha<1$, existiert, so daß aus der stochastischen Unabhängigkeit von $A_1, A_2 \in \mathfrak{P}(\Omega)$ unter $\alpha P + (1-\alpha)\delta_\omega$ folgt A_1 oder $A_2 \in \{\emptyset,\Omega\}$.

Es ist bereits im Zusammenhang mit der Herleitung der Streuung der Binomialverteilung ausgenutzt worden, daß aus der stochastischen Unabhängigkeit von zwei Ereignissen A_1, A_2 folgt $E(I_{A_1}\cdot I_{A_2}) = E(I_{A_1})E(I_{A_2})$. Es soll nun gezeigt werden, daß dies eine Aussage für Zufallsgrößen mit existierendem Erwartungswert ist, d. h. es gilt der sogenannte *Multiplikationssatz* für Erwartungswerte: Sind X_j stochastisch unabhängige, reellwertige Zufallsgrößen mit existierendem $E(X_j)$, $j=1,\dots,n$, so existiert $E(X_1\cdot\ldots\cdot X_n)$ und ist gleich $E(X_1)\cdot\ldots\cdot E(X_n)$. Zunächst folgt die Existenz von $E(X_1\cdot\ldots\cdot X_n)$ aus

$E(|X_1 \cdot \ldots \cdot X_n|) = \Sigma\, |x_1| \cdot \ldots \cdot |x_n|\, P^{(X_1,\ldots,X_n)}(\{(x_1,\ldots,x_n)\}) = E(|X_1|) \cdot \ldots \cdot E(|X_n|)$ wegen $P^{(X_1,\ldots,X_n)} = P^{X_1} \otimes \ldots \otimes P^{X_n}$, wobei sich die Summe auf den Träger von $P^{(X_1,\ldots,X_n)}$ bezieht. Die Berechnung ohne Betragsstriche liefert schließlich die Behauptung des Multiplikationssatzes für Erwartungswerte. Insbesondere gilt für stochastisch unabhängige Zufallsgrößen X_j mit existierendem $E(X_j^2)$, $j = 1,\ldots,n$, für die Varianz von $\sum_{j=1}^n X_j$ die einfache Beziehung $Var(\sum_{j=1}^n X_j) = Var(X_1)+\ldots+Var(X_n)$.

Es soll darauf hingewiesen werden, daß aus der sogenannten *Unkorreliertheit* von reellwertigen Zufallsgrößen X_j mit existierendem $E(X_j^2)$, $j = 1,2$, nämlich $E(X_1X_2) = E(X_1)E(X_2)$ im allgemeinen nicht folgt, daß X_1, X_2 stochastisch unabhängig sind. Dies lehrt das folgende Beispiel.

Beispiel *(Unkorrelierte und stochastisch abhängige Zufallsgrößen mit dreielementigem Träger der zugehörigen Verteilungen)*

Bezeichnen Y_1, Y_2 stochastisch unabhängige Zufallsgrößen mit einer $\mathfrak{B}(1,\frac{1}{2})$-Verteilung, wie sie z. B. im Zusammenhang mit dem zweifachen unabhängigen Münzwurf mit einer ungefälschten Münze auftreten, so besteht der Träger der Verteilung von $X_1 := Y_1+Y_2$ bzw. $X_2 := Y_1-Y_2+1$ aus $\{0,1,2\}$ und es gilt $Kov(X_1,X_2) = E((Y_1+Y_2)(Y_1-Y_2)) - E(Y_1+Y_2)E(Y_1-Y_2) = E(Y_1^2-Y_2^2) = 0$, d. h. X_1, X_2 sind unkorreliert, aber wegen $P^{(X_1,X_2)}(\{(0,0)\}) = 0 \neq P^{X_1}(\{0\})P^{X_2}(\{0\})$ nicht stochastisch unabhängig.

Übrigens kann man auch auf den zweifachen, unabhängigen Münzwurf mit einer ungefälschten Münze zurückgreifen, um zu demonstrieren, daß die Linearität der Varianz bei stochastisch unabhängigen Zufallsgrößen X mit existierendem $E(X^p)$ mit $p > 0$ nicht auf $E(|X - E(X)|^p)$ als Maß für die Stärke der Streuung von X um E(X) übertragbar ist, falls $p \neq 2$ gilt. Aus $E(|X_1 - E(X_1)|^p) + E(|X_2-E(X_2)|^p) = E(|X_1+X_2 - E(X_1+X_2)|^p)$ mit X_1, X_2 als stochastisch unabhängigen Zufallsgrößen mit einer $\mathfrak{B}(1,\frac{1}{2})$-Verteilung folgt nämlich $2(\frac{1}{2})^p = \frac{1}{2}$, also $p = 2$.

Im Zusammenhang mit dem obigen Beispiel ist von Interesse, daß bei zweielementigen Trägern der Verteilungen von X_1, X_2 zusammen mit der Unkorreliertheit von X_1, X_2 die stochastische Unabhängigkeit folgt. Bezeichnet nämlich $\{a_1,a_2\}$ bzw. $\{b_1,b_2\}$ den Träger von P^{X_1} bzw. P^{X_2}, so sind mit X_1, X_2 auch $\frac{X_1-a_2}{a_1-a_2}$, $\frac{X_2-b_2}{b_1-b_2}$ unkorreliert. Da aber die letzten beiden Zufallsgrößen $\{0,1\}$-wertig sind, handelt es sich bei ihnen um Indikatoren I_A, I_B, die dann stochastisch unabhängig sind. Damit sind auch X_1, X_2 stochastisch unabhängig, da der Begriff der stochastischen Unabhängigkeit von Zufallsgrößen die folgende Vererbbarkeitseigenschaft besitzt: Mit $Y_j: \Omega \to \Omega_j$, $j = 1,2$, stochastisch unabhängig, sind auch $f_j \circ Y_j$, $j = 1,2$, $f_j: \Omega_j \to \Omega_j'$, $j = 1,2$, stochastisch unabhängig. Dies folgt unmittelbar aus der Definition der stochastischen Unabhängigkeit.

Ein wichtiger Zusammenhang zwischen den Begriffen Zufallsgröße, Erwartungswert, Varianz und Verteilung wird durch die sogenannte *Ungleichung von Tschebycheff* hergestellt. Ist $X: \Omega \to \mathbb{R}$ eine reellwertige Zufallsgröße mit existierendem $E(X^2)$, so gilt für jedes $\varepsilon > 0$: $P(\{\omega \in \Omega: |X(\omega) - E(X)| \geq \varepsilon\}) \leq \frac{Var(X)}{\varepsilon^2}$. Für die Varianz von X (unter P) gilt nämlich $Var(X) = \sum_{\omega \in \Omega_P} (X(\omega) - E(X))^2 P(\{\omega\}) \geq \sum_{\omega \in A} (X(\omega) - E(X))^2 P(\{\omega\}) \geq \varepsilon^2 P(A)$ mit $A := \{\omega \in \Omega: |X(\omega) - E(X)| \geq \varepsilon\}$, woraus die Ungleichung von Tschebycheff folgt, die folgendermaßen verallgemeinert werden kann: Für $X: \Omega \to \mathbb{R}$, $f: \mathbb{R} \to \mathbb{R}$ mit $f(x) = f(-x) > 0$ für jedes $x > 0$, $f(0) \geq 0$ und f monoton wachsend auf $[0, \infty)$ mit existierendem $E(f \circ X)$ gilt für jedes $\varepsilon > 0$: $P(\{\omega \in \Omega: |X(\omega)| \geq \varepsilon\}) \leq \frac{E(f \circ X)}{f(\varepsilon)}$ *(Ungleichung von Markoff)*. Aus $E(f \circ X) = \sum_{\omega \in \Omega_P} f(X(\omega)) P(\{\omega\}) \geq f(\varepsilon) P(A)$ mit $A := \{\omega \in \Omega: |X(\omega)| \geq \varepsilon\}$ folgt die Ungleichung von Markoff.

Es sollen nun zwei Anwendungen der Ungleichung von Tschebycheff behandelt werden, die zeigen, daß hiermit theoretische Aussagen z. B. aus der reellen Analysis *(Approximationssatz von Weierstraß)* hergeleitet werden können und praktische Berechnungen z. B. aus der Risikotheorie/Versicherungsmathematik *(Ruinwahrscheinlichkeit von Versicherungen)* erleichtert werden.

Beispiel *(Approximationssatz von Weierstraß mit Hilfe von Bernstein-Polynomen)*

Nach Weierstraß kann man jede stetige Funktion $f: [0,1] \to \mathbb{R}$ gleichmäßig durch Polynome approximieren. Der von Bernstein gegebene wahrscheinlichkeitstheoretische Beweis mit Hilfe der Ungleichung von Tschebycheff hat den Vorteil, daß die approximierenden Polynome und die Approximationsgenauigkeit (in Abhängigkeit von f) explizit angegeben werden. Bezeichnet nämlich X eine Zufallsgröße mit P^X als $\mathfrak{B}(n,p)$-Verteilung, so heißt $B_n(f)(p) = E(f \circ \frac{X}{n}) = \sum_{k=0}^{n} f(\frac{k}{n}) \binom{n}{k} p^k (1-p)^{n-k}$ *Bernstein-Polynom* vom Grad n. Es soll nun gezeigt werden, daß $|f - B_n(f)| \leq \varepsilon + \frac{M}{2\delta^2 n}$ gleichmäßig auf $[0,1]$ gilt. Dabei ist $M := \sup_{x \in [0,1]} |f(x)|$ und $\delta > 0$ ist zu gegebenem $\varepsilon > 0$ so gewählt, daß aus

$|x-x'| < \delta$ folgt $|f(x) - f(x')| < \varepsilon$, was wegen der gleichmäßigen Stetigkeit einer stetigen Funktion auf einem kompakten Intervall möglich ist. Bezeichnet nun $A := \{k \in \{0,1,\dots,n\}: |\frac{k}{n} - p| \ge \delta\}$, so gilt nach der Ungleichung von Tschebycheff $\sum_{k\in A} \binom{n}{k} p^k (1-p)^{n-k} \le \frac{Var(\frac{X}{n})}{\delta^2} = \frac{np(1-p)}{n^2\delta^2} \le \frac{1}{4n\delta^2}$. Da $|f - B_n(f)|$ an der Stelle $p \in (0,1)$ auch durch $\sum_{k=0}^{n} |f(p) - f(\frac{k}{n})| \binom{n}{k} p^k (1-p)^{n-k}$ nach oben abgeschätzt werden kann, erhält man als weitere obere Schranke $\frac{2M}{4n\delta^2} + \sum_{k\in A^c} |f(p) - f(\frac{k}{n})| \binom{n}{k} p^k (1-p)^{n-k}$. Wegen $|f(p) - f(\frac{k}{n})| < \varepsilon$ für alle $k \in A^c$ erhält man schließlich $\frac{M}{2\delta^2 n} + \varepsilon$ als obere Schranke von $|f - B_n(f)|$ als Funktion auf $[0,1]$.

Der allgemeinere Fall eines Intervalls $[a,b]$ kann durch $[a,b] = \{a+p(b-a): p \in [0,1]\}$ unmittelbar auf den hier betrachteten Fall zurückgeführt werden. Im Fall $[a,b]$ mit $0 < a < b < 1$ ist es sogar möglich, die Bernstein-Polynome so zu modifizieren, daß diese nur ganzzahlige Koeffizienten haben und auf $[a,b]$ eine gleichmäßige Approximation einer stetigen Funktion $f: [0,1] \to \mathbb{R}$ möglich ist. Für $\hat{B}_n(f)$ gemäß $\hat{B}_n(f)(p) = \sum_{k=1}^{n-1} [f(\frac{k}{n})\binom{n}{k}]\, p^k q^{n-k}$, $q = 1-p$, ($[x] := \sup\{y \in \mathbb{Z}: y \le x\}$) gilt nämlich $|\hat{B}_n(f) - B_n(f)| \le M(p^n + (1-p)^n) + \sum_{k=1}^{n-1} p^k q^{n-k}$ $\le M(b^n + (1-a)^n) + \frac{1}{n} \sum_{k=1}^{n-1} \binom{n}{k} p^k (1-p)^{n-k} \le M(b^n + (1-a)^n) + \frac{1}{n}$, wenn man $\frac{1}{n}\binom{n}{k} = \frac{1}{k}\binom{n-1}{k-1} \ge 1$ für $k = 1,\dots,n-1$, beachtet. Dabei folgt $\binom{n-1}{k-1} \ge k$ aus der Tatsache, daß man zu einer festen $(k-1)$-elementigen Teilmenge einer $(n-1)$-elementigen Menge jedes der $k-1$ Elemente durch ein Element der $(n-k)$-elementigen Restmenge ersetzt, so daß $\binom{n-1}{k-1} \ge n-k+1$ und damit $\binom{n-1}{k-1} = \binom{n-1}{n-k} \ge n-1-(n-k)+1 = k$ zutrifft. Man kann übrigens den Approximationssatz von Weierstraß auch lediglich unter Verwendung der Streuung $np(1-p)$ einer $\mathfrak{B}(n,p)$-Verteilung beweisen, wenn man zu $f: [0,1] \to \mathbb{R}$ den sogenannten Stetigkeitsmodul $\mu_f(\delta) := \sup\{|f(p_1) - f(p_2)|: p_j \in [0,1],\ j = 1,2,\ |p_1 - p_2| \le \delta\}$, $\delta > 0$, betrachtet. Mit $\nu(p_1,p_2,\delta) := \left[\frac{|p_1-p_2|}{\delta}\right]$ gilt nämlich $|p_1 - p_2| \le \delta(1+\nu(p_1,p_2,\delta))$, woraus $|f(p_1) - f(p_2)| \le (1+\nu(p_1,p_2,\delta))\mu_f(\delta)$ für $p_j \in [0,1]$, $j = 1,2$, resultiert. Die letzte Ungleichung liefert für $|f - B_n(f)|$ an der Stelle $p \in [0,1]$ die obere Schranke $\mu_f(\delta) \sum_{k=0}^{n} (1+\nu(p,\frac{k}{n},\delta))\binom{n}{k} p^k (1-p)^{n-k} \le \mu_f(\delta)(1 + \sum_{k=0}^{n} \nu^2(p,\frac{k}{n},\delta)\binom{n}{k} p^k q^{n-k}$ $\le \mu_f(\delta)(1 + \frac{1}{\delta^2} \sum_{k=0}^{n} (\frac{k}{n} - p)^2 \binom{n}{k} p^k (1-p)^{n-k}) = \mu_f(\delta)(1 + \frac{p(1-p)}{\delta^2 n}) \le \mu_f(\delta)(1 + \frac{1}{4\delta^2 n})$, woraus für $\delta := n^{-1/2}$ folgt $|f - B_n(f)| \le \frac{5}{4}\mu_f(n^{-1/2})$ gleichmäßig in $p \in [0,1]$. Ist nun $f: [0,1] \times [0,1] \to \mathbb{R}$ eine stetige Funktion, so wird man diese durch B_n gemäß

$$B_n(p_1,p_2) := \sum_{\substack{k_j \in \mathbb{N}_0 \\ j=1,2 \\ k_1+k_2 \le n}} f\left(\frac{k_1}{n}, \frac{k_2}{n}\right) \frac{n!\, p_1^{k_1} p_2^{k_2} (1-p_1-p_2)^{n-k_1-k_2}}{k_1!\, k_2!\, (n-k_1-k_2)!} \quad \text{für}$$

$(p_1,p_2) \in [0,1] \times [0,1]$ mit $p_1+p_2 \leq 1$ gleichmäßig approximieren. Wählt man nämlich zu $\varepsilon > 0$ ein $\delta > 0$ mit der Eigenschaft, daß $|f(p_1,p_2)-f(p_1',p_2')| < \varepsilon$ für $|p_j-p_j'| < \delta$, $j=1,2$ zutrifft, so liefert die Tschebycheffsche Ungleichung für $|f-B_n|$ an der Stelle $(p_1,p_2) \in [0,1] \times [0,1]$ mit $p_1+p_2 \leq 1$ die obere Schranke $\varepsilon + 2M\left(\frac{p_1(1-p_1)}{n\delta^2} + \frac{p_2(1-p_2)}{n\delta^2}\right)$, wenn man beachtet, daß die ersten beiden eindimensionalen Randverteilungen einer $\mathfrak{M}(n,p_1,p_2,1-p_1-p_2)$-Verteilung jeweils eine $\mathfrak{B}(n,p_1)$- bzw. $\mathfrak{B}(n,p_2)$-Verteilung sind. Dieselbe obere Schranke erhält man für eine stetige Funktion $f: [0,1] \times [0,1] \to \mathbb{R}$, wenn man B_n gemäß $B_n(p_1,p_2) = \sum_{\substack{k_i=0\\ i=1,2}}^{n} f\left(\frac{k_1}{n},\frac{k_2}{n}\right) \prod_{j=1}^{2} \binom{n}{k_j} p_j^{k_j}(1-p_j)^{n-k_j}$, $(p_1,p_2) \in [0,1] \times [0,1]$ einführt. Damit erhält man schließlich $\varepsilon + \frac{M}{\delta^2 n}$ als obere Schranke.

Abschließend sei darauf hingewiesen, daß der von Bernstein stammende Beweis für den Weierstraßschen Approximationssatz für eine stetige Funktion $f: [0,1] \to \mathbb{R}$ 1912/13 publiziert worden ist.

Bevor als weitere Anwendung der Ungleichung von Tschebycheff die Ruinwahrscheinlichkeit von Versicherungsgesellschaften berechnet wird, soll noch der Begriff des *elementaren bedingten Erwartungswertes* sowie der Begriff der *momenterzeugenden Funktion* erläutert werden, da beide Begriffe im engen Zusammenhang mit dieser Anwendung stehen. Es ist bereits behandelt worden, daß durch $A \to P(A|B)$, $A \in \mathfrak{P}(\Omega)$, mit P als diskreter Verteilung über Ω und $P(B) > 0$ eine diskrete Verteilung über Ω definiert wird. Ist nun $X: \Omega \to \mathbb{R}$ eine reellwertige Zufallsgröße, deren Erwartungswert bezüglich dieser diskreten Verteilung existiert, so heißt dieser *elementarer bedingter Erwartungswert unter der Bedingung B* (in Zeichen $E(X|B)$ oder $E_P(X|B)$, falls die Abhängigkeit von P zum Ausdruck gebracht werden soll). Es gilt offenbar $E(X|B) = E(XI_B)/P(B)$. Ist $X: \Omega \to \mathbb{R}$ eine reellwertige Zufallsgröße, so daß $E(e^{tX})$ für t aus einer Umgebung $(-a,a)$ $(a > 0)$ des Nullpunktes existiert, so heißt $t \to E(e^{tX})$ *momenterzeugende Funktion von X* (unter P), da man mit Hilfe einer Taylorentwicklung der e-Funktion die Reihendarstellung $E(e^{tX}) = \sum_{j=0}^{\infty} \frac{t^j}{j!} E(X^j)$ für $t \in (-a,a)$ beweisen kann. Dies wird aber im folgenden nicht benutzt. Verwendet wird lediglich, daß aus der Annahme der Existenz einer reellen Zahl $R > 0$ mit $E(e^{-RX}) = 1$ folgt $E(X) \geq 0$, was man unmittelbar mit Hilfe der Ungleichung von Jensen gemäß $1 = E(e^{-RX}) \geq e^{-RE(X)}$ einsieht, wobei die Existenz von $E(X)$ aus $e^x \geq 1+x$ für $x \in \mathbb{R}$ resultiert. Man muß lediglich die Ungleichung $e^{tX} + e^{-tX} \geq e^{t|X|}$ für $t \in (0,a)$ beachten. Nun sind alle Vorbereitungen zur Behandlung des angekündigten Beispiels getroffen worden, wobei für reellwertige Zufallsgrößen $X: \Omega \to \mathbb{R}$ Kurzschreibweisen wie z. B. $\{X \leq x\} := \{\omega \in \Omega: X(\omega) \leq x\}$, $\{X < x\} := \{\omega \in \Omega: X(\omega) < x\}$, $x \in \mathbb{R} \cup \{\infty\}$ herangezogen werden.

Beispiel *(Ruinwahrscheinlichkeit von Versicherungsgesellschaften)*
Es bezeichne a (≥ 0) das Anfangskapital einer Versicherungsgesellschaft und die reellwertigen Zufallsgrößen G_j den Gewinn im j-ten Jahr, so daß $K_n = a+G_1+\ldots+G_n$ das Kapital im n-ten Jahr ist. Es wird angenommen, daß für jedes $n \in \mathbb{N}$ die Zufallsgrößen $G_1, G_2, \ldots, G_n$ stochastisch unabhängig (unter P) sind und $P^{G_1} = P^{G_2} = \ldots = P^{G_n}$ gilt, wobei P^{G_1} keine Dirac-Verteilung sein soll. Ferner wird die Existenz von $E(e^{tG_1})$ für $t \in (-b,b)$ ($b > 0$) vorausgesetzt, sowie angenommen, daß $E(e^{-RG_1}) = 1$ für ein $R > 0$ gilt. Bezeichnet nun $N = \inf\{n \in \mathbb{N}: K_n < 0\}$ den Zeitpunkt des Ruins, so wird durch K_N eine reellwertige Zufallsgröße beschrieben, für die gezeigt werden soll, daß die Ruinwahrscheinlichkeit $P(\{N < \infty\})$ mit $e^{-Ra}/E(e^{-RK_N}|\{N < \infty\})$ übereinstimmt, woraus wegen $K_N < 0$ die für Anwendungen wichtige Ungleichung $P(\{N < \infty\}) \leq e^{-Ra}$ folgt. Zu diesem Zweck wird zunächst in einer Vorüberlegung festgestellt, daß $E(e^{-RK_n}) = e^{-Ra}$ für alle $n \in \mathbb{N}$ und $E(e^{-R(K_n-K_m)}) = 1$ für $m = 1,\ldots,n$ gilt. Dies folgt aus $E(e^{-RK_n}) = E(e^{-RK_m})E(e^{-R(K_n-K_m)}) = e^{-Ra}$ zusammen mit dem Multiplikationssatz für Erwartungswerte, da $G_1,\ldots,G_n$ stochastisch unabhängig sind.
Aus diesem Grunde gilt auch $E(e^{-RK_n} I_{\{N \leq n\}}) = \sum_{m=1}^{n} E(e^{-RK_m} I_{\{N=m\}}) E(e^{-R(K_n-K_m)})$ $\sum_{m=1}^{n} E(e^{-RK_m} I_{\{N=m\}})$, woraus $E(e^{-RK_N} I_{\{N<\infty\}}) = \sum_{m=1}^{\infty} E(e^{-RK_m} I_{\{N=m\}}) = \lim_{n\to\infty} \sum_{m=1}^{n} E(e^{-RK_m} I_{\{N=m\}}) = \lim_{n\to\infty} E(e^{-RK_n} I_{\{N \leq n\}}) = P(\{N < \infty\}) E(e^{-RK_N}|\{N < \infty\})$ resultiert. Es braucht also wegen $e^{-Ra} = E(e^{-RK_n}) = E(e^{-RK_n} I_{\{N \leq n\}}) + E(e^{-RK_n} I_{\{N>n\}})$ nur noch $\lim_{n\to\infty} E(e^{-RK_n} I_{\{N>n\}}) = 0$ gezeigt zu werden. Dies folgt aus $E(e^{-RK_n} I_{\{N>n\}}) = E(e^{-RK_n} I_{\{N>n\}\cap\{K_n \leq a+n\mu+\sigma^2 n^{2/3}\}}) +$
$E(e^{-RK_n} I_{\{N>n\}\cap\{K >a+n\mu+\sigma^2 n^{2/3}\}}) \leq P(\{K_n \leq a+n\mu+\sigma^2 n^{2/3}\}) + e^{-R(a+n\mu+\sigma^2 n^{2/3})}$
wegen $K_n \geq 0$, falls $N > n$ gilt. Dabei ist $\mu = E(G_1)$ und $\sigma^2 = \mathrm{Var}(G_1)$, wobei $E(G_1^2)$ wegen $e^x \geq 1+x+\frac{x^2}{2}$ für $x \geq 0$ und $e^{tG_1} + e^{-tG_1} \geq e^{t|G_1|}$, $t \in (0,b)$, existiert und $\sigma^2 > 0$ gilt, da ausgeschlossen worden ist, daß P^{G_1} eine Dirac-Verteilung ist. Schließlich folgt aus der Ungleichung von Tschebycheff $P(\{K_n \leq a+n\mu+\sigma^2 n^{2/3}\}) \leq \frac{n\sigma}{(\sigma^2 n^{2/3})^2}$ und damit für $n \to \infty$ wegen $\mu \geq 0$ die Beziehung $\lim_{n\to\infty} E(e^{-RK_n} I_{\{N>n\}}) = 0$.

Insbesondere lehrt diese Berechnung der Ruinwahrscheinlichkeit $P(\{N < \infty\})$, daß die Betrachtungen jeweils nur bis zum Zeitpunkt n durchgeführt werden brauchen mit einem anschließenden Grenzübergang für $n \to \infty$. Ähnlich ist auch bei der Ruinwahrscheinlichkeit eines Spielers argumentiert worden, um im Bereich diskreter Verteilungen zu bleiben. Es ist nämlich zu beachten, daß bei der Existenz von stochastisch unabhängigen Zufallsgrößen $X_1,\ldots,X_n$

mit vorgegebenen diskreten Verteilungen $P_1,\dots,P_n$ die zugehörige Verteilung P als direktes Produkt $P_1 \otimes \dots \otimes P_n$ von n abhängt. Tatsächlich läßt sich auch zeigen, daß eine von $n \in \mathbb{N}$ unabhängige Wahl von P im Bereich diskreter Verteilungen nur im Spezialfall von Dirac-Verteilungen möglich ist. Genauer soll jetzt gezeigt werden: Es gibt keine diskrete Verteilung P über einer Menge Ω, so daß reellwertige Zufallsgrößen $X_j: \Omega \to \mathbb{R}$, $j = 1,2,\dots$, existieren mit der Eigenschaft, daß $X_1,\dots,X_n$ (unter P) für jedes $n \in \mathbb{N}$ stochastisch unabhängig sind und $P^{X_1} = \dots = P^{X_n}$, $n \in \mathbb{N}$, gilt, wobei P^{X_1} keine Dirac-Verteilung ist. Um dies einzusehen, beachtet man, daß es ein $a \in \mathbb{R}$ gibt mit $0 < P^{X_1}(\{a\}) < 1$. Bezeichnet ferner C_j das Ereignis $X_j^{-1}(\{a\})$, $j = 1,2,\dots$, so besteht Ω aus der Vereinigung aller Mengen des Typs $\bigcap_{j=1}^{\infty} B_j$ mit $B_j = C_j$ oder C_j^c, $j = 1,2,\dots$, so daß es eine Menge dieser Art mit positiver Wahrscheinlichkeit geben muß, da P diskret ist. Diskrete Verteilungen P über einer Menge Ω haben ferner die Eigenschaft, daß aus $A_1 \supset A_2 \supset \dots$ mit $A_j \in \mathfrak{P}(\Omega)$, $j = 1,2,\dots$, folgt $\lim_{n\to\infty} P(A_n) = P(\bigcap_{j=1}^{\infty} A_j)$ *(Stetigkeit von oben)*, woraus $P(\bigcap_{j=1}^{\infty} B_j) = \lim_{n\to\infty} P(\bigcap_{j=1}^{n} B_j)$ folgt. Wegen $P(\bigcap_{j=1}^{\infty} B_j) > 0$ und $0 < P(B_j) < 1$, $j = 1,2,\dots$, folgt hieraus $-\infty < \ln P(\bigcap_{j=1}^{\infty} B_j) = \sum_{j=1}^{\infty} \ln P(B_j) < \infty$ und damit $\lim_{j\to\infty} \ln P(B_j) = 0$, also der Widerspruch $P^{X_1}(\{a\}) \in \{0,1\}$. Es bleibt nur noch die Eigenschaft der Stetigkeit von oben von diskreten Verteilungen P über Ω zu beweisen, die mit der sogenannten *Stetigkeit von unten* gemäß $\lim_{n\to\infty} P(A_n) = P(\bigcup_{j=1}^{\infty} A_j)$ für $A_1 \subset A_2 \subset \dots$ mit $A_j \in \mathfrak{P}(\Omega)$, $j = 1,2,\dots$, äquivalent ist. Der Beweis dieser Eigenschaft läßt sich auf folgende einfache Hilfsaussage zurückführen: Es sei $(a_{nk})_{k=1,2,\dots}$ eine monoton wachsende Folge von nicht negativen reellen Zahlen mit $\lim_{k\to\infty} a_{nk} = a_n$ für jedes $n \in \mathbb{N}$. Dann gilt $\lim_{k\to\infty} \sum_{n=1}^{\infty} a_{nk} = \sum_{n=1}^{\infty} a_n$. Dies folgt aus $\sup_{k\in\mathbb{N}} \sup_{N\in\mathbb{N}} \sum_{n=1}^{N} a_{kn} = \sup_{N\in\mathbb{N}} \sup_{k\in\mathbb{N}} \sum_{n=1}^{N} a_{kn} = \sup_{N\in\mathbb{N}} \sum_{n=1}^{N} \sup_{k\in\mathbb{N}} a_{kn} = \sup_{N\in\mathbb{N}} \sum_{n=1}^{N} a_n = \sum_{n=1}^{\infty} a_n$ und $\sup_{k\in\mathbb{N}} \sup_{N\in\mathbb{N}} \sum_{n=1}^{N} a_{kn} = \sup_{k\in\mathbb{N}} \sum_{n=1}^{\infty} a_{kn} = \lim_{k\to\infty} \sum_{n=1}^{\infty} a_{kn}$. Insbesondere ist durch die obige Hilfsaussage noch der *Satz von der monotonen Konvergenz für Erwartungswerte* bewiesen worden: $X_n: \Omega \to \mathbb{R}$, $n \in \mathbb{N}$, mit $X_1(\omega) \le X_2(\omega) \le \dots$, $\omega \in \Omega$, impliziert für jede diskrete Verteilung P über Ω die (monotone) Konvergenz von $\sum X_n(\omega)P(\{\omega\})$ gegen $\sum \sup_{j\in\mathbb{N}} X_j(\omega)P(\{\omega\})$ für $n \to \infty$. Zum Nachweis der Stetigkeit von unten von diskreten Verteilungen P über Ω setzt man $a_{nk} := P(\{\omega_n\}) I_{A_k}(\omega_n)$, $k = 1,2,\dots$, $n \in \mathbb{N}$, mit $\{\omega_1,\omega_2,\dots\}$ als Träger Ω_P von P. Dann ist die Hilfsaussage mit $\lim_{k\to\infty} a_{nk} = a_n := P(\{\omega_n\}) I_{\bigcup_{j=1}^{\infty} A_j}(\omega_n)$ anwendbar und es gilt daher $\sum_{n=1}^{\infty} a_{nk} = \sum_{\omega_n \in \Omega_P \cap A_k} P(\{\omega_n\}) = P(A_k) \to \sum_{n=1}^{\infty} a_n = P(\bigcup_{j=1}^{\infty} A_j)$.

Eine Anwendung der Stetigkeit von oben von diskreten Verteilungen P über Ω erhält man mit $P(\{\omega \in \Omega: X(\omega) \le x_n\}) \to P(\{\omega \in \Omega: X(\omega) \le x\})$ für eine monoton fallende Folge $(x_n)_{n \in \mathbb{N}}$ reeller Zahlen mit $x = \inf_{n \in \mathbb{N}} x_n$, wobei $X: \Omega \to \mathbb{R}$ eine reellwertige Zufallsgröße ist. Dies folgt sofort daraus, daß die Folge der Mengen $\{\omega \in \Omega: X(\omega) \le x_n\}$, $n \in \mathbb{N}$, antiton ist mit $\bigcap_{n \in \mathbb{N}} \{\omega \in \Omega: X(\omega) \le x_n\} = \{\omega \in \Omega: X(\omega) \le x\}$. Dabei heißt F^X mit $F^X(x) := P(\{\omega \in \Omega: X(\omega) \le x\})$, $x \in \mathbb{R}$, *Verteilungsfunktion* von X (unter P). Für den Fall, daß der Träger von P^X in der Gestalt $x_1 < x_2 < \ldots$ dargestellt werden kann, handelt es sich um eine rechtsseitig stetige Treppenfunktion, die monoton wächst mit der Eigenschaft $\lim_{x \to -\infty} F^X(x) = 0$ und $\lim_{x \to \infty} F^X(x) = 1$.

Als eine weitere Anwendung der Ungleichung von Tschebycheff soll das *schwache Gesetz der großen Zahlen von Bernoulli* behandelt werden, daß 1774 veröffentlicht worden ist und wonach für stochastisch unabhängige Zufallsgrößen $X_1, \ldots, X_n$ unter einer diskreten Verteilung P mit $P^{X_1} = \ldots = P^{X_n}$ und P^{X_1} als $\mathfrak{B}(1,p)$-Verteilung die *relative Häufigkeit* $\frac{\sum_{i=1}^n X_i}{n}$ für die Anzahl von Treffern in einem Bernoulli-Experiment vom Umfang n im folgenden Sinn gegen die Trefferwahrscheinlichkeit p konvergiert:

Beispiel *(Schwaches Gesetz der großen Zahlen von Bernoulli)*
Für unter einer diskreten Verteilung P stochastisch unabhängige Zufallsgrößen $X_1, \ldots, X_n$ mit $P^{X_1} = \ldots = P^{X_n}$ und P^{X_1} als $\mathfrak{B}(1,p)$-Verteilung gilt

$$\lim_{n \to \infty} P\left(\left\{\omega \in \Omega: \left|\frac{\sum_{i=1}^n X_i(\omega)}{n} - p\right| \ge \varepsilon\right\}\right) = 0 \text{ für jedes } \varepsilon > 0.$$

Zum Beweis beachtet man, daß $\mathrm{Var}\left(\frac{\sum_{i=1}^n X_i}{n}\right) = \frac{1}{n^2} \sum_{i=1}^n \mathrm{Var}(X_i) = \frac{p(1-p)}{n}$ und aufgrund der Ungleichung von Tschebycheff $P\left(\left\{\omega \in \Omega: \left|\frac{\sum_{i=1}^n X_i(\omega)}{n} - p\right| \ge \varepsilon\right\}\right) \le \frac{p(1-p)}{n \varepsilon^2} \to 0$ für $n \to \infty$ zutrifft.

Mit Hilfe des schwachen Gesetzes der großen Zahlen von Bernoulli lassen sich die Zahlen π und e stochastisch durch folgende Gedankenexperimente näherungsweise bestimmen:

Beispiel *(Stochastische näherungsweise Bestimmung von π und e)*
Nach dem Buffonschen Nadelexperiment, welches 1777 veröffentlicht worden ist, gilt für die Wahrscheinlichkeit, daß eine Nadel der Länge ℓ ein System von Parallelen mit dem Abstand $L > \ell$ trifft $\frac{2\ell}{\pi L}$, so daß es sich bei n-maliger, unabhängiger Wiederholung des Nadelwurfexperiments um ein Bernoulli-

Experiment vom Umfang n mit Trefferwahrscheinlichkeit $p = \frac{2\ell}{\pi L}$ handelt. Für die zugehörige relative Häufigkeit h_n gilt daher bei größeren n näherungsweise $h_n \approx \frac{2\ell}{\pi L}$, also $\pi \approx \frac{2\ell}{h_n L}$. Zur näherungsweisen Bestimmung von e kann man als Bernoulli-Experiment vom Umfang n das n-malige zufällige Raten einer Permutation von $\{1,\dots,m\}$ zugrundelegen, wobei das betreffende Ereignis in diesem Fall keine Übereinstimmung an allen m Plätzen der zufällig zu ratenden Permutation von $\{1,\dots,m\}$ bedeutet. Für großes m gilt nämlich für die zugehörige Wahrscheinlichkeit näherungsweise $\frac{1}{e}$, so daß mit h_n als betreffender relativer Häufigkeit für großes n gilt $e \approx \frac{1}{h_n}$.

Chintchin hat 1929 das schwache Gesetz der großen Zahlen folgendermaßen formuliert: Es seien $X_1,\dots,X_n$ stochastisch unabhängig mit $P^{X_1} = \dots = P^{X_n}$ und existierendem $E(X_1)$. Dazu gilt $\lim\limits_{n\to\infty} P(\{\omega \in \Omega: |\frac{\sum_{i=1}^n X_i(\omega)}{n} - E(X_1)| \geq \varepsilon\}) = 0$ für jedes $\varepsilon > 0$. Dabei kann man die stochastische Unabhängigkeit der X_j, $j = 1,\dots,n$, noch durch die paarweise stochastische Unabhängigkeit ersetzen. Es ist üblich, die Eigenschaft $P^{X_1} = \dots = P^{X_n}$ als *identische Verteiltheit* von $X_1,\dots,X_n$ (unter P) zu bezeichnen. Zusammen mit der stochastischen Unabhängigkeit von $X_1,\dots,X_n$ (unter P) kann man bei Interpretation von $X_1(\omega),\dots,X_n(\omega)$ bei Beobachtung von $\omega \in \Omega$ als n-maliger Wiederholung einer physikalischen Messung von der Reproduzierbarkeit des Experiments sprechen.

Beim n-maligen, unabhängigen, zufälligen Raten einer Permutation von $\{1,\dots,m\}$ stellt $\frac{\sum_{i=1}^n X_i}{n}$ die durchschnittliche Anzahl der Übereinstimmungen dar, wobei $X_1,\dots,X_n$ stochastisch unabhängig und identisch verteilt sind mit P^{X_1} als Rencontre-Problem-Verteilung, so daß insbesondere $E(X_1) = 1$ und daher $\frac{\sum_{i=1}^n X_i}{n} \approx 1$ für großes n ist.

Als weitere Anwendung der Ungleichung von Tschebycheff soll die stochastische Konvergenz der relativen Häufigkeit nicht leerer Urnen bei zufälliger Verteilung von m Kugeln auf k Urnen bewiesen werden.

Beispiel *(Stochastische Konvergenz der relativen Häufigkeit nicht leerer Urnen bei zufälliger Verteilung von m Kugeln auf k Urnen)*

Im Zusammenhang mit dem Beispiel, die Bestimmung der durchschnittlichen Anzahl $k(1 - (1-\frac{1}{k})^m)$ nicht leerer Urnen betreffend, ist bereits bewiesen worden, daß die Wahrscheinlichkeit dafür, daß genau ℓ Urnen nicht leer sind, $\frac{1}{k^m}\binom{k}{\ell}\sum_{\nu=0}^{\ell}(-1)^\nu\binom{\ell}{\nu}(\ell-\nu)^m$, $\ell = 0,1,\dots,k$, beträgt. Bezeichnet $X_{k,m}$ die zugehörige Zufallsgröße nicht leerer Urnen, so gilt für die Varianz von $X_{k,m}$ die Beziehung $Var(X_{k,m}) = \frac{1}{k^m} \sum_{\ell=2}^{k} \ell(\ell-1)\binom{k}{\ell} p_m(\ell) + E(X_{k,m}) - E^2(X_{k,m})$ mit $p_m(\ell) = \sum_{\nu=0}^{\ell}(-1)^{\nu}\binom{\ell}{\nu}(\ell-\nu)^m$, $\ell = 0,1,\ldots,k$, und $E(X_{k,m}) = k(1-(1-\frac{1}{k})^m)$. Hieraus resultiert unter Beachtung von $\binom{k-2}{\ell-2} = \binom{k-1}{\ell-1} - \binom{k-2}{\ell-1}$, $\ell = 2,\ldots,k$, die Gleichung $Var(X_{k,m}) = \frac{k(k-1)}{k^m}\left(\sum_{\ell=2}^{k}\binom{k-1}{\ell-1}p_m(\ell) - \sum_{\ell=2}^{k}\binom{k-2}{\ell-1}p_m(\ell)\right) + E(X_{k,m}) - E^2(X_{k,m}) = \frac{k(k-1)}{k^m}\left(\sum_{\ell=2}^{k}\left(\binom{k}{\ell} - \binom{k-1}{\ell}\right)p_m(\ell) - \sum_{\ell=2}^{k}\left(\binom{k-1}{\ell} - \binom{k-2}{\ell}\right)p_m(\ell)\right) + E(X_{k,m}) - E^2(X_{k,m}) = \frac{k(k-1)}{k^m}(k^m - p_m(0) - kp_m(1) - 2((k-1)^m - p_m(0) - (k-1)p_m(1)) + (k-2)^m - p_m(0) - (k-2)p_m(1)) + E(X_{k,m}) - E^2(X_{k,m}) = k(k-1)(1-2(1-\frac{1}{k})^m + (1-\frac{2}{k})^m) + k(1-(1-\frac{1}{k})^m) - k^2(1-(1-\frac{1}{k})^m)^2$. Setzt man nun für $k \to \infty$ und $m \to \infty$ voraus $\frac{m}{k} \to \alpha$, so ergibt sich $E(\frac{X_{k,m}}{k}) \to 1-e^{-\alpha}$ und $Var(\frac{X_{k,m}}{k}) \to 1-2e^{-\alpha} + e^{-2\alpha} - (1-e^{-\alpha})^2 = 0$, woraus nach der Ungleichung von Tschebycheff folgt $P(\{\omega \in \Omega : |\frac{X_{k,m}(\omega)}{k} - (1-e^{-\alpha})| \geq \varepsilon\}) \to 0$ für $k,m \to \infty$ mit $\frac{m}{k} \to \alpha$ und alle $\varepsilon > 0$.

Als Anwendung der Ungleichung von Markoff wird nun die folgende elementare Version des starken Gesetzes der großen Zahlen von Borel aus dem Jahr 1909 bewiesen:

Beispiel *(Elementare Version des starken Gesetzes der großen Zahlen von Borel)*
Es seien $X_1,\ldots,X_n$ (unter P) stochastisch unabhängig und identisch verteilt mit P^{X_1} als $\mathfrak{B}(1,p)$-Verteilung. Dann gilt: $\sum_{n=1}^{\infty} P(\{\omega \in \Omega : |\frac{\sum_{i=1}^{n} X_i(\omega)}{n} - p| \geq \varepsilon\}) < \infty$ für jedes $\varepsilon > 0$.

Zum Beweis berechnet man $E((\sum_{i=1}^{n}(X_i - p))^4)$ gemäß

$$\sum_{\substack{k_j \in \mathbb{N}_0 \\ j=1,\ldots,n \\ k_1+\ldots+k_n=4}} \frac{4!}{k_1!\ldots k_n!} E((X_1-p)^{k_1})\cdot\ldots\cdot E((X_1-p)^{k_n}),$$

wobei wegen der stochastischen Unabhängigkeit der X_j, $j = 1,\ldots,n$, der Multiplikationssatz für Erwartungswerte benutzt worden ist und $E((X_j-p)^{k_j}) = E((X_1-p)^{k_j})$, $j = 1,\ldots,n$, aus der identischen Verteiltheit von $X_1,\ldots,X_n$ folgt. Wegen $E(X_1 - p) = 0$ kommen nur die Fälle $k_j \in \{0,2\}$, $j = 1,\ldots,n$, und $k_j \in \{0,4\}$, $j = 1,\ldots,n$, in Betracht. Im ersten Fall gibt es $\binom{n}{2}$ und im zweiten Fall $\binom{n}{1}$ Möglichkeiten, so daß man $E((\sum_{i=1}^{n}(X_i - p))^4) \leq \frac{4!}{2!2!}\binom{n}{2} + \frac{4!}{4!}\binom{n}{1} = 3n(n-1)+n \leq 3n^2$ wegen $|X_1 - p| \leq 1$ erhält. Aus der Ungleichung von Markoff folgt schließlich $P(\{\omega \in \Omega : |\frac{\sum_{i=1}^{n} X_i(\omega)}{n} - p| \geq \varepsilon\}) \leq \frac{1}{n^4\varepsilon^4} E((\sum_{i=1}^{n}(X_i - p))^4) \leq \frac{3}{\varepsilon^4}\cdot\frac{1}{n^2}$ und damit wegen

$\sum_{n=1}^{\infty} \frac{1}{n^2} \le 1 + \sum_{n=2}^{\infty} \frac{1}{n(n-1)} = 1 + \sum_{n=2}^{\infty} (\frac{1}{n-1} - \frac{1}{n}) = 2$ die Behauptung, die von Hsu und Robbins im Jahre 1947 auf den Fall von stochastisch unabhängigen und identisch verteilten Zufallsgrößen $X_1,\dots,X_n$ mit existierendem $E(X_1^2)$ verallgemeinert wurde und hier für den Fall, daß $E(X_1^4)$ existiert, bewiesen worden ist, wobei man dann p durch $E(X_1)$ zu ersetzen hat.

Laplace hat 1810 und de Moivre im Fall $p = \frac{1}{2}$ bereits 1740 für stochastisch unabhängige und identisch verteilte Zufallsgrößen $X_1,\dots,X_n$ mit P^{X_1} als $\mathfrak{B}(1,p)$-Verteilung $\lim_{n\to\infty} P(\{\omega \in \Omega\colon \frac{\sum_{i=1}^{n} X_i(\omega) - np}{\sqrt{np(1-p)}} \le x\}) = \frac{1}{\sqrt{2\pi}} \int_{-\infty}^{x} e^{-y^2/2}\,dy$ für jedes $x \in \mathbb{R}$ gezeigt. Es soll hier die folgende elementare Version des sogenannten Grenzwertsatzes von Laplace und de Moivre gezeigt werden:

Beispiel *(Momentenversion des Grenzwertsatzes von Laplace und de Moivre)*
Es seien $X_1,\dots,X_n$ (unter P) stochastisch unabhängig und identisch verteilt mit P^{X_1} als $\mathfrak{B}(1,p)$-Verteilung. Dann gilt:

$$\lim_{n\to\infty} E((\frac{\sum_{j=1}^{n} X_j - np}{\sqrt{np(1-p)}})^r) = \frac{1}{\sqrt{2\pi}} \int_{-\infty}^{\infty} x^r e^{-x^2/2}\,dx \text{ für jedes } r \in \mathbb{N}_0.$$

Zum Beweis wird im Folgenden $\frac{X_i - p}{\sqrt{p(1-p)}}$ kürzer mit Y_i, $i = 1,\dots,n$, und $\sum_{i=1}^{n} Y_i/\sqrt{n}$ mit Z_n bezeichnet. Der Beweis gliedert sich in mehrere Schritte:

1. Zur Berechnung von $\lim_{n\to\infty} E(Z_n^r)$, $r \in \mathbb{N}$, wird von der Darstellung

$$E(Z_n^r) = n^{-r/2} \sum_{\substack{k_1+\dots+k_n=r \\ k_i\in\mathbb{N}_0 \\ i=1,\dots,n}} \frac{r!}{k_1!\cdot\ldots\cdot k_n!} E(Y_1^{k_1})\cdot\ldots\cdot E(Y_1^{k_n}) =$$

$$= n^{-r/2} \sum_{s=1}^{r} \sum_{\substack{k_1+\dots+k_s=r \\ k_i\in\mathbb{N} \\ i=1,\dots,s}} \frac{r!}{k_1!\cdot\ldots\cdot k_s!} \binom{n}{s} E(Y_1^{k_1})\cdot\ldots\cdot E(Y_1^{k_s}) =$$

$$= n^{-r/2} \sum_{s=1}^{[r/2]} \sum_{\substack{k_1+\dots+k_s=r \\ k_i\in\mathbb{N}\setminus\{1\} \\ i=1,\dots,s}} \frac{r!}{k_1!\cdot\ldots\cdot k_s!} \binom{n}{s} E(Y_1^{k_1})\cdot\ldots\cdot E(Y_1^{k_s}) \text{ für } n \ge r$$

ausgegangen, die sich aus der stochastischen Unabhängigkeit der $X_1,\dots,X_n$ und $E(Y_1) = 0$ ergibt. Für $1 \le s < \frac{r}{2}$ gilt $\lim_{n\to\infty} \frac{\binom{n}{s}}{n^{r/2}} = 0$, während für $s = \frac{r}{2}$ die Beziehung $\lim_{n\to\infty} \frac{\binom{n}{s}}{n^{r/2}} = \frac{1}{s!}$ zutrifft. Dies liefert zusammen mit $E(Y_1^2) = 1$ die Aussage $\lim_{n\to\infty} E(Z_n^r) = 0$, falls r ungerade ist und $\lim_{n\to\infty} E(Z_n^r) = \frac{r!}{k_1!\cdot\ldots\cdot k_s!} \cdot \frac{1}{s!} = \frac{r!}{2^{r/2}\cdot(\frac{r}{2})!}$ mit $s = \frac{r}{2}$ und $k_1 = \dots = k_s = 2$, falls r gerade ist.

2. Es soll jetzt $\lim_{n\to\infty} E(Z_n^r) = \frac{1}{\sqrt{2\pi}} \int_{-\infty}^{\infty} x^r e^{-x^2/2}dx$ für $r \in \mathbb{N}_0$ gezeigt werden. Zunächst wird der Fall $r=0$ behandelt, d. h. es ist $\int_{-\infty}^{\infty} e^{-x^2/2}dx = \sqrt{2\pi}$ oder wegen $\int_{-\infty}^{0} e^{-x^2/2}dx = \int_{0}^{\infty} e^{-x^2/2}dx$ die Aussage $\int_{0}^{\infty} e^{-x^2}dx = \frac{1}{2\sqrt{2}}\sqrt{2\pi}$ $= \frac{1}{2}\sqrt{\pi}$ zu beweisen. Zu diesem Zweck werden die Hilfsfunktionen $f(x) := (\int_0^x e^{-v^2}dv)^2$ und $g(x) := \int_0^1 \frac{e^{-x^2(t^2+1)}}{t^2+1}dt$ für $x \in \mathbb{R}$ betrachtet. Für die Ableitungen dieser Funktionen ergibt sich $f'(x) = 2e^{-x^2}\int_0^x e^{-v^2}dv$ und $g'(x) = \int_0^1 \frac{-2x(t^2+1)e^{-x^2(t^2+1)}}{t^2+1}dt = -2e^{-x^2}\int_0^1 xe^{-x^2t^2}dt = -2e^{-x^2}\int_0^x e^{-v^2}dv$ $= -f'(x)$ für $x \in \mathbb{R}$, wobei wegen $\left|\frac{e^{-(x+h)^2(t^2+1)} - e^{-x^2(t^2+1)}}{h(t^2+1)} + 2xe^{-x^2(t^2+1)}\right|$ $\le |he^{-x^2(t^2+1)}| + \sum_{\nu=2}^{\infty} \frac{|-2x+h|^{\nu}(t^2+1)^{\nu-1}|h|^{\nu-1}}{\nu!} \le |h|e^{-x^2} + |h(t^2+1)|e^{|-2x+h|}$, falls $|h(t^2+1)| \le 1$ für alle $t \in [0,1]$, also $|h| \le \frac{1}{2}$ zutrifft, die Ableitung von g am Integranden gebildet werden darf. Daher ist $f(x)+g(x) = f(0)+g(0)$, $x \in \mathbb{R}$, also $f(0)+g(0) = \lim_{x\to\infty}(f(x)+g(x)) = \int_0^1 \frac{1}{1+t^2}dt = \arctan(1) = \frac{\pi}{4}$. Ferner folgt aus $0 \le \frac{e^{-x^2(t^2+1)}}{t^2+1} \le e^{-x^2}$ für $0 \le t \le 1$ und $x \in \mathbb{R}$ die Ungleichung

$0 \le g(x) \le \int_0^1 e^{-x^2}dt = e^{-x^2}$, woraus sich $\lim_{x\to\infty} g(x) = 0$ ergibt. Damit erhält man, schließlich $\lim_{x\to\infty} f(x) = (\int_0^{\infty} e^{-v^2}dv)^2 = \lim_{x\to\infty}(f(x)+g(x)) = \frac{\pi}{4}$, also $\lim_{n\to\infty} E(Z_n^0) =$ $= \frac{1}{\sqrt{2\pi}}\int_{-\infty}^{\infty} e^{-x^2/2}dx$. Wegen $\frac{1}{\sqrt{2\pi}}\int_{-\infty}^{\infty} x^r e^{-x^2/2}dx = \frac{-1}{\sqrt{2\pi}} x^{r-1}e^{-x^2/2}\Big|_{-\infty}^{\infty}$ $+ \frac{r-1}{\sqrt{2\pi}}\int_{-\infty}^{\infty} x^{r-2}e^{-x^2/2}dx$ und $\int_0^{\infty} x^r e^{-x^2/2}dx = -\int_{-\infty}^{0} x^r e^{-x^2/2}dx$ für ungerades $r \in \mathbb{N}$ ergibt sich $\frac{1}{\sqrt{2\pi}}\int_{-\infty}^{\infty} x^r e^{-x^2/2}dx = 0 = \lim_{n\to\infty} E(Z_n^r)$ für ungerades $r \in \mathbb{N}$ und $\frac{1}{\sqrt{2\pi}}\int_{-\infty}^{\infty} x^r e^{-x^2/2}dx = (2s-1)(2s-3)\cdot\ldots\cdot 1 = \frac{(2s)!}{2^s \cdot s!} = \lim_{n\to\infty} E(Z_n^r)$ für $r = 2s$, $s \in \mathbb{N}$, wenn man den ersten Beweisschritt berücksichtigt.
Der Beweis liefert noch für stochastisch unabhängige und identisch verteilte Zufallsgrößen $X_1,\ldots,X_n$ mit existierendem $E(X_1^r)$ für jedes $r \in \mathbb{N}$ und $Var(X_1) > 0$ die Aussage:

$$\lim_{n\to\infty} E\left(\left(\frac{\sum_{j=1}^{n} X_j - nE(X_1)}{\sqrt{n\,Var(X_1)}}\right)^r\right) = \frac{1}{\sqrt{2\pi}}\int_{-\infty}^{\infty} x^r e^{-x^2/2}dx \text{ für alle } r \in \mathbb{N}_0.$$

Die Bedeutung der Verteilungsfunktion einer reellwertigen Zufallsgröße unter einer diskreten Verteilung wird insbesondere für binomialverteilte Zufallsgrößen an der klassischen Aussage des Grenzwertsatzes von Laplace und de Moivre deutlich, wobei allerdings für großes n eine Approximation durch eine sogenannte stetige Verteilung stattfindet, nämlich die standardisierte *Normal-* (Gauß-) *verteilung* mit der Verteilungsfunktion Φ gemäß $\Phi(x) := \frac{1}{\sqrt{2\pi}} \int_{-\infty}^{x} e^{-y^2/2} dy$, $x \in \mathbb{R}$ (Φ ist monoton wachsend und stetig mit der Eigenschaft $\lim_{x \to -\infty} \Phi(x) = 0$ und $\lim_{x \to \infty} \Phi(x) = 1$).

Sind nun $X_j: \Omega \to \mathbb{R}$, $j = 1,2$, reellwertige Zufallsgrößen und ist P eine diskrete Verteilung über Ω, so sagt man, daß X_1 (unter P) *stochastisch größer* als X_2 ist, wenn $1 - F^{X_1}(x) \geq 1 - F^{X_2}(x)$ für jedes $x \in \mathbb{R}$ zutrifft, also $P(\{\omega \in \Omega: X_1(\omega) > x\}) \geq P(\{\omega \in \Omega: X_2(\omega) > x\})$ für jedes $x \in \mathbb{R}$ gilt. Bei festem Parameterwert p bzw. n von $\mathfrak{B}(n,p)$-verteilten Zufallsgrößen besteht in $n \in \mathbb{N}$ bzw. in $p \in [0,1]$ eine einfache Beziehung, die stochastische Ordnung betreffend:

Beispiel *(Stochastische Ordnung bei $\mathfrak{B}(n,p)$-verteilten Zufallsgrößen)*
Es wird zunächst der Parameter p festgehalten und gezeigt $\sum_{k=0}^{m} \binom{n-1}{k} p^k (1-p)^{n-1-k} \geq \sum_{k=0}^{m} \binom{n}{k} p^k (1-p)^{n-k}$ für jedes $m \in \{0,\dots,n\}$, d. h. eine $\mathfrak{B}(n,p)$-verteilte Zufallsgröße ist stochastisch größer als eine $\mathfrak{B}(n',p)$-verteilte Zufallsgröße, falls $n' \leq n$ gilt. Zum Beweis verwendet man die Beziehung $\binom{n}{k} = \binom{n-1}{k} + \binom{n-1}{k-1}$ für $k = 1,\dots,n$, woraus sich $\sum_{k=0}^{m} \binom{n}{k} p^k (1-p)^{n-k} =$

$$= (1-p)^n + (1-p) \sum_{k=1}^{m} \binom{n-1}{k} p^k (1-p)^{n-1-k} + p \sum_{k=1}^{m} \binom{n-1}{k-1} p^{k-1} (1-p)^{n-k} =$$

$$= (1-p) \sum_{k=0}^{m} \binom{n-1}{k} p^k (1-p)^{n-1-k} + p \sum_{k=0}^{m-1} \binom{n-1}{k} p^k (1-p)^{n-1-k} \leq \sum_{k=0}^{m} \binom{n-1}{k} p^k (1-p)^{n-1-k}$$

und damit die Behauptung ergibt. Bei festem $n \in \mathbb{N}$ soll nun $\sum_{k=0}^{m} \binom{n}{k} p^k (1-p)^{n-k} \leq \sum_{k=0}^{m} \binom{n}{k} p'^k (1-p')^{n-k}$ für alle $m = 0,\dots,n$ und für $p \geq p'$ mit $p,p' \in [0,1]$ gezeigt werden. Dies ergibt sich sofort aus $\sum_{k=0}^{m} \binom{n}{k} p^k (1-p)^{n-k} =$ $(n-m)\binom{n}{m} \int_p^1 x^m (1-x)^{n-m-1} dx$ für $m = 0,1,\dots,n-1$. Die letzte Gleichung beweist man am einfachsten durch Differenzieren beider Seiten nach p, wobei sich ergibt, daß die Ableitungen übereinstimmen. Ferner stimmen beide Seiten der zu beweisenden Gleichung für $p = 0$ überein, woraus sich die obige Darstellung für die Verteilungsfunktion einer $\mathfrak{B}(n,p)$-verteilten Zufallsgröße ergibt.

Zum Abschluß soll jetzt noch die Laplace-Verteilung durch eine Maximaleigenschaft, die stochastische Ordnung betreffend, gekennzeichnet werden.

Beispiel *(Kennzeichnung der Laplace-Verteilung durch eine Maximaleigenschaft bezüglich der stochastischen Ordnung)*
Ist X eine reellwertige Zufallsgröße mit P^X als Laplace-Verteilung über $\{x_1,\dots,x_n\} \subset \mathbb{R}$ mit $x_1 < x_2 < \dots < x_n$ und Y eine reellwertige Zufallsgröße mit einer diskreten Verteilung P^Y, deren Träger in $\{x_1,\dots,x_n\}$ enthalten ist mit $P^Y(\{x_1\}) \geq P^Y(\{x_2\}) \geq \dots \geq P^Y(\{x_n\})$, so soll gezeigt werden, daß X (unter P) stochastisch größer als Y ist. Dazu genügt es, $E(f \circ X) \leq E(f \circ Y)$ für jede monoton fallende Funktion $f\colon \{x_1,\dots,x_n\} \to \mathbb{R}$ zu zeigen, da man dann speziell für f den Indikator von $(-\infty,x]$, $x \in \{x_1,\dots,x_n\}$, wählen kann. Zum Beweis der letzten Ungleichung wird die Beziehung
$\frac{f(x_1)+\dots+f(x_n)}{n} \leq \frac{f(x_1)+\dots+f(x_k)}{k}$ für $k = 1,\dots,n$, verwendet, wobei diese Ungleichung mit $k(f(x_{k+1})+\dots+f(x_n)) \leq (n-k)(f(x_1)+\dots+f(x_k))$ gleichwertig ist und diese aus der Monotonie von f wegen $f(x_{k+1})+\dots+f(x_n) \leq (n-k)f(x_k)$ bzw. $f(x_1)+\dots+f(x_k) \geq k\, f(x_k)$ folgt. Die Ungleichung $E(f \circ X) \leq E(f \circ Y)$ ergibt sich nun aus der Darstellung $P^Y = \sum_{k=1}^{n} \alpha_k P_k$ im Zusammenhang mit der Kennzeichnung der Laplace-Verteilung durch eine Extremaleigenschaft, wobei $\alpha_k \geq 0$, $k = 1,\dots,n$, $\sum_{k=1}^{n} \alpha_k = 1$ gilt und P_k eine diskrete Verteilung über $\{x_1,\dots,x_n\}$ ist mit der Eigenschaft, daß $P_k|\mathfrak{P}(\{x_1,\dots,x_k\})$ die Laplace-Verteilung über $\{x_1,\dots,x_k\}$, $k = 1,\dots,n$, ist. Gilt stattdessen $P^Y(\{x_1\}) \leq \dots \leq P^Y(\{x_n\})$, so erhält man $E(f \circ X) \geq E(f \circ Y)$ für jede monoton wachsende Funktion $f\colon \{x_1,\dots,x_n\} \to \mathbb{R}$, denn dieser Fall läßt sich durch Übergang von $P^Y(\{x_i\})$ zu $\frac{1-P^Y(\{x_i\})}{n-1}$, $i = 1,\dots,n$, auf den betrachteten Fall zurückführen, da man danach $\sum_{i=1}^{n} \frac{1-P^Y(\{x_i\})}{n-1} f(x_i) \geq \sum_{i=1}^{n} \frac{f(x_i)}{n}$ und damit $\frac{\sum_{i=1}^{n} f(x_i)}{n-1} - \frac{\sum_{i=1}^{n} f(x_i)}{n} \geq$
$\geq \frac{\sum_{i=1}^{n} P^Y(\{x_i\})f(x_i)}{n-1}$, also $\frac{\sum_{i=1}^{n} f(x_i)}{n} \geq \sum_{i=1}^{n} f(x_i)P^Y(\{x_i\})$ erhält.

7. Wahrscheinlichkeitserzeugende Funktionen diskreter Verteilungen und bedingte Wahrscheinlichkeitsverteilungen

Die bisher betrachteten konkreten diskreten Verteilungen hatten einen Träger, der in $\mathbb{N}_o$ bzw. $\mathbb{N}_o^m$ enthalten war. Ist also $X: \Omega \to \mathbb{N}_o$ eine nicht negative, ganzzahlige Zufallsgröße, und P eine diskrete Verteilung über Ω, so liegt es nahe, $E(t^X) = \sum_{k=0}^{\infty} p_k t^k$ für $-1 < t \leq 1$ mit $p_k := P(\{\omega \in \Omega: X(\omega) = k\})$, $k \in \mathbb{N}_o$, als (wahrscheinlichkeits-) *erzeugende Funktion* von X (unter P) einzuführen (in Zeichen: f^X). Aufgrund des Identitätssatzes für Potenzreihen gilt $P^{X_1} = P^{X_2}$, falls $f^{X_1}(t) = f^{X_2}(t)$ für alle $t \in (-1,1]$ zutrifft mit $X_j: \Omega \to \mathbb{N}_o$, $j = 1,2$ *(Eindeutigkeitssatz für erzeugende Funktionen)*. Im folgenden wird bei Vorliegen einer diskreten Verteilung P über $\mathbb{N}_o$ die Potenzreihe $\sum_{k=0}^{\infty} p_k t^k$, $-1 < t \leq 1$, $p_k := P(\{k\})$, $k \in \mathbb{N}_o$, als erzeugende Funktion von P bezeichnet. Als erste, besonders einfache Anwendung wird eine andere Herleitung der Einzelwahrscheinlichkeiten der $\mathfrak{B}(n,p)$-Verteilung mit Hilfe einer Rekursionsformel, die unter Verwendung erzeugender Funktionen gelöst wird, behandelt.

Beispiel *(Bestimmung der Einzelwahrscheinlichkeiten einer $\mathfrak{B}(n,p)$-Verteilung durch eine Rekursionsformel)*

Mit Hilfe des Satzes von der totalen Wahrscheinlichkeit, wobei "Treffer" bzw. "Nichttreffer" im (n+1)-ten Versuch eines Bernoulli-Experiments vom Umfang n+1 mit Trefferwahrscheinlichkeit p als bedingende Ereignisse eingeführt werden, erhält man für die Wahrscheinlichkeit $p_{n+1}(k)$ genau k-Treffer zu erreichen, die Rekursionsformel $p_{n+1}(k+1) = p\, p_n(k) + (1-p)p_n(k+1)$, $k = 0,\ldots,n+1$. Hieraus ergibt sich für die erzeugende Funktion $f_n(t) := \sum_{k=0}^{n} p_n(k)t^k$, $t \in \mathbb{R}$, die Beziehung $\sum_{k=0}^{n} p_{n+1}(k+1)t^{k+1} = f_{n+1}(t) - p_{n+1}(0) = p \sum_{k=0}^{n} p_n(k)t^{k+1} + (1-p) \sum_{k=0}^{n} p_n(k+1)t^{k+1}$ $= p\; t\; f_n(t) + (1-p)\; (f_n(t) - p_n(0))$, da $p_n(n+1) = 0$ ist, woraus wegen $p_{n+1}(0) = (1-p)p_n(0)$ folgt $f_{n+1}(t) = (pt + (1-p))f_n(t) = \ldots = (pt+q)^n f_1(t)$, also $f_n(t) = (pt+1-p)^n$, denn es gilt $f_1(t) = pt + 1-p$, $t \in \mathbb{R}$. Damit erhält man $f_n(t) = \sum_{k=0}^{n} \binom{n}{k} p^k (1-p)^{n-k} t^k$, $t \in \mathbb{R}$, also $p_n(k) = \binom{n}{k}\, p^k (1-p)^{n-k}$, $k = 0,\ldots,n$.

Beachtet man, daß für stochastisch unabhängige Zufallsgrößen $X_j: \Omega \to \mathbb{R}$, $j = 1,\ldots,n$, nach dem Multiplikationssatz für Erwartungswerte $E(t^{X_1+\cdots+X_n}) = E(t^{X_1})\cdot\ldots\cdot E(t^{X_n})$, $-1 < t \leq 1$, gilt, so erhält man im Fall, daß

$X_1,\dots,X_n$ zusätzlich identisch verteilt sind mit P^{X_1} als $\mathfrak{B}(1,p)$-Verteilung wieder $E(t^{\sum_{l=1}^{n} X_l}) = (pt+1-p)^n$.

Bei Bernoulli-Experimenten ist die Frage nach der erzeugenden Funktion für die Wahrscheinlichkeiten p_k von Interesse, daß der jeweilige Einzelversuch genau k-mal durchgeführt wird, bis zum ersten Mal genau r Treffer hintereinander beobachtet worden sind, $k \in \mathbb{N}_0$. Auch hier wird die erzeugende Funktion der p_k, $k \in \mathbb{N}_0$, mit Hilfe einer auf dem Satz von der totalen Wahrscheinlichkeit beruhenden Rekursionsformel in Abhängigkeit von der Trefferwahrscheinlichkeit p hergeleitet.

Beispiel *(Erzeugende Funktion und Verteilung für die Wartezeitwahrscheinlichkeiten bis zum r-ten Treffer in ununterbrochener Reihenfolge in Bernoulli-Experimenten)*

Bezeichnet X die Zufallsgröße für die genannte Wartezeit bis zum r-ten Treffer hintereinander, so gilt für $k > r$ bei Verwendung der Kurzschreibweise $\{X \overset{(\geq)}{=} k\} := \{\omega \in \Omega : X(\omega) \overset{(\geq)}{=} k\}$ die Beziehung $p_k := P(\{X=k\}) =$
$= P(\{X=k\}|\{X \geq k-r\})P(\{X \geq k-r\}) = (1-p)p^r(1-P(\{X<k-r\})) = (1-p)p^r(1-\sum_{l=0}^{k-r-1} p_l)$.
Ohne bereits $\sum_{k=r}^{\infty} p_k = 1$ zu wissen, ist der Ansatz $f(t) := \sum_{k=r}^{\infty} p_k t^k$ für $|t| < 1$ gerechtfertigt, wobei sich aufgrund der obigen Rekursionsformel für die p_k, $k = r+1,\dots$, die folgende Gleichung für f ergibt: $f(t) = p^r t^r +$
$+ \sum_{k=r+1}^{\infty} p^r(1-p)(1-\sum_{l=0}^{k-r-1} p_l)t^k = p^r t^r + p^r(1-p)\sum_{k=r+1}^{\infty} t^k - p^r(1-p)\sum_{k=r+1}^{\infty}\sum_{l=0}^{k-r-1} p_l t^k$
$= p^r t^r + p^r(1-p)\frac{t^{r+1}}{1-t} - p^r(1-p)\sum_{k=0}^{\infty}\sum_{l=0}^{k} p_l t^{k+r+1} = p^r t^r + p^r(1-p)\frac{t^{r+1}}{1-t}$
$- p^r(1-p)\sum_{l=0}^{\infty}\sum_{k=l}^{\infty} p_l t^{k+r+1} = p^r t^r + p^r(1-p)\frac{t^{r+1}}{1-t} - p^r(1-p)f(t)\frac{t^{r+1}}{1-t}$ $|t| < 1$. Hieraus folgt $f(t) = p^r t^r \frac{1-pt}{1-t+p^r(1-p)t^{r+1}}$ für $|t| < 1$, woraus für $t \to 1$ insbesondere $f(1) = 1 = \sum_{k=r}^{\infty} p_k$ folgt. Ferner liefert $\lim_{t \to 1} f'(t) = \sum_{k=r}^{\infty} k p_k = E(X) = \frac{1}{p} + \dots + \frac{1}{p^r}$ für die durchschnittliche Anzahl von Versuchen, bis zum ersten Mal genau r Treffer hintereinander vorliegen. Insbesondere wird man durchschnittlich $(2^{r+1}-2)$-mal unabhängig eine ungefälschte Münze werfen, bis zum ersten Mal r-mal hintereinander "Zahl" auftritt, also sind für $r = 10$ durchschnittlich 2046 Münzwürfe nötig. Man kann nun mit Hilfe der erzeugenden Funktion auch die explizite Gestalt der Einzelwahrscheinlichkeiten p_k, $k \geq r$, fol-

gendermaßen berechnen: $\frac{p^r t^r (1-pt)}{1-t+q p^r t^{r+1}} = p^r t^r \frac{1}{1-\frac{q}{p}(pt+p^2t^2+\ldots+p^rt^r)} =$

$p^r t^r \sum_{\nu=0}^{\infty} [\frac{q}{p}(pt+\ldots+p^rt^r)]^\nu = p^r t^r \sum_{\nu=0}^{\infty} \sum_{\substack{k_j \in \mathbb{N}_0 \\ j=1,\ldots,r \\ k_1+\ldots+k_r=\nu}} \frac{(k_1+\ldots+k_r)!}{k_1!\cdot\ldots\cdot k_r!} (pt)^{k_1+2k_2+\ldots+rk_r}.$

$\cdot (\frac{q}{p})^{k_1+\ldots+k_r}$, wobei für die Begründung des letzten Gleichheitszeichens der Multinomialsatz anzuwenden ist. Setzt man nun $\mu_j := k_j$, $j = 1,\ldots,r$, und $\mu := \nu + \sum_{j=1}^{r} (j-1)k_j$, so erhält man schließlich $\frac{p^r t^r (1-pt)}{1-t+q p^r t^{r+1}} =$

$$\sum_{\mu=0}^{\infty} \sum_{\substack{\mu_j \in \mathbb{N}_0 \\ j=1,\ldots,r \\ \mu_1+2\mu_2+\ldots+r\mu_r=\mu}} \frac{(\mu_1+\ldots+\mu_r)!}{\mu_1!\cdot\ldots\cdot\mu_r!} (pt)^{\mu+r} (\frac{q}{p})^{\mu_1+\ldots+\mu_r} = \sum_{\mu=0}^{\infty} p_{\mu+r} t^{\mu+r}$$

$= \sum_{k=r}^{\infty} p_k t^k$, $|t| \le 1$, d. h.: $p_k = \sum_{\substack{\mu_j \in \mathbb{N}_0 \\ j=1,\ldots,r \\ \mu_1+2\mu_2+\ldots+r\mu_r=k-r}} \frac{(\mu_1+\ldots+\mu_r)!}{\mu_1!\cdot\ldots\cdot\mu_r!} p^k (\frac{q}{p})^{\mu_1+\ldots+\mu_r}$,

$k \in \mathbb{N}_0$. Die kombinatorische Begründung für die p_k, $k \in \mathbb{N}_0$, ergibt sich, indem man μ_j Sequenzen mit $(j-1)$-maligem aufeinanderfolgenden Treffern (mit anschließendem Nichttreffer) betrachtet, $j = 1,\ldots,r$, wobei μ_1 dann die Anzahl der restlichen Nichttreffer beschreibt.

Neben der sogenannten *Produktregel* für die erzeugende Funktion von $X_1 + X_2$ von stochastisch unabhängigen Zufallsgrößen $X_j: \Omega \to \mathbb{N}_0$, $j = 1,2$, gemäß $f^{X_1+X_2} = f^{X_1} \cdot f^{X_2}$ ist auch die Darstellung von $E(X) = \sum_{k=1}^{\infty} P(\{X \ge k\})$ für eine Zufallsgröße $X: \Omega \to \mathbb{N}_0$ mit existierendem $E(X)$ von Bedeutung, die sich aus $\sum_{k=1}^{\infty} \sum_{m=k}^{\infty} P(\{X=m\}) = \sum_{m=1}^{\infty} \sum_{k=1}^{m} P(\{X=m\}) = \sum_{m=1}^{\infty} mP(\{X=m\})$ ergibt. Hieraus resultiert ferner $E(X) = \sum_{k=1}^{\infty} P(\{X > k\}) + \sum_{k=1}^{\infty} P(\{X=k\}) = \sum_{k=0}^{\infty} P(\{X>k\})$. Als Anwendung hiervon wird die Frage behandelt, wieviel Personen im Duchschnitt befragt werden müssen, bis zum ersten Mal ein Doppelgeburtstag auftritt. Dabei sind Mehrfachbefragungen zugelassen und es wird angenommen, daß alle 365 Tage eines Jahres für einen Geburtstag jeder befragten Person gleichwahrscheinlich sind.

Beispiel *(Durchschnittliche Anzahl von Befragungen für einen Doppelgeburtstag)*

Das Beispiel wird etwas allgemeiner als ein Urnenexperiment mit Kugeln aus einer Urne, die von 1 bis n nummeriert sind, behandelt, wobei unabhängig mit Zurücklegen gezogen wird. Dann gilt für die Wahrscheinlichkeit p_r, daß zum ersten Mal beim r-ten Zug eine Kugel gezogen wird, die mit einer Nummer einer bereits gezogenen Kugel übereinstimmt
$p_r = \frac{n(n-1)\ldots(n-r+2)\cdot(r-1)}{n^r} = (1-\frac{1}{n})\cdot\ldots\cdot(1-\frac{r-2}{n})\frac{r-1}{n}$ für $r \geq 2$. Hieraus folgt $1-\sum_{r=2}^{k} p_r = \binom{n}{k}\frac{k!}{n^k}$, $k \geq 2$, denn für $k=2$ ist die Behauptung richtig und aus $1-\sum_{r=2}^{k} p_r = \binom{n}{k}\frac{k!}{n^k}$ folgt $1-\sum_{r=2}^{k+1} p_r = (1-\frac{1}{n})\cdot\ldots\cdot(1-\frac{k-1}{n}) - (1-\frac{1}{n})\cdot\ldots\cdot(1-\frac{k-1}{n})\frac{k}{n}$ $= (1-\frac{1}{n})\cdot\ldots\cdot(1-\frac{k}{n})$. Insbesondere zeigt der Fall $k=n+1$, daß $\sum_{r=2}^{n+1} p_r = 1$ gilt, wobei der Mittelwert für diese Verteilung nach der obigen Formel für den Erwartungswert nicht negativer ganzzahliger Zufallsgrößen gleich $\sum_{r=2}^{n}\binom{n}{r}\frac{r!}{n^r}$ ist. Wegen $\int_0^\infty (1+\frac{x}{n})^n e^{-x}dx = \sum_{r=0}^{n}\frac{\binom{n}{r}}{n^r}\int_0^\infty x^r e^{-x}dx = \sum_{r=0}^{n}\frac{\binom{n}{r}}{n^r}r!$ trifft daher $\sum_{r=2}^{n}\binom{n}{r}\frac{r!}{n^r} = \int_0^\infty (1+\frac{x}{n})^n e^{-x}dx - 2$ zu. Ferner gilt $\int_0^\infty (1+\frac{x}{n})^n e^{-x}dx =$ $= \sqrt{n}\int_0^\infty (1+\frac{x}{\sqrt{n}})^n e^{-x\sqrt{n}}dx = \sqrt{n}\int_0^\infty \exp(n(\ln(1+\frac{x}{\sqrt{n}}) - \frac{x}{\sqrt{n}}))dx$, woraus wegen $\ln(1+\frac{x}{\sqrt{n}}) = \int_0^{x/\sqrt{n}}(1+t)^{-1}dt = \int_0^{x/\sqrt{n}}(1-t+\frac{t^2}{1+t})dt = \frac{x}{\sqrt{n}} - \frac{x^2}{2n} + \int_0^{x/\sqrt{n}}\frac{t^2}{1+t}dt$ für $x>0$ die Beziehung $\liminf_{n\to\infty}\sum_{r=0}^{n}\binom{n}{r}\frac{r!}{n^r}/\sqrt{n} \geq \int_0^\infty e^{-x^2/2}dx = \frac{1}{2}\sqrt{2\pi}$ folgt. Aus $\sum_{r=0}^{n}\binom{n}{r}\frac{r!}{n^r} = 1+\sum_{k=1}^{n}(1-\frac{1}{n})\cdot\ldots\cdot(1-\frac{k-1}{n}) \leq 1+\sum_{k=1}^{n} e^{-\frac{1}{n}\sum_{l=1}^{k-1} l} =$ $= 1+\sum_{k=1}^{n} e^{-\frac{1}{n}\frac{k(k-1)}{2}} < 1+\sum_{k=1}^{n} e^{-(k-1)^2/2n} = 2+\sum_{k=1}^{n-1} e^{-k^2/2n} \leq$ $\leq 2+\int_0^\infty e^{-x^2/2n}dx = 2+\frac{1}{2}\sqrt{2\pi n}$ ergibt sich $\limsup\sum_{r=0}^{n}\binom{n}{r}\frac{r!}{n^r}/\sqrt{n} \leq \frac{1}{2}\sqrt{2\pi}$, also ist $\sum_{r=0}^{n}\binom{n}{r}\frac{r!}{n^r}$ näherungsweise $\frac{1}{2}\sqrt{2\pi n}$ für großes n. Für $n=365$ ist $\frac{1}{2}\sqrt{2\pi n}$ näherungsweise 24, so daß man für $\sum_{r=2}^{365}\binom{365}{r}\frac{r!}{365^r}$ näherungsweise $24-2=22$ erhält.

Als Anwendung der Produktregel für erzeugende Funktionen soll gezeigt werden, daß ähnlich wie im Fall von stochastisch unabhängigen, identisch verteilten Zufallsgrößen $X_1,\ldots,X_n$ mit P^{X_1} als $\mathfrak{B}(1,p)$-Verteilung die Verteilung von $P^{\sum_{j=1}^{n}X_j}$ eine $\mathfrak{B}(n,p)$-Verteilung ist, für P^{X_1} als $\mathfrak{NB}(1,p)$-Verteilung gilt, daß $P^{\sum_{j=1}^{n}X_j}$ eine $\mathfrak{NB}(n,p)$-Verteilung ist. Bevor dieses Beispiel behandelt wird, sei darauf hingewiesen, daß man im Zusammenhang von unabhängigen Zufallsgrößen $X_j: \Omega \to \mathbb{N}_o$, j = 1,2, von der *Faltung* $P^{X_1+X_2}$ von P^{X_1} und P^{X_2} (in Zeichen: $P^{X_1} * P^{X_2}$) spricht.

Beispiel *(Faltung von $\mathfrak{NB}(1,p)$-Verteilungen)*
Sind $X_1,\dots,X_r$ stochastisch unabhängig und identisch verteilt mit P^{X_1} als $\mathfrak{NB}(1,p)$-Verteilung, so gilt nach der Produktregel für erzeugende Funktionen $E(t^{\sum_{i=1}^r X_i}) = (E(t^{X_1}))^r = (\sum_{k=0}^{\infty} pq^k t^k)^r = (\frac{p}{1-qt})^r$, $|t| < 1$. Für die erzeugende Funktion der $\mathfrak{NB}(r,p)$-Verteilung erhält man nach der Binomischen Reihe $\sum_{k=0}^{\infty} \binom{-r}{k} p^r (-q)^k t^k = \frac{p^r}{(1-qt)^r} = (\frac{p}{1-qt})^r$, $|t| < 1$, woraus aufgrund des Eindeutigkeitssatzes für erzeugende Funktionen folgt, daß $P^{\sum_{i=1}^r X_i}$ eine $\mathfrak{NB}(r,p)$-Verteilung ist. Dies kann man natürlich auch direkt gemäß $P^{\sum_{i=1}^r X_i}(\{k\}) =$

$$= \sum_{\substack{k_j \in \mathbb{N}_o \\ j=1,\dots,r \\ k_1+\dots+k_r=k}} P^{X_1}(\{k_1\}) \cdot \ldots \cdot P^{X_r}(\{k_r\}) = \binom{k+r-1}{r-1} \prod_{j=1}^r pq^{k_j} = \binom{k+r-1}{r-1} p^r q^k, \ k \in \mathbb{N}_o,$$

aufgrund der Formel für die Anzahl der Zerlegungen $(k_1,\dots,k_r)$ mit $k_1+\dots+k_r = k$, $k_j \in \mathbb{N}_o$, $j = 1,\dots,r$, einsehen.

Eine weitere Anwendung der Produktregel für erzeugende Funktionen betrifft die Frage, ob es zwei nicht notwendig ungefälschte Würfel gibt, so daß beim zweifachen unabhängigen Würfelwurf oder gleichwertig beim simultanen Werfen mit diesen beiden Würfeln die Verteilung für die Augensummenzahl eine Laplace-Verteilung über 2,...,12 ist. Mit Hilfe der Produktregel für erzeugende Funktionen läßt sich diese Frage besonders einfach negativ beantworten.

Beispiel *(Nichtexistenz einer Laplace-Verteilung für die Augensummenzahl beim Würfeln mit zwei nicht notwendig ungefälschten Würfeln)*
Sind $f_j(t) := \sum_{k=1}^{6} p_k^{(j)} t^k$, $t \in \mathbb{R}$, die zugehörigen erzeugenden Funktionen mit $p_k^{(j)}$, $k = 1,\dots,6$, $j = 1,2$, als Wahrscheinlichkeiten für die Augenzahl $k \in \{1,\dots,6\}$ bei Verwenden des j-ten Würfels, j = 1,2, so führt die Annahme der Existenz einer Laplace-Verteilung für die Augensummenzahl aufgrund der Produktregel

für erzeugende Funktionen auf die folgende Gleichung: $f_1(t)f_2(t) = = \frac{1}{11} \cdot (t^2+\ldots+t^{12})$, $t \in \mathbb{R}$, woraus die Gleichung $\sum_{k=1}^{6} p_k^{(1)} t^{k-1} \cdot \sum_{k=1}^{6} p_k^{(2)} t^{k-1} = = \frac{1}{11}(1+t+\ldots+t^{10})$, $t \in \mathbb{R}$, folgt. Also sind $\sum_{k=1}^{6} p_k^{(j)} t^{k-1}$ Polynome 5-ten Grades, wobei $\sum_{k=1}^{6} p_k^{(1)} t^{k-1}$ daher eine reelle Nullstelle $t_o \in \mathbb{R}$ besitzt, die wegen $\frac{1}{11}(1+t+\ldots+t^{10}) \neq 0$ für $t=1$ von eins verschieden sein muß. Wegen $\frac{1}{11}(1+t_o+\ldots+t_o^{10}) = \frac{1}{11}\,\frac{t_o^{11}-1}{t_o-1} \neq 0$ erhält man dann aber einen Widerspruch.

Den Nutzen erzeugender Funktionen kann man besonders einfach daran erkennen, daß nach dem Grenzwertsatz von Abel aus der Existenz von $\lim_{t\to 1}(E(t^X))'$ für $X: \Omega \to \mathbb{N}_o$ die Existenz von $E(X)$ folgt, wobei dann $E(X) = \lim_{t\to 1}(E(t^X))'$ wegen $\lim_{t\to 1}(E(t^X))' = \sum_{k=0}^{\infty} k\,p_k$ zutrifft, wenn man die folgende, bereits früher bewiesene Aussage berücksichtigt: Für konvergente Folgen $(a_{nk})_{k=1,2,\ldots}$ reeller Zahlen mit $0 \le a_{nk} \le a_{n,k+1}$ für jedes $n \in \mathbb{N}$ und alle $k \in \mathbb{N}$ folgt $\lim_{k\to\infty} \sum_{n=1}^{\infty} a_{nk} = \sum_{n=1}^{\infty} \lim_{k\to\infty} a_{nk}$, ergibt sich auch umgekehrt aus der Existenz von $E(X)$ die von $\lim E(t^X)'$ und es gilt $E(X) = \lim_{t\to 1} E(t^X)'$. Allgemeiner existiert $E(X^k)$ für $X: \Omega \to \mathbb{N}_o$ genau dann, wenn $\lim_{t\to 1}(E(t^X))^{(k)}$ (k-fache Ableitung von $E(t^X)$) existiert. In diesem Fall gilt $E(X(X-1)\cdot\ldots\cdot(X-k+1)) = \lim_{t\to 1}(E(t^X))^{(k)}$, wobei $E(X(X-1)\cdot\ldots\cdot(X-k+1))$ k-tes *faktorielles Moment* von X (unter P) heißt. Das k-te faktorielle Moment einer $\mathfrak{B}(n,p)$-verteilten Zufallsgröße X beträgt $\lim_{t\to 1}((pt+1-p)^n)^{(k)} = n(n-1)\ldots(n-k+1)p^k = = \binom{n}{k}k!p^k$. Besitzt P^X die Rencontre-Problem-Verteilung, so gilt $E(X(X-1)\ldots$ $\ldots(X-k+1)) = \sum_{\nu=0}^{n} \frac{\nu(\nu-1)\cdot\ldots\cdot(\nu-k+1)}{\nu!} \sum_{\mu=0}^{n-\nu} \frac{(-1)^\mu}{\mu!} = \sum_{\nu=0}^{n-k} \frac{1}{\nu!} \sum_{\mu=0}^{n-\nu-k} \frac{(-1)^\mu}{\mu!} = 1$ für $k=0,\ldots,n$ bzw. $=0$ für $k>n$. Hieraus gewinnt man für die zugehörige erzeugende Funktion die einfache Darstellung $E(t^X) = \sum_{k=0}^{n} \frac{(t-1)^k}{k!}$, $t \in \mathbb{R}$, wenn man eine Taylor-Entwicklung für $E(t^X)$ an der Stelle $t=1$ ansetzt, wobei $E(t^X) = \sum_{k=0}^{n} \frac{(t-1)^k}{k!}$ auch direkt gemäß $\sum_{k=0}^{n} \frac{(t-1)^k}{k!} = \sum_{k=0}^{n} \sum_{\mu=0}^{k} \binom{k}{\mu} \frac{1}{k!} t^\mu (-1)^{k-\mu}$ $= \sum_{k=0}^{n} \sum_{\mu=0}^{k} \frac{t^\mu (-1)^{k-\mu}}{\mu!(k-\mu)!} = \sum_{\mu=0}^{n} \sum_{k=\mu}^{n} \frac{t^\mu}{\mu!} \frac{(-1)^{k-\mu}}{(k-\mu)!} = \sum_{\mu=0}^{n} \frac{t^\mu}{\mu!} \sum_{\lambda=0}^{n-\mu} \frac{(-1)^\lambda}{\lambda!}$ folgt. Insbesondere ergibt sich $\lim_{n\to\infty} \sum_{k=0}^{n} \frac{(t-1)^k}{k!} = e^{t-1}$, also wegen $\sum_{k=0}^{\infty} \frac{\lambda^k}{k!} t^k e^{-\lambda}$ $= e^{-\lambda}e^{\lambda t} = e^{\lambda(t-1)}$, $t \in \mathbb{R}$, die erzeugende Funktion einer $\mathfrak{P}(\lambda)$-verteilten Zufallsgröße mit $\lambda = 1$. Auch die Approximation der $\mathfrak{P}(\lambda)$-Verteilung durch

$\mathfrak{B}(n,p)$-Verteilungen für $p = \frac{\lambda}{n}$ läßt sich mit Hilfe von erzeugenden Funktionen einfach darstellen: $(\frac{\lambda}{n}t + 1 - \frac{\lambda}{n})^n = (1 + \frac{\lambda(t-1)}{n})^n \to e^{\lambda(t-1)}$, $t \in \mathbb{R}$, für $n \to \infty$.

Es gilt nämlich der folgende *Stetigkeitssatz für erzeugende Funktionen:* Für $X_n : \Omega \to \mathbb{N}_0$, $n \in \mathbb{N}_0$, gilt $\lim\limits_{n\to\infty} P(\{X_n = k\}) = P(\{X_0 = k\})$ für alle $k \in \mathbb{N}_0$ genau dann, wenn $\lim\limits_{n\to\infty} E(t^{X_n}) = E(t^{X_0})$ für alle $|t| < 1$ zutrifft.

Die Beziehung $\lim\limits_{n\to\infty} P(\{X_n = k\}) = P(\{X_0 = k\})$, $k \in \mathbb{N}_0$, impliziert bei Wahl von $n_0 \in \mathbb{N}$ zu $\varepsilon > 0$ und festes t mit $|t| < 1$ mit $\sum\limits_{\nu=n+1}^{\infty} |t|^\nu = \frac{|t|^{n+1}}{1-|t|} < \frac{\varepsilon}{2}$ für $n \geq n_0$ die Ungleichung $|E(t^{X_n}) - E(t^{X_0})| \leq \sum\limits_{k=0}^{n_0} |P(\{X_n = k\}) - P(\{X_0 = k\})||t|^k + \frac{2|t|^{n_0+1}}{1-|t|}$, wobei $|P(\{X_n = k\}) - P(\{X_0 = k\})| \leq \frac{\varepsilon}{2(n_0+1)}$ für $k = 0,\ldots,n_0$, und $n \geq n_1$ zutrifft. Hieraus resultiert $|E(t^{X_n}) - E(t^{X_0})| \leq \varepsilon$ für $n \geq n_1$. Umgekehrt folgt aus $\lim\limits_{n\to\infty} E(t^{X_n}) = E(t^{X_0})$ für $|t| < 1$ wegen $P(\{X_n = 0\}) \leq E(t^{X_n}) \leq$
$\leq P(\{X_n = 0\}) + \frac{t}{1-t}$ für $0 < t < 1$ die Beziehung $\limsup\limits_{n\to\infty} P(\{X_n = 0\}) \leq \lim\limits_{n\to\infty} E(t^{X_n})$
$\leq \liminf\limits_{n\to\infty} P(\{X_n = 0\}) + \frac{t}{t-1}$, für $0 < t < 1$, woraus für $t \to 0$ folgt $\limsup\limits_{n\to\infty} P(\{X_n = 0\})$
$= \liminf\limits_{n\to\infty} P(\{X_n = 0\}) = \lim\limits_{t\to 0} E(t^{X_0}) = P(\{X_0 = 0\})$. Ist nun bereits $\lim\limits_{n\to\infty} P(\{X_n = k\}) =$
$= P(\{X_0 = k\})$ für $k = 0,\ldots,m$, zutreffend, so läßt sich der Fall $k = m+1$ genauso wie der eben betrachtete Fall $k = 0$ behandeln, wenn man von der Ungleichung

$$P(\{X_n = m+1\}) \leq \frac{\sum\limits_{k=m+1}^{\infty} P(\{X_n = k\})t^k}{t^{m+1}} \leq P(\{X_n = m+1\}) + \frac{t}{1-t}$$

für $0 < t < 1$ ausgeht.

Wegen $\lim\limits_{n\to\infty} E(t^{X_n}) = E(t^{X_0})$ für $|t| < 1$ erhält man dann zusammen mit der Voraussetzung $\lim\limits_{n\to\infty} P(\{X_n = k\}) = P(\{X_0 = k\})$ für $k = 0,\ldots,m$, die Beziehung

$$\limsup_{n\to\infty} P(\{X_n = m+1\}) \leq \sum_{k=m+1}^{\infty} P(\{X_0 = k\})t^k / t^{m+1} \leq \liminf_{n\to\infty} P(\{X_n = m+1\}) + \frac{t}{1-t}$$

für $0 < t < 1$, woraus sich für $t \to 0$ ergibt $\limsup\limits_{n\to\infty} P(\{X_n = m+1\}) = \liminf\limits_{n\to\infty} P(\{X_n = m+1\})$
$= P(\{X_0 = m+1\})$.

Die Überlegungen zur erzeugenden Funktion im Zusammenhang mit der Rencontreproblem-Verteilung liefert die folgende Charakterisierung:

Beispiel *(Kennzeichnung der Rencontreproblem-Verteilung durch Konstanz faktorieller Momente)*

Es ist bereits gezeigt worden, daß mit P^X als Rencontreproblem-Verteilung $E((X(X-1)\ldots(X-r+1)) = 1$, $r = 1,\ldots,n$, gilt. Ist umgekehrt X eine nicht-negative, ganzzahlige Zufallsgröße mit $E(X(X-1)\ldots(X-r+1)) = c$ für $r = 1,\ldots,n$, und

$E(X(X-1)\ldots(X-r+1)) = 0$ für $r > n$, so erhält man wegen $\lim_{t\to 1} \frac{d^r}{dt^r} f^X(t) = E(X(X-1)\ldots(X-r+1))$, $r \in \mathbb{N}$, die Beziehung $f^X(t) = c \sum_{r=0}^{n} \frac{(t-1)^r}{r!}$, $|t| < 1$, woraus wegen $f^X(0) = 1$ folgt $c = 1$, d. h. f^X stimmt mit der erzeugenden Funktion der Rencontreproblem-Verteilung überein.

Die Tatsache, daß durch Berechnung der faktoriellen Momente eine einfachere Darstellung der erzeugenden Funktion möglich ist, zeigt auch das folgende Beispiel für die Zufallsgröße $Y_{k,m}$ leerer Urnen bei zufälliger Verteilung von m Kugeln auf k Urnen.

Beispiel *(Erzeugende Funktion für die Verteilung leerer Urnen bei zufälliger Zuordnung von m Kugeln zu k Urnen)*

Die Zufallsgröße $X_{k,m} = k - Y_{k,m}$ besitzt die Verteilung $P(\{X_{k,m} = \ell\}) = \binom{k}{\ell} \sum_{\nu=0}^{\ell} (-1)^\nu \binom{\ell}{\nu} (\ell - \nu)^m$, $\ell = 0,1,\ldots,k$. Daher gilt für $E(Y_{k,m}^{(r)}) = \frac{1}{k^m} \sum_{\ell=0}^{k-r} (k-\ell)^{(r)} \binom{k}{\ell} \sum_{\nu=0}^{\ell} (-1)^\nu \binom{\ell}{\nu} (\ell-\nu)^m$ mit $k^{(r)} := k(k-1)\cdot\ldots\cdot(k-r+1)$, $k,r \in \mathbb{N}_0$. Wegen $(k-\ell)^{(r)}\binom{k}{\ell} = k^{(r)}\binom{k-r}{\ell}$, $\ell = 0,1,\ldots,k$, folgt hieraus $E(Y_{k,m}^{(r)}) = \frac{k^{(r)}}{k^m} \sum_{\ell=0}^{k-r} \binom{k-r}{\ell} \sum_{\nu=0}^{\ell} (-1)^\nu \binom{\ell}{\nu} (\ell-\nu)^m = \frac{k^{(r)}}{k^m} (k-r)^m = k^{(r)} (1 - \frac{r}{k})^m$ und damit $f^{Y_{k,m}}(t) = \sum_{r=0}^{k} \binom{k}{r} (1 - \frac{r}{k})^m (t-1)^r$, $t \in \mathbb{R}$.

Der Begriff der erzeugenden Funktion läßt sich auch auf den Fall $X: \Omega \to \mathbb{N}_0^m$, also $X = (X_1,\ldots,X_m)$, $X_j: \Omega \to \mathbb{N}_0$, $j = 1,\ldots,m$, übertragen, indem man $E(t_1^{X_1} \cdot\ldots\cdot t_m^{X_m})$ für $|t_j| < 1$, $j = 1,\ldots,m$, betrachtet. Die Nützlichkeit des Begriffs der erzeugenden Funktion von $\mathbb{N}_0^m$-wertigen Zufallsgrößen geht schon aus der Tatsache hervor, daß die stochastische Unabhängigkeit von $X_1,\ldots,X_m$ im Fall $X_j: \Omega \to \mathbb{N}_0$, $j = 1,\ldots,m$, mit der Gültigkeit von $E(t_1^{X_1} \cdot\ldots\cdot t_m^{X_m}) = E(t_1^{X_1}) \cdot\ldots\cdot E(t_m^{X_m})$ für $|t_j| < 1$, $j = 1,\ldots,m$, gleichwertig ist, wenn man berücksichtigt, daß auch bei $\mathbb{N}_0^m$-wertigen Zufallsgrößen der Eindeutigkeitssatz für die zugehörigen erzeugenden Funktionen aufgrund des Identitätssatzes für Potenzreihen in mehreren Veränderlichen zutrifft. Einen Beweis für den Stetigkeitssatz erzeugender Funktionen von $\mathbb{N}_0^m$-wertigen Zufallsgrößen erhält man besonders einfach mit Hilfe vollständiger Induktion nach m vermöge des nun folgenden Begriffs bedingter Verteilungen. Zuvor soll noch als Beispiel für die erzeugende Funktion von $\mathbb{N}_0^m$-wertigen Zufallsgrößen die Multinomialverteilung behandelt werden.

Für den Fall $P^{(X_1,\dots,X_m)}$ als $\mathfrak{M}(n,p_1,\dots,p_m)$-Verteilung ergibt sich aufgrund des Multinomialsatzes $E(t_1^{X_1}\cdot\ldots\cdot t_m^{X_m}) = (p_1t_1+\ldots+p_mt_m)^n$. Hieraus resultiert $E(t_{j_1}^{X_{j_1}}\cdot\ldots\cdot t_{j_k}^{X_{j_k}}\cdot t_{j_{k+1}}^{n-\sum_{\nu=1}^{k}X_{j_\nu}}) = (p_{j_1}t_{j_1}+\ldots+p_{j_k}t_{j_k}+(1-p_{j_1}-\ldots-p_{j_k})t_{j_{k+1}})^n$ für $|t_{j_\nu}|<1$, $\nu=1,\dots,k+1$, $1\le k<m$, d. h. $P^{(X_{j_1},\dots,X_{j_k},\, n-\sum_{\nu=1}^{k}X_{j_\nu})}$ besitzt eine $\mathfrak{M}(n,p_{j_1},\dots,p_{j_k},1-p_{j_1}-\ldots-p_{j_k})$-Verteilung, $1\le k<m$.

Der Begriff der bedingten Verteilung von nicht notwendig reellwertigen Zufallsgrößen unter diskreten Verteilungen läßt sich einfach auf den Begriff elementarer bedingter Wahrscheinlichkeiten zurückführen. Ist nämlich P eine diskrete Verteilung über Ω und $X:\Omega\to\Omega_X$, $Y:\Omega\to\Omega_Y$, so heißt $P^{X|y}$ für $y\in\Omega_{P^Y}$ mit Ω_{P^Y} (genauer $\Omega_{Y P^Y}$) als Träger von P^Y gemäß $P^{X|y}(A):=$ $\sum_{x\in A} P(X^{-1}(\{x\})\cap Y^{-1}(\{y\}))/P(Y^{-1}(\{y\}))$, also $P^{X|y}(A) = P(X^{-1}(A)\cap Y^{-1}(\{y\}))/P(Y^{-1}(\{y\}))$, $A\in\mathfrak{P}(\Omega_X)$, *bedingte Verteilung* von X unter Y=y (bzgl. P). Aus der Tatsache, daß elementare bedingte Wahrscheinlichkeiten bei festem bedingenden Ereignis wieder diskrete Verteilungen darstellen, erhält man sofort, daß auch $P^{X|y}$ für $y\in\Omega_{P^Y}$ eine diskrete Verteilung über Ω_X ist. Ist ferner $f:\Omega_X\times\Omega_Y\to\Omega_f$ gegeben, so wird man es für plausibel halten, daß $P^{f\circ(X,Y)|y} = P^{f\circ(X,y)|y}$ für alle $y\in\Omega_{P^Y}$ zutrifft, wobei für $f\circ(X,y)$ in der zweiten Komponente die konstante Abbildung von $\Omega\to\Omega_Y$ mit dem Wert y gemeint ist. Diese sogenannte *Substitutionsregel* für bedingte Wahrscheinlichkeiten ergibt sich unmittelbar wegen $(f\circ(X,Y))^{-1}(B)\cap Y^{-1}(\{y\})$ $= ((X,Y)^{-1}(f^{-1}(B))\cap Y^{-1}(\{y\}) = (X,y)^{-1}(f^{-1}(B))\cap Y^{-1}(\{y\})$, $B\in\mathfrak{P}(\Omega_f)$, aus der Definition des Begriffs der bedingten Verteilung.

Als Anwendung soll die $\mathfrak{NB}(1,p)$-Verteilung (auch geometrische Verteilung oder Pascal-Verteilung mit dem Parameter p genannt) durch eine randomisierte, d. h. zufallsabhängige Version der Gedächtnislosigkeit charakterisiert werden. Die klassische, deterministische Version der Gedächtnislosigkeit der $\mathfrak{NB}(1,p)$-Verteilung beruht auf der Beziehung $P(\{X\ge k\}) = \sum_{\nu=k}^{\infty} pq^\nu = q^k$, $k\in\mathbb{N}_0$, für eine Zufallsgröße X mit P^X als $\mathfrak{NB}(1,p)$-Verteilung. Hieraus ergibt sich nämlich $P(\{X\ge k+m\}|\{X\ge m\}) = \frac{P(\{X\ge k+m\})}{P(\{X\ge m\})} = q^k = P(\{X\ge k\})$ für jedes $m\in\mathbb{N}_0$ und alle $k\in\mathbb{N}_0$. Aus $P(\{X\ge k+m\}|\{X\ge m\}) = P(\{X\ge k\})$, $k,m\in\mathbb{N}_0$, folgt für eine Zufallsgröße $X: \Omega \to \mathbb{N}_0$ die Beziehung $P(\{X \geq k+m\}) = P(\{X \geq k\})P(\{X \geq m\})$ für $k,m \in \mathbb{N}_0$, also $P(\{X \geq k\}) = P(\{X \geq k-1\})P(\{X \geq 1\})$, $k \in \mathbb{N}$, woraus $P(\{X \geq k\}) = (P(\{X \geq 1\}))^k$, $k \in \mathbb{N}_0$, also $P(\{X \geq k\}) = q^k$, $k \in \mathbb{N}_0$, mit $q := P(\{X \geq 1\})$, d. h. $P(\{X = k\}) = P(\{X \geq k\}) - P(\{X \geq k+1\}) = q^k - q^{k+1} = q^k(1-q) = pq^k$, $p := 1-q$, $k \in \mathbb{N}_0$, resultiert.

Die randomisierte Version der Gedächtnislosigkeit von P^X als $\mathfrak{NB}(1,p)$-Verteilung entsteht aus der deterministischen Version, indem man k bzw. m durch Zufallsgrößen Z bzw. Y ersetzt mit $P^Y = P^Z$ als $\mathfrak{NB}(1,p)$-Verteilung, wobei X, Y, Z als stochastisch unabhängig vorausgesetzt werden. Gilt umgekehrt $P(\{X \geq Y+Z\} | \{X \geq Y\}) = P(\{X \geq Z\})$ für jeden Parameterwert $p \in (0,1)$, wobei X jetzt lediglich $\mathbb{N}_0$-wertig vorausgesetzt wird, so läßt sich diese Beziehung mit Hilfe der Substitutionsregel für bedingte Verteilungen in eine einfache Differentialgleichung für die erzeugende Funktion f von X (unter P) äquivalent umformulieren, deren Lösung die erzeugende Funktion einer $\mathfrak{NB}(1,p_0)$-Verteilung mit einem festen Parameterwert p_0 ist. Einzelheiten werden nun im folgenden Beispiel behandelt.

Beispiel *(Kennzeichnung der $\mathfrak{NB}(1,p)$-Verteilung durch eine randomisierte Version der Gedächtnislosigkeit)*

Mit $p_\nu := P(\{X = \nu\})$, $\nu \in \mathbb{N}_0$, ergibt sich aus dem Satz für totale Wahrscheinlichkeiten $P(\{X \geq Z\}) = \sum_{k=0}^{\infty} P(\{X \geq k\})pq^k = p \sum_{k=0}^{\infty} \sum_{\nu=k}^{\infty} p_\nu q^k = p \sum_{\nu=0}^{\infty} p_\nu \sum_{k=0}^{\nu} q^k$
$= \frac{p}{q-1} \left(\sum_{\nu=0}^{\infty} p_\nu q^{\nu+1} - \sum_{\nu=0}^{\infty} p_\nu \right) = p\left(\frac{qf(q)-1}{q-1} \right)$ mit $f(t) := \sum_{\nu=0}^{\infty} p_\nu t^\nu$, also $f(t) = E(t^X)$, $|t| < 1$. Ferner liefert die Substitutionsregel für bedingte Verteilungen
$P(\{X \geq Y+Z\}) = \sum_{k,m=0}^{\infty} P(\{X \geq k+m\})pq^k pq^m = p^2 \sum_{\mu=0}^{\infty} \sum_{k+m=\mu} P(\{X \geq k+m\})q^\mu$
$= p^2 \sum_{\mu=0}^{\infty} (\mu+1)P(\{X \geq \mu\})q^\mu = p^2 \sum_{\mu=0}^{\infty} \sum_{\lambda=\mu}^{\infty} (\mu+1)q^\mu p_\lambda = p^2 \frac{d}{dq} \left(\sum_{\mu=0}^{\infty} \sum_{\lambda=\mu}^{\infty} q^{\mu+1} p_\lambda \right)$
$= p^2 \frac{d}{dq} \left(\sum_{\lambda=0}^{\infty} p_\lambda \sum_{\mu=0}^{\lambda} q^{\mu+1} \right) = p^2 \frac{d}{dq} \left(\frac{q^2 \sum_{\lambda=0}^{\infty} p_\lambda q^\lambda - q \sum_{\lambda=0}^{\infty} p_\lambda}{q-1} \right) =$
$= p^2 \frac{d}{dq} \left(\frac{q^2 f(q)-q}{q-1} \right)$. Da die randomisierte Version der Gedächtnislosigkeit mit $P(\{X \geq Z\})P(\{X \geq Y\}) = P(\{X \geq Y+Z\})$ für jedes $p \in (0,1)$ gleichwertig ist, erhält man daher hierfür als äquivalente Bedingung $p^2 \left(\frac{qf(q)-1}{q-1} \right)^2 =$
$= p^2 \frac{d}{dq} \left(\frac{q^2 f(q)-q}{q-1} \right)$, $q \in (0,1)$, also $\left(\frac{g(q)}{q} \right)^2 = \frac{d}{dq} g(q)$, $q \in (0,1)$ mit

$g(q) = q\,\frac{qf(q)-1}{q-1}$, $q \in (0,1)$. Wegen $g(q) \neq 0$, $q \in (0,1)$ ergibt sich also $\frac{\frac{d}{dq}g(q)}{g^2(q)} = \frac{1}{q^2}$, $q \in (0,1)$, d. h. $-\frac{d}{dq}\left(\frac{1}{g(q)}\right) = -\frac{d}{dq}\left(\frac{1}{q}\right)$, $q \in (0,1)$, woraus durch Integration $\frac{1}{g(q)} = \frac{1}{q} + c$, $q \in (0,1)$, für ein $c \in \mathbb{R}$ resultiert. Dies liefert für die erzeugende Funktion f von X (unter P) schließlich $f(q) = \frac{1+c}{1+qc}$, $q \in (0,1)$ mit $\frac{1}{q} \neq -c$, woraus für $q \to 0$ wegen $0 \le f(q) \le 1$, $q \in (0,1)$ folgt $0 \le 1 + c \le 1$, also $0 \le -c \le 1$, so daß man mit $q_o := -c$ für f die erzeugende Funktion einer $\mathfrak{NB}(1,p_o)$-Verteilung erhält, wenn man $p_o := 1 - q_o = 1 + c$ setzt. Dabei ist der Fall $p_o = 0$ ausgeschlossen und der Fall $p_o = 1$ bedeutet, daß P^X eine δ_o-Verteilung ist.

Zur Behandlung einiger Beispiele für bedingte Verteilungen sei daran erinnert, daß der Parameter n bzw. $r \in \mathbb{N}$ und $\lambda \in (0,\infty)$ bei festem $p \in (0,1)$ der $\mathfrak{B}(n,p)$-Verteilung bzw. $\mathfrak{NB}(r,p)$-Verteilung und der $\mathfrak{P}(\lambda)$-Verteilung *reproduktiv* ist, d. h. die Faltung von zwei $\mathfrak{B}(n_j,p)$-Verteilungen bzw. $\mathfrak{NB}(r_j,p)$-Verteilungen und $\mathfrak{P}(\lambda_j)$-Verteilungen, $j = 1,2$, ist eine $\mathfrak{B}(n_1+n_2,p)$-Verteilung bzw. $\mathfrak{NB}(r_1+r_2,p)$-Verteilung und eine $\mathfrak{P}(\lambda_1+\lambda_2)$-Verteilung, wie man aufgrund der zugehörigen erzeugenden Funktionen $(pt+q)^{n_j}$ bzw. $\left(\frac{p}{1-qt}\right)^{r_j}$ und $e^{\lambda_j(t-1)}$, $|t| < 1$, $j = 1,2$ (mit $q = 1-p$) mit Hilfe der Produktregel zusammen mit dem Eindeutigkeitssatz für erzeugende Funktionen sofort feststellt.

Beispiel *(Pascal- und Laplace-Verteilung)*

Es seien X_1, X_2 stochastisch unabhängig und identisch verteilt mit P^{X_1} als $\mathfrak{NB}(1,p)$-Verteilung (Pascal-Verteilung mit Parameter p). Dann ist $P^{X_1|y}$ mit $Y := X_1 + X_2$ eine Laplace-Verteilung über $\{0,1,\ldots,y\}$ für jedes $y \in \mathbb{N}_o$. Da P^Y eine $\mathfrak{NB}(2,p)$-Verteilung ist, ergibt sich nämlich $P^{X_1|y}(\{k\}) =$

$$\frac{P(\{X_1=k, X_2=y-k\})}{P(\{X_1+X_2=y\})} = \frac{P(\{X_1=k\})P(\{X_2=y-k\})}{P(\{X_1+X_2=y\})} = \frac{pq^k \cdot pq^{y-k}}{\binom{2+y-1}{2-1}p^2q^y} = \frac{1}{1+y} \quad \text{für}$$

$k \in \{0,\ldots,y\}$ und $y \in \mathbb{N}_o$. Übrigens erhält man im Fall, daß P^{X_j} allgemeiner eine $\mathfrak{NB}(\nu_j,p)$-Verteilung, $j = 1,2$, ist, für $P^{X_1|y}$ eine $\mathfrak{NH}(r_1+r_2+y-1, r_1+r_2-1, r_1)$-Verteilung, $y \in \mathbb{N}_o$ ($r_j \in \mathbb{N}$, $j = 1,2$).

Beispiel *(Poisson- und Binomialverteilung bzw. Binomial- und hypergeometrische Verteilung)*

Es seien X_1, X_2 stochastisch unabhängig mit P^{X_j} als $\mathfrak{P}(\lambda_j)$-Verteilung bzw. $\mathfrak{B}(n_j,p)$-Verteilung, $j = 1,2$. Da $P^{X_1+X_2}$ eine $\mathfrak{P}(\lambda_1+\lambda_2)$-Verteilung bzw. eine $\mathfrak{B}(n_1+n_2,p)$-Verteilung ist, ergibt sich nach der folgenden Rechnung für $P^{X_1|y}$ mit $Y := X_1 + X_2$ eine $\mathfrak{B}(y, \frac{\lambda_1}{\lambda_1+\lambda_2})$-Verteilung bzw. $\mathfrak{H}(n_1+n_2,n_1,y)$-Verteilung für $y \in \mathbb{N}_0$ bzw. $y \in \{0,\dots,n_1+n_2\}$: $P^{X_1|y}(\{k\}) = \frac{P(\{X_1=k\})P(\{X_2=y-k\})}{P(\{X_1+X_2=y\})}$ =

$$= \frac{\frac{\lambda_1^k}{k!} e^{-\lambda_1} \cdot \frac{\lambda_2^{y-k}}{(y-k)!} e^{-\lambda_2}}{\frac{(\lambda_1+\lambda_2)^y}{y!} e^{-(\lambda_1+\lambda_2)}} = \binom{y}{k} \left(\frac{\lambda_1}{\lambda_1+\lambda_2}\right)^k \left(\frac{\lambda_1}{\lambda_1+\lambda_2}\right)^{n-k} \quad \text{bzw.}$$

$$= \frac{\binom{n_1}{k} p^k q^{n_1-k} \cdot \binom{n_2}{y-k} p^{y-k} q^{n_2-y+k}}{\binom{n_1+n_2}{y} p^y q^{n_1+n_2-y}} = \frac{\binom{n_1}{k}\binom{n_2}{y-k}}{\binom{n_1+n_2}{y}} .$$

Man erhält sofort die folgende mehrdimensionale Version dieses Beispiels:

Beispiel *(Die Multinomial- bzw. mehrdimensionale hypergeometrische Verteilung als bedingte Verteilung)*

Es seien $X_1,\dots,X_m$ stochastisch unabhängig und identisch verteilt mit P^{X_j} als $\mathfrak{P}(\lambda_j)$-Verteilung bzw. $\mathfrak{B}(n_j,p)$-Verteilung, $j = 1,\dots,m$. Dann ist $P^{(X_1,\dots,X_m)|y}$ mit $Y := X_1 + \dots + X_m$ eine $\mathfrak{M}(y,p_1,\dots,p_m)$-Verteilung für $y \in \mathbb{N}_0$ mit $p_j = \frac{\lambda_m}{\lambda_1+\dots+\lambda_m}$, $j=1,\dots,m$, bzw. eine $\mathfrak{M}\mathfrak{H}(n_1+\dots+n_m,n_1,\dots,n_m,y)$-Verteilung für $y \in \{0,\dots,n_1+\dots+n_m\}$. Dies folgt aus $P^{(X_1,\dots,X_m)|y}(\{(k_1,\dots,k_m)\}) = \frac{P(\{X_1=k_1\})\cdot\ldots\cdot P(\{X_m=k_m\})}{P(\{X_1+\dots+X_m=k_1+\dots+k_m\})}$

$$= \frac{\frac{\lambda_1^{k_1} e^{-\lambda_1}}{k_1!} \cdot \ldots \cdot \frac{\lambda_m^{k_m} e^{-\lambda_m}}{k_m!}}{\frac{(\lambda_1+\dots+\lambda_m)^{k_1+\dots+k_m}}{(k_1+\dots+k_m)!} e^{-\lambda_1-\dots-\lambda_m}} = \frac{(k_1+\dots+k_m)!}{k_1!\cdot\ldots\cdot k_m!} \left(\frac{\lambda_1}{\lambda_1+\dots+\lambda_m}\right)^{k_1} \cdots$$

$$\cdots \left(\frac{\lambda_m}{\lambda_1+\dots+\lambda_m}\right)^{k_m} \quad \text{bzw.} = \frac{\binom{n_1}{k_1} p^{k_1}(1-p)^{n_1-k_1} \cdot\ldots\cdot \binom{n_m}{k_m} p^{k_m}(1-p)^{n_m-k_m}}{\binom{\sum_{j=1}^m n_j}{\sum_{j=1}^m k_j} p^{\sum_{j=1}^m k_j} (1-p)^{\sum_{j=1}^m n_j - \sum_{j=1}^m k_j}} =$$

$= \binom{n_1}{k_1}\cdot\ldots\cdot\binom{n_m}{k_m} \Big/ \binom{\sum_{j=1}^m n_j}{\sum_{j=1}^m k_j}$ mit $y = \sum_{j=1}^m k_j$, wobei der Spezialfall $n_1 = \ldots = n_m = 1$ die Laplace-Verteilung über $\{(k_1,\ldots,k_m) \in \{0,1\}^n : k_1+\ldots+k_m = y\}$ liefert $(y \in \mathbb{N}_0)$.

Ist $X: \Omega \to \mathbb{R}$ eine reellwertige Zufallsgröße, so kann man vermöge $P^{X|y}$ bei beliebiger Ω_Y-wertiger Zufallsgröße $Y: \Omega \to \Omega_Y$ den *bedingten Erwartungswert* $E(X|y)$ von X unter y bei gegebener diskreter Verteilung P über Ω gemäß $E(X|y) = \Sigma\, x\, P^{X|y}(\{x\})$ für $y \in \Omega_{PY}$ einführen, falls $\Sigma |x| P^{X|y}(\{x\})$ konvergiert (manchmal wird auch die Bezeichnung $E_P(X|y)$ gewählt, um die Abhängigkeit von P auszudrücken). Wegen $P^{X|y}(\{x\}) \le \frac{P^X(\{x\})}{P^Y(\{y\})}$, $x \in \mathbb{R}$, $y \in \Omega_{PY}$, folgt aus der Existenz von E(X) die Existenz von $E(X|y)$ für jedes $y \in \Omega_{PY}$. Im Fall, daß X, Y (unter P) stochastisch unabhängig sind, was z. B. im Fall zutrifft, wo P^Y eine Dirac-Verteilung ist, so folgt aus $P^{(X,Y)}(\{(x,y)\}) = P^X(\{x\})P^Y(\{y\})$, $x \in \mathbb{R}$, $y \in \Omega_{PY}$, die Beziehung $P^{X|y}(\{x\}) = P^X(\{x\})$ für jedes $x \in \mathbb{R}$ bei festem $y \in \Omega_{PY}$, woraus $E(X|y) = E(X)$, $y \in \Omega_{PY}$, resultiert, falls E(X) existiert. Ferner ist die Bedingung $P^{X|y} = P^X$ für jedes $y \in \Omega_{PY}$ offenbar mit der stochastischen Unabhängigkeit von X, Y (unter P) gleichwertig. Aufgrund der Definition des bedingten Erwarungswertes als Mittelwert der zugehörigen bedingten Verteilung, sind die Eigenschaften der Linearität, Isotonie sowie der Satz von der monotonen Konvergenz den Erwartungswert betreffend, unmittelbar auf bedingte Erwartungswerte übertragbar.

1. *Linearität:* $a_1E(X_1|y) + a_2E(X_2|y) = E(a_1X_1 + a_2X_2|y)$, $y \in \Omega_{PY}$, $a_j \in \mathbb{R}$, $j = 1,2$, falls $E(X_j|y)$, $j = 1,2$, $y \in \Omega_{PY}$ existiert.
2. *Isotonie:* $X_1 \le X_2$ impliziert $E(X_1|y) \le E(X_2|y)$, $y \in \Omega_{PY}$, falls $E(X_j|y)$, $j = 1,2$, $y \in \Omega_{PY}$ existiert.
3. *Satz von der monotonen Konvergenz:* Aus $0 \le X_1 \le X_2 \le \ldots$ mit existierendem $E(X|y)$, $y \in \Omega_{PY}$ für $X := \sup_{n\in\mathbb{N}} X_n$ resultiert $\lim_{n\to\infty} E(X_n|y) = E(X|y)$, $y \in \Omega_{PY}$.

Setzt man $y := Y(\omega)$, $\omega \in \Omega$, so wird durch $Z(\omega) := E(X|Y(\omega))$, $\omega \in \Omega$, eine reellwertige Zufallsgröße erklärt, falls $E(X|y)$ für $y \in \Omega_{P^Y}$ existiert und $E(X|y) := 0$ für $y \notin \Omega_{P^Y}$ gewählt wird, die im folgenden mit $E(X|Y)$ bezeichnet wird. Existiert $E(X)$, so gilt $E(E(X|Y)) = E(X)$, wegen $E(E(X|Y)) = \sum_y \sum_x x\, P^{X|y}(\{x\})P^Y(\{y\}) = \sum x\, P^X(\{x\}) = E(X)$. Für die Varianz von Z gilt bei existierendem $E(X^2)$ die Ungleichung $Var(E(X|Y)) \le Var(X)$, so daß die Sprechweise plausibel wird, daß es sich beim Übergang von X zu $E(X|Y)$ um eine Glättungsoperation handelt. Für das Verständnis von $Var(E(X|Y)) \le Var(X)$ ist die sogenannte *Substitutionsregel für bedingte Erwartungswerte* nützlich: Mit $X: \Omega \to \mathbb{R}$, $Y: \Omega \to \Omega_Y$, $f: \mathbb{R} \times \Omega_Y \to \mathbb{R}$, wobei $E(f \circ (X,Y))$ existieren möge, gilt $E(f \circ (X,Y)|y) = E(f \circ (X,y)|y)$, $y \in \Omega_{P^Y}$, wobei in $f \circ (X,y)$ die konstante Abbildung mit dem Wert $y \in \Omega_{P^Y}$ gemeint ist. Wegen der Substitutionsregel für bedingte Verteilungen gilt nämlich $P^{f \circ (X,Y)|y} = P^{f \circ (X,y)|y}$, $y \in \Omega_{P^Y}$, woraus $E(f \circ (X,Y)|y) = E(f \circ (X,y)|y)$, $y \in \Omega_{P^Y}$, folgt. Führt man $Var(X|y)$ für $X: \Omega \to \mathbb{R}$ mit existierendem $E(X^2|y)$, $y \in \Omega_{P^Y}$, als Streuung von $P^{X|y}$, $y \in \Omega_{P^Y}$, ein, so gilt $Var(X|y) = E((X - E(X|y))^2|y) = E(X^2 - 2XE(X|y) + E^2(X|y)|y) = E(X^2|y) - 2E^2(X|y) + E^2(X|y) = E(X^2|y) - E^2(X|y)$, so daß man für die gemäß $Var(X|Y(\omega))$, $\omega \in \Omega$, mit $Var(X|Y(\omega)) = 0$ für $Y(\omega) \notin \Omega_{P^Y}$, definierte Zufallsgröße $Var(X|Y)$ erhält $E(Var(X|Y)) = E(X^2) - E(E^2(X|Y))$. Die Substitutionsregel für bedingte Erwartungswerte liefert ferner $Var(X|y) = E((X - E(X|Y))^2|y)$, $y \in \Omega_{P^Y}$, woraus insbesondere $E(Var(X|Y)) = E((X - E(X|Y))^2)$ resultiert. Wegen $Var(E(X|Y)) = E(E^2(X|Y)) - E^2(E(X|Y)) = E(E^2(X|Y)) - E^2(X)$ erhält man schließlich $Var(X) = Var(E(X|Y)) + E(Var(X|Y))$, woraus $Var(X) \ge Var(E(X|Y))$ resultiert, wobei $Var(X) = Var(E(X|Y))$ wegen $E(Var(X|Y)) = E((X - E(X|Y))^2)$ genau dann zutrifft, wenn $P(\{X = E(X|Y)\}) = 1$ gilt.

Zur Herleitung von $Var(X) = Var(E(X|Y)) + E(Var(X|Y))$ für $X: \Omega \to \mathbb{R}$ mit existierendem $E(X^2)$ ist die Beziehung $E(E(X|Y)) = E(X)$ benutzt worden. Eine weitere Anwendung hiervon wird im folgenden Beispiel behandelt.

Beispiel *(Erwartungswert, Varianz und erzeugende Funktion der Spieldauer im Zusammenhang mit der Ruinwahrscheinlichkeit eines Spielers)*

Bezeichnet D_a die Zufallsgröße der Spieldauer im Zusammenhang mit der Ruinwahrscheinlichkeit eines Spielers mit dem Anfangskapital $a \in \mathbb{N}_0$ und dem Zielkapital $b \in \mathbb{N}$ mit $b \geq a$, so gilt mit Y als Zufallsgröße, die das Ergebnis des ersten Münzwurfs mit einer ungefälschten Münze beschreibt, die folgende Rekursionsformel: $E(D_a) = \frac{1}{2} E(D_a|1) + \frac{1}{2} E(D_a|0) = \frac{1}{2} (E(D_{a+1})+1) + \frac{1}{2} (E(D_{a-1})+1)$, $a \in \{1,\dots,b-1\}$, wobei $D_o = D_b = 0$ zutrifft. Da die Differenz d_a von zwei Lösungen dieser Rekursionsformel auf $d_a = \frac{1}{2} d_{a+1} + \frac{1}{2} d_{a-1}$, $a \in \{1,\dots,b-1\}$, mit der Lösung $d_a = \alpha a + \beta$, $a \in \{0,\dots,b\}$ führt, wenn man die Überlegungen zur Berechnung der Ruinwahrscheinlichkeit eines Spielers beachtet, ergibt sich unter Berücksichtigung der Nebenbedingung $d_o = d_b = 0$ die Beziehung $\alpha = \beta = 0$, so daß höchstens eine Lösung der obigen Rekursionsformel zusammen mit den Nebenbedingungen existiert. Für die Existenz einer solchen Lösung macht man am einfachsten den Ansatz $E(D_a) = Aa^2 + Ba$, $a \in \{0,..,b\}$, woraus sich wegen der Rekursionsformel durch Koeffizientenvergleich $A = -1$ ergibt, wobei wegen $E(D_b) = 0$ für $B = b$ resultiert, also $E(D_a) = a(b-a)$.

Zur Berechnung von $\mathrm{Var}(D_a)$ beachtet man die Beziehung $E(D_a^2|1) = = \sum_{n=1}^{\infty} n^2 P^{D_a|1}(\{n\}) = \sum_{n=1}^{\infty} n^2 P(\{D_{a+1}=n-1\}) = \sum_{n=0}^{\infty} (n+1)^2 P(\{D_{a+1}=n\}) = E(D_{a+1}^2) + 2E(D_{a+1}) + 1$ und analog $E(D_a^2|0) = E(D_{a-1}^2) + 2E(D_{a-1}) + 1$, woraus sich die Rekursionsformel $E(D_a^2) = \frac{1}{2} (E(D_{a+1}^2) + E(D_{a-1}^2)) + E(D_{a+1}) + E(D_{a-1}) + 1 = = \frac{1}{2} (E(D_{a+1}^2) + E(D_{a-1}^2)) + 2E(D_a) - 1 = \frac{1}{2} (E(D_{a+1}^2) + E(D_{a-1}^2)) + 2a(b-a) - 1$, $a \in \{1,\dots,b-1\}$, ergibt, die wiederum aufgrund derselben Argumentation wie im Fall zur Berechnung von $E(D_a)$ unter Berücksichtigung der Nebenbedingung $D_o = D_b = 0$ eindeutig lösbar ist. Dabei ergibt sich die Existenz einer Lösung durch den Ansatz $E(D_a^2) = Aa^4 + Ba^3 + Ca^2 + Da$, woraus zusammen mit der Rekursionsformel durch Koeffizientenvergleich $A = \frac{1}{3}$, $B = -\frac{2}{3} b$, $C = \frac{2}{3}$ resultiert. Die Nebenbedingung $E(D_b^2) = 0$ liefert schließlich für $D = \frac{b}{3} (b^2-2)$, woraus sich $E(D_a^2) = \frac{a}{3} (a^3 - 2ba^2 + 2a + b(b^2-2)) = \frac{a}{3} (b-a)(-a^2+ba+b^2-2)$ ergibt. Damit erhält man schließlich $\mathrm{Var}(D_a) = E(D_a^2) - E^2(D_a) = \frac{1}{3} a(b-a)(a^2-1+(b-a)^2-1)$. Zur Berechnung der erzeugenden Funktion $E(t^{D_a})$ von D_a kann man von der Rekursionsformel $E(t^{D_a}) = \frac{1}{2} E(t^{D_a}|1) + \frac{1}{2} E(t^{D_a}|0) = \frac{1}{2} E(t^{D_{a+1}}\ ) + \frac{1}{2} E(t^{D_{a-1}}\ ) = \frac{t}{2} (E(t^{D_{a+1}+1}) + E(t^{D_{a-1}+1}))$, $|t| < 1$, $a \in \{1,\dots,b-1\}$, zusammen mit der Nebenbedingung $D_o = D_b = 0$ ausgehen, die höchstens eine Lösung besitzt, da $E(t^{D_2})$ bei festem $|t| < 1$ ein Funktion von $E(t^{D_1})$ (und $E(t^{D_o}) = 1$), $E(t^{D_3})$ bei festem $|t| < 1$ eine Funktion von $E(t^{D_2})$ und $E(t^{D_1}),\ldots,E(t^{D_b})$ bei festem $|t| < 1$ eine Funktion von $E(t^{D_{b-1}})$ und $E(t^{D_{b-2}})$ ist, wobei die Annahme für zwei verschiedene Werte von $E(t^{D_a})$ bei einem festen $|t| < 1$ mit $a \in \{1,\ldots,b-1\}$ zu zwei verschiedenen Werten von $E(t^{D_b})$ führt, wobei aber $E(t^{D_b})=1$ ist. Die Existenz einer Lösung ergibt sich durch den Ansatz $E(t^{D_a}) = d^a(t)$ mit einer Funktion $d: (-1,1) \to \mathbb{R}$, für die sich aus der Rekursionsformel die Beziehung $d(t) = \frac{1}{2}\, t(d^2(t) + 1)$, $|t| < 1$, ergibt, d. h. es existieren die beiden Lösungen $d_{1,2}(t) = (1 \pm \sqrt{1-t^2}\,)/t$ für $|t| < 1$, $t \neq 0$ bzw. $d_{1,2}(0) = 0$. Mit dem Ansatz $E(t^{D_a}) = A_1(t)d_1^a(t) + A_2(t)d_2^a(t)$ ergibt sich aus den Nebenbedingungen $A_1(t) + A_2(t) = 1$, $A_1(t)d_1^b(t) + A_2(t)d_2^b(t) = 1$ schließlich $A_1(t) = \dfrac{1-d_2^b(t)}{d_1^b(t)-d_2^b(t)}$ und

$$A_2(t) = -\frac{1-d_1^b(t)}{d_1^b(t)-d_2^b(t)}, \quad |t| < 1, \text{ also } E(t^{D_a}) = \frac{(1-d_2^b(t))d_1^a(t)-(1-d_1^b(t))d_2^a(t)}{d_1^b(t)-d_2^b(t)},$$

$|t| < 1$.

Als Anwendung der Rechenregel $E(X) = E(E(X|Y))$ für bedingte Erwartungswerte soll erwähnt werden, daß $Kov_P(X,Y) \geq 0$ für reellwertige Zufallsgrössen X, Y mit existierendem $E(X^2)$ bzw. $E(Y^2)$ gilt, falls $E_P(X|y)$ in $y \in \Omega_{PY}$ eine monoton wachsende Funktion ist. Dies ergibt sich aus $Kov_P(X,Y) = Kov_P(Y,E(X|Y))$, wenn man noch das Beispiel über die positive Korreliertheit von monoton wachsenden Zufallsgrößen (mit $\mathbb{R}$ als Ergebnisraum) beachtet. Hieraus resultiert nochmals der bereits behandelte Spezialfall, daß die Komponenten $X_1,\ldots,X_m$ mit $P^{(X_1,\ldots,X_m)}$ als $\mathfrak{M}(n,p_1,\ldots,p_m)$-Verteilung bzw. $\mathfrak{M}\mathfrak{H}(N,M_1,\ldots,M_m,n)$-Verteilung negativ korreliert sind, denn für $P^{X_2|y}$ mit $Y := X_1$ ergibt sich eine $\mathfrak{B}(n-y, \frac{p_2}{1-p_1})$-Verteilung, bzw. eine $\mathfrak{H}(N-M_1,M_2,n-y)$-Verteilung $y \in \{0,\ldots,n\}$ bzw. $y \in \{\max(0,n-(N-M_1),\ldots,\min(M_1,n)\}$. Dies ergibt sich aus dem folgenden

Beispiel *(Bedingte Verteilungen für Komponenten multinomial- bzw. mehrdimensional hypergeometrisch verteilter Zufallsgrößen)*

Ist $P^{(X_1,\ldots,X_m)}$ eine $\mathfrak{M}(n,p_1,\ldots,p_m)$-Verteilung, so ist bereits bewiesen worden, daß $(X_1,\ldots,X_\nu)$ unter P eine $\mathfrak{M}(n,p_1,\ldots,p_\nu,1-p_1-\ldots-p_\nu)$- Verteilung besitzt, so daß $P^{(X_1,\dots,X_n)|(k_1,\dots,k_\nu,n-k_1-\dots-k_\nu)}$ eine $\mathfrak{M}(n-k_1-\dots-k_\nu, p'_{\nu+1},\dots,p'_n)$-Verteilung ist mit $p'_\mu := \frac{p_\mu}{1-p_1-\dots-p_\nu}$, $\mu=\nu+1,\dots,n$, $k_\lambda \in \{0,\dots,n\}$, $\lambda=1,\dots,\nu$, $\sum_{\lambda=1}^{\nu} k_\lambda \le n$, $Y:=(X_1,\dots,X_\nu,n-X_1\dots-X_\nu)$, $\nu\in\{1,\dots,n-1\}$. Mit $P^{(X_1,\dots,X_m)}$ als $\mathfrak{MH}(N,M_1,\dots,M_m,n)$-Verteilung ergibt sich unter Beachtung der bereits bewiesenen Aussage, daß $(X_1,\dots,X_\nu, N-X_1-,\dots,-X_\nu)$ unter P eine $\mathfrak{MH}(N,M_1,\dots,M_\nu,N-M_1-\dots-M_\nu,n)$-Verteilung besitzt, daß $P^{(X_1,\dots,X_m)|(k_1,\dots,k_\nu,n-k_1-\dots-k_\nu)}$ eine $\mathfrak{MH}(N-M_1-\dots-M_\nu,M_{\nu+1},\dots,M_m,n-k_1-\dots-k_\nu)$-Verteilung ist mit $k_\mu \in \{0,\dots,M_\mu\}$, $\mu=1,\dots,\nu$, $\sum_{\mu=1}^{\nu} k_\mu \le n$, $Y:=(X_1,\dots,X_\nu, N-X_1-\dots-X_\nu)$, $\nu\in\{1,\dots,m-1\}$.

Eine weitere Anwendung der Rechenregel $E(X)=E(E(X|Y))$ liefert einen einfachen Beweis, daß aus $E(t_1^{X_1^{(n)}}\cdot\ldots\cdot t_m^{X_m^{(n)}}) \to E(t_1^{X_1^{(0)}}\cdot\ldots\cdot t_m^{X_m^{(0)}})$ für $n\to\infty$ und $-1<t_j\le 1$, $j=1,\dots,m$, mit $(X_1^{(n)},\dots,X_m^{(n)})\colon \Omega\to\mathbb{N}_0^m$, $n\in\mathbb{N}_0$, folgt $P(\{X_1^{(n)}=k_1,\dots,X_m^{(n)}=k_m\}) \to P(\{X_1^{(0)}=k_1,\dots,X_m^{(0)}=k_m\})$ für $n\to\infty$ und $k_j\in\mathbb{N}_0$, $j=1,\dots,m$. Der Fall $m=1$ ist bereits gezeigt worden und liefert hier für $t_j=1$, $j=1,\dots,m-1$, die Beziehung $\lim_{n\to\infty} P(\{X_m^{(n)}=k_m\}) = P(\{X_m^{(0)}=k_m\})$, $k_m\in\mathbb{N}_0$, sowie $\lim_{n\to\infty} E(t_1^{X_1^{(n)}}\cdot\ldots\cdot t_{m-1}^{X_{m-1}^{(n)}}|y) = E(t_1^{X_1^{(0)}}\cdot\ldots\cdot t_{m-1}^{X_{m-1}^{(0)}}|y)$ mit $Y:=X_m^{(n)}$, $n\in\mathbb{N}_0$, und $P(\{X_m^{(0)}=y\})>0$, da

$|E(t_1^{X_1^{(n)}}\cdot\ldots\cdot t_{m-1}^{X_{m-1}^{(n)}}|y)|\le 1$, $|t_j|\le 1$, $j=1,\dots,m-1$, zutrifft. Nach Induktionsvoraussetzung gilt dann $\lim_{n\to\infty} P(\{X_1^{(n)}=k_1,\dots,X_{m-1}^{(n)}=k_{m-1}|y\}) = P(\{X_1^{(0)}=k_1,\dots,X_{m-1}^{(0)}=k_{m-1}|y\})$, woraus wegen $\lim_{n\to\infty} P(\{X_m^{(n)}=k_m\}) = P(\{X_m^{(0)}=k_m\})$, $k_m\in\mathbb{N}_0$, die Beziehung $\lim_{n\to\infty} P(\{X_1^{(n)}=k_1,\dots,X_m^{(n)}=k_m\}) = P(\{X_1^{(0)}=k_1,\dots,X_m^{(0)}=k_m\})$, $k_j\in\mathbb{N}_0$, $j=1,\dots,m$, folgt. Umgekehrt ergibt sich aus $\lim_{n\to\infty} P(\{X_1^{(n)}=k_1,\dots,X_m^{(n)}=k_m\}) = P(\{X_1^{(0)}=k_1,\dots,X_m^{(0)}=k_m\})$, $k_j\in\mathbb{N}_0$, $j=1,\dots,m$, die Aussage

$\lim_{n\to\infty} E(t_1^{X_1^{(n)}}\cdot\ldots\cdot t_m^{X_m^{(n)}}) = E(t_1^{X_1^{(n)}}\cdot\ldots\cdot t_m^{X_m^{(0)}})$, $-1<t_j\le 1$, $j=1,\dots,m$. Zu diesem Zweck wählt man zu $|t_j|<1$, $j=1,\dots,m$, und $\varepsilon>0$ ein $n_0\in\mathbb{N}$ mit $\frac{|t_j|^{n+1}}{1-|t_j|} \le \frac{\varepsilon}{2(2^m-1)}$, $j=1,\dots,m$, für $n\ge n_0$, sowie ein $n_1\in\mathbb{N}$ mit

$|P(\{X_1^{(n)}=k_1,\dots,X_m^{(n)}=k_m\}) - P(\{X_1^{(0)}=k_1,\dots,X_m^{(0)}=k_m\})| \le \frac{\varepsilon}{2(n_0+1)^m}$,

$k_j\in\{0,\dots,n_0\}$, $j=1,\dots,m$. Hieraus resultiert $|E(t_1^{X_1^{(n)}}\cdot\ldots\cdot t_m^{X_m^{(n)}}) - E(t_1^{X_1^{(0)}}\cdot\ldots\cdot t_m^{X_m^{(0)}})|$

$\leq \sum_{\substack{k_j \in \{0,\ldots,n_0\} \\ j=1,\ldots,m}} |P(\{X_1^{(n)} = k_1,\ldots,X_m^{(n)} = k_m\}) - P(\{X_1^{(0)} = k_1,\ldots,X_m^{(0)} = k_m\})| +$

$(2^m - 1) \frac{\varepsilon}{2(2^m-1)} \leq \varepsilon$ für $n \geq n_1$. Der Fall $t_{j_k} = 1$, $k = 1,\ldots,\ell$, mit $1 \leq j_1 < \ldots < j_\ell \leq m$, ergibt sich aus $\lim_{n\to\infty} P(\{X_{i_1}^{(n)} = k_{i_1},\ldots,X_{i_{m-\ell}}^{(n)} = k_{m-\ell}\}) = P(\{X_{i_1}^{(0)} = k_{i_1},\ldots,X_{i_{m-\ell}}^{(0)} = k_{m-\ell}\})$, $k_j \in \mathbb{N}_0$, $j = 1,\ldots,m-\ell$, mit $1 \leq i_1 < \ldots < i_{m-\ell} \leq m$ und $\{i_1,\ldots,i_{m-\ell}\} = \{1,\ldots,m\} \setminus \{j_1,\ldots,j_\ell\}$.

Als Anwendung des Stetigkeitssatzes für erzeugende Funktionen $\mathbb{N}_0^m$-wertiger Zufallsgrößen erhält man die folgende Verallgemeinerung von $\lim_{n\to\infty} \binom{n}{k} p^k (1-p)^{n-k} = \frac{\lambda^k}{k!} e^{-\lambda}$, $k \in \mathbb{N}_0$, $p = \frac{\lambda}{n}$.

Beispiel *(Approximation der Multinomialverteilung durch ein direktes Produkt von Poisson-Verteilungen)*

Es sei $P^{(X_1,\ldots,X_m)}$ eine $\mathfrak{M}(n,p_1,\ldots,p_m)$-Verteilung mit $p_j = \frac{\lambda_j}{n}$, $j = 1,\ldots,m-1$. Dann gilt $E(t_1^{X_1} \cdot \ldots \cdot t_{m-1}^{X_{m-1}}) = (1 + p_1(t_1 - 1) + \ldots + p_{m-1}(t_{m-1} - 1))^n \to$
$e^{\lambda_1(t_1-1)+\ldots+\lambda_{m-1}(t_{m-1}-1)} = \prod_{j=1}^{m-1} e^{\lambda_j(t_j-1)}$, $t_j \in \mathbb{R}$, $j = 1,\ldots,m-1$, für $n \to \infty$.

Als weitere Anwendung der Rechenregel $E(X) = E(E(X|Y))$ und der Kennzeichnung der stochastischen Unabhängigkeit von $\mathbb{N}_0$-wertigen Zufallsgrößen durch erzeugende Funktionen soll jetzt ein Bernoulli-Experiment mit zufallsabhängigem Umfang N behandelt werden, d. h. gegeben sind Zufallsgrößen $X_1, X_2, \ldots$ und N, die stochastisch unabhängig sind (unter P), wobei $X_1, X_2, \ldots$ (unter P) identisch verteilt sein sollen mit P^{X_1} als $\mathfrak{B}(1,p)$-Verteilung und N ist $\mathbb{N}_0$-wertig. Dann beschreibt $\sum_{j=1}^{N} X_j$ gemäß $(\sum_{j=1}^{N} X_j)(\omega) := \sum_{j=1}^{N(\omega)} X_j(\omega)$, $\omega \in \Omega$, die Anzahl der Treffer und $N - \sum_{j=1}^{N} X_j$ die Anzahl der Nicht-Treffer in einem Bernoulli-Experiment mit Trefferwahrscheinlichkeit p, wobei der Umfang N eine $\mathbb{N}_0$-wertige Zufallsgröße ist. Die stochastische Unabhängigkeit von Treffer $\sum_{j=1}^{N} X_j$ und Nicht-Treffer $N - \sum_{j=1}^{N} X_j$ ist nun gleichwertig mit

$E(s^{\sum_{j=1}^{N} X_j} t^{N - \sum_{j=1}^{N} X_j}) = E(s^{\sum_{j=1}^{N} X_j}) E(t^{N - \sum_{j=1}^{N} X_j})$, $|s|, |t| < 1$, also wegen

$E(s^{\sum_{j=1}^{N} X_j}) = E(E(s^{\sum_{j=1}^{N} X_j} | N)) = \sum_{n=0}^{\infty} (E(s^{X_1}))^n P(\{N = n\}) = f(g(s))$, $|s| < 1$, und ähnlicher Begründung für die übrigen Ausdrücke, mit f als erzeugender Funktion von N bzw. g als erzeugender Funktion von X_1 (unter P) mit $f(tg(\frac{s}{t})) = f(g(s))f(tg(\frac{1}{t}))$, $0 < s,t \le 1$, äquivalent. Setzt man nun für P^N eine $\mathfrak{P}(\lambda)$-Verteilung voraus, so erhält man $f(t(g(\frac{s}{t})) = \exp \lambda\ (t(p\frac{s}{t} + 1 - p) - 1)$ $= \exp \lambda\ (ps + (1-p)t - 1)$ und $f(g(s))f(tg(\frac{1}{t})) = \exp \lambda\ (ps + (1-p) - 1) \cdot$ $\exp \lambda\ (t(p\frac{1}{t} + (1-p)) - 1) = \exp \lambda\ (ps + (1-p)t - 1)$ für $s,t \in \mathbb{R}$. Treffer und Nicht-Treffer sind also in einem Bernoulli-Experiment, bei dem der Umfang zufällig nach einer Poisson-Verteilung unabhängig von den jeweiligen Einzelversuchen bestimmt wird, stochastisch unabhängig. Es ist interessant, daß umgekehrt aus der Annahme der stochastischen Unabhängigkeit von $\sum_{j=0}^{N} X_j$ und $N - \sum_{j=0}^{N} X_j$ bei $\mathbb{N}_0$-wertigen Zufallsgrößen $X_0, X_1, \ldots$, und N, die stochastisch unabhängig (unter P) sind, wobei $X_0, X_1, \ldots$ (unter P) identisch verteilt sind, folgt, daß P^{X_1} eine $\mathfrak{B}(1,p)$-Verteilung mit $0 < p < 1$ und P^N eine $\mathfrak{P}(\lambda)$-Verteilung mit $\lambda > 0$ ist, falls man eine Dirac-Verteilung für P^{X_1} sowie P^N ausschließt, wie im folgenden Beispiel bewiesen wird.

Beispiel *(Simultane Kennzeichnung der Bernoulli-Verteilung und der Poisson-Verteilung durch eine stochastische Unabhängigkeitsannahme)*

Nach den vorangehenden Überlegungen kann man von der Gleichung (*) $f(sg(\frac{t}{s})) = f(sg(\frac{1}{s}))f(g(t))$, $0 < s,t \le 1$, mit f bzw. g als erzeugende Funktion von P^N bzw. P^{X_0} ausgehen, woraus wegen $E(t^{\sum_{j=1}^{N} X_j}) < \infty$ und $E(t^{N - \sum_{j=1}^{N} X_j}) < \infty$ für für $0 < t \le 1$ folgt $E((\frac{t}{s})^{X_1}) < \infty$, $0 < s,t \le 1$, also $g(t) = E(t^{X_1}) < \infty$ für alle $t > 0$. Differenziert man nun die logarithmierte Gleichung (*) nach t, so erhält man $\frac{f'(g(t))g'(t)}{f(g(t))} = \frac{f'(sg(\frac{t}{s}))g'(\frac{t}{s})}{f(sg(\frac{t}{s}))}$ für $0 < s,t < 1$, woraus sich für $t = s$ ergibt $\frac{d}{dt} \ln f(g(t)) = \frac{f'(t)}{f(t)} \mu$ mit $\mu = g'(1) = E(X_1)$. Hieraus resultiert $f(g(t)) = (f(t))^{\mu}$, $0 < t \le 1$. Diese Gleichung liefert zusammen mit (*) für $s = t$ die Beziehung $f(tg(\frac{1}{t})) = (f(t))^{1-\mu}$, $0 < t \le 1$, so daß man insgesamt die Gleichung $(f(t))^{\mu}(f(s))^{1-\mu}$ $= f(sg(\frac{t}{s}))$, $0 < s,t \le 1$, erhält. Differenziert man nun diese Gleichung nach t bzw. s, so erhält man die Beziehung $f(s)^{1-\mu}\mu(f(t))^{\mu-1}f'(t) = f'(sg(\frac{t}{s}))g'(\frac{t}{s})$, $0 < s,t < 1$, bzw. $(f(t))^{\mu}(1-\mu)(f(s))^{-\mu}f'(s) = f'(sg(\frac{t}{s}))(g(\frac{t}{s}) - sg'(\frac{t}{s})\frac{t}{s^2})$, $0 < s,t < 1$. Ferner gilt $f'(t) \neq 0$ für $0 < t \le 1$ und $g'(\frac{t}{s}) \neq 0$ für $0 < s,t < 1$, sowie $\mu \neq 0$, da für P^{X_1}

bzw. P^N keine Dirac-Verteilung zugelassen worden ist. Dividiert man nun die beiden letzten Gleichungen, so erhält man schließlich

$$(**) \quad \frac{1-\mu}{\mu}\,\frac{f(t)}{f'(t)}\cdot\frac{f'(s)}{f(s)} = \frac{g(\frac{t}{s})}{g'(\frac{t}{s})} - \frac{t}{s} \quad \text{für } 0<s,t<1.$$

Im folgenden werden drei Fälle unterschieden. Im ersten Fall wird $P(\{N=0\})>0$ und $P(\{N=1\})>0$ angenommen, woraus die Existenz von $\lim\limits_{t\to 0}\frac{f(t)}{f'(t)} =: a > 0$ folgt. Aus (**) ergibt sich die Existenz von $\lim\limits_{\tau\to 0}\frac{g(\tau)}{g'(\tau)} =: b$ mit $b \neq 0$ und $\mu \neq 1$, da der Fall einer Dirac-Verteilung für P^{X_1} bzw. P^N ausgeschlossen wurde. Daher liefert $t \to 0$ in der Beziehung (**) die Aussage $\frac{f'(s)}{f(s)} = \frac{\mu}{1-\mu}\cdot\frac{b}{a} =: \lambda > 0$ für alle $0<s<1$, woraus $f(s) = e^{\lambda(s-1)}$ $0<s\le 1$, folgt, d. h. f ist die erzeugende Funktion einer $\mathfrak{P}(\lambda)$-Verteilung. Hieraus ergibt sich schließlich zusammen mit (**) für $s \to 1$ die Beziehung $\frac{g(t)}{g'(t)} = \frac{1-\mu}{\mu} + t$ für $0<t\le 1$ und damit $g(t) = (1-\mu)+\mu t$ wegen $g(1)=1$, woraus sich insbesondere $0<\mu<1$, also die erzeugende Funktion einer $\mathfrak{B}(1,p)$-Verteilung mit $p:=\mu$ ergibt. Der zweite Fall $P(\{N=0\})=0$ führt nach minimaler Wahl von $k\in\mathbb{N}$ mit $P(\{N=k\})>0$ auf $\lim\limits_{t\to 0}\frac{t^{-k}f(t)}{t^{1-k}f'(t)} = \frac{1}{k}$, so daß insbesondere $\lim\limits_{t\to 0}\frac{f(t)}{tf'(t)} =: a > 0$ existiert. Aus (**) resultiert

$$(***) \quad \frac{1-\mu}{\mu}\,\frac{f(t)}{tf'(t)}\cdot\frac{f'(s)s}{f(s)} = \frac{g(\frac{t}{s})}{\frac{t}{s}g'(\frac{t}{s})} - 1,$$ so daß auch $\lim\limits_{\tau\to 0}\frac{g(\tau)}{\tau g'(\tau)} =: b$ existiert mit $b \neq 1$, da für P^N keine Dirac-Verteilung zugelassen worden ist. Damit liefert (***) mit $t\to 0$ die Gleichung $\frac{sf'(s)}{f(s)} = \frac{\mu}{1-\mu}\cdot\frac{b-1}{a} =: c > 0$ für $0<s<1$ mit der Lösung $f(s)=s^c$ wegen $f(1)=1$, d. h. P^N ist eine δ_c-Verteilung, was aber ausgeschlossen worden ist. Der dritte Fall $P(\{N=0\})>0$ und $P(\{N=1\})=0$ führt bei minimaler Wahl von $k>1$ mit $P(\{N=k\})>0$ auf die Aussage

$$\lim_{t\to 0}\frac{f(t)}{t^{1-k}f'(t)} = \frac{P(\{N=0\})}{kP(\{N=k\})} =: a > 0.$$

Aus (**) ergibt sich

$$({}^{**}_{\;*}) \quad \frac{1-\mu}{\mu}\,\frac{f'(s)s^{1-k}}{f(s)}\cdot\frac{f(t)}{t^{1-k}f'(t)} = \frac{g(\frac{t}{s})}{(\frac{t}{s})^{1-k}g'(\frac{t}{s})} - (\tfrac{t}{s})^k \quad \text{für } 0<s,t<1,$$ woraus die Existenz von $\lim\limits_{\tau\to 0}\frac{g(\tau)}{\tau^{1-k}g'(\tau)} =: b$ folgt, wobei $b\neq 0$ gilt, da für P^N eine Dirac-Verteilung ausgeschlossen worden ist. Geht man in $({}^{**}_{\;*})$ zu $t\to 0$ über, so erhält man $\frac{s^{1-k}f'(s)}{f(s)} = \frac{\mu}{1-\mu}\cdot\frac{b}{a} =: c > 0$, $0<s<1$, also $\ln f(s) = \frac{c}{k}(s^k-1)$, d. h. $f(s) = \exp(\frac{c}{k}s^k - 1)$, $0<s\le 1$, woraus mit Hilfe von $({}^{**}_{\;*})$ für $s\to 1$ folgt $\frac{1-\mu}{\mu} = \frac{g(t)t^{k-1}}{g'(t)} - t^k$, $0<t\le 1$, also $\ln g(t) = \frac{1}{k}\ln(1-\mu+\mu t^k)$, $0<t\le 1$, d. h.

$g(t) = ((1-\mu) + \mu t^k)^{\frac{1}{k}}$, $|t| < 1$. Da $(1-\mu) + \mu t^k$, $|t| < 1$, die erzeugende Funktion einer Verteilung mit $\{0,k\}$ als Träger ist, liegt der Träger der zu g gehörenden Verteilung, also P^{X_1} in der Menge $\{0,\dots,k\}$, wobei die k-fache Faltung von P^{X_1} als Träger $\{0,k\}$ besitzt. Hieraus resultiert schließlich der Widerspruch $k = 1$.

Poisson-Verteilung und Binomialverteilung lassen sich gegenseitig dadurch kennzeichnen, daß $P^{X_1|y}$ eine Binomialverteilung für $y \in \mathbb{N}_0$ ist mit $Y := X_1 + X_2$, wobei $X_1, X_2 : \Omega \to \mathbb{N}_0$ stochastisch unabhängig und identisch verteilt (unter P) sind. Es handelt sich hierbei in der Hauptsache um eine Anwendung der Tatsache, daß ein Erwartungswert iteriert mit Hilfe bedingter Erwartungswerte berechnet werden kann. Hieraus resultiert für die erzeugende Funktion f von P^{X_1} die Beziehung $f(st)f(t) = E(E(s^{X_1}|Y)t^Y)) = E((\frac{1+s}{2})^Y t^Y)$ für $0 < s,t \le 1$, wenn man für $P^{X_1|y}$ eine $\mathfrak{B}(y, \frac{1}{2})$-Verteilung, $n \in \mathbb{N}_0$, annimmt, die sich, wie bereits gezeigt worden ist, im Fall P^{X_1} als $\mathfrak{P}(\lambda)$-Verteilung ergibt. Aus $f(st)f(t) = f^2(\frac{s+1}{2} t)$, $0 < s,t \le 1$, ergibt sich umgekehrt für P^{X_1} eine $\mathfrak{P}(\lambda)$-Verteilung bzw. Dirac-Verteilung δ_o, wie das folgende Beispiel zeigt.

Beispiel *(Gegenseitige Kennzeichnung der Poisson-Verteilung und der Binomialverteilung als bedingte Verteilung)*

Nach den obigen Überlegungen ist die Lösung von $f(st)f(t) = f^2(\frac{s+1}{2} t)$, $0 < s,t < 1$, für die erzeugende Funktion f von P^{X_1} gesucht, aus der $f(s) = f^2(\frac{s-1}{2} + 1)$, $0 < s \le 1$, folgt. Hieraus resultiert $f(s) = f^{2^k}(\frac{s-1}{2^k} + 1)$, $0 \le s < 1$, $k \in \mathbb{N}$, wie man durch vollständige Induktion sofort feststellt. Hieraus ergibt sich aber

$$\ln f(s) = \frac{\ln f(\frac{s-1}{2^k} + 1) - \ln f(1)}{\frac{s-1}{2^k}} (s-1) \text{ für } 0 < s < 1 \text{ und damit für } k \to \infty \text{ die}$$

Aussage $\ln f(s) = (\ln f)'(1)\,(s-1)$, d. h. $f(s) = e^{\lambda(s-1)}$, $\lambda := (\ln f)'(1)$, $0 < s \le 1$, also ist P^{X_1} eine $\mathfrak{P}(\lambda)$-Verteilung, falls $(\ln f)'(1) > 0$ ist bzw. P^{X_1} ist eine δ_o-Verteilung im Fall $(\ln f)'(1) = 0$.

Allgemeiner kann man von stochastisch unabhängigen, identisch verteilten Zufallsgrößen $X_1,\dots,X_m : \Omega \to \mathbb{N}_0$ ausgehen $(m \ge 2)$ und $P^{(X_1,\dots,X_m)|y}$ als $\mathfrak{M}(n, \frac{1}{m},\dots,\frac{1}{m})$-Verteilung für $y \in \mathbb{N}_0$ mit $Y := X_1 + \dots + X_m$ voraussetzen. Aus

$E(E(s_1^{X_1}\cdot\ldots\cdot s_m^{X_m}|Y)t^Y) = f(s_1t)\cdot\ldots\cdot f(s_mt) = E((\frac{1}{m}(s_1+\ldots+s_m))^Y t^Y) = f^m(\frac{t}{m}(s_1+\ldots+s_m))$, $0 \le s_j, t < 1$, $j = 1,\ldots,m$, mit f als erzeugender Funktion von P^{X_1} ergibt sich die Beziehung $f(s) = f^m(\frac{s-1}{m}+1)$, $0 \le s < 1$. Hieraus folgt durch vollständige Induktion $f(s) = f^{m^\nu}(\frac{s-1}{m^\nu}+1)$, $\nu \in \mathbb{N}$, und damit
$\ell n\, f(s) = (s-1)\dfrac{\ell n\, f(1+\frac{s-1}{m^\nu}) - \ell n\, f(1)}{\frac{s-1}{m^\nu}}$, woraus für $\nu \to \infty$ wieder folgt $\ell n\, f(s) = (s-1)(\ell n\, f)'(1)$, $0 < s < 1$, d. h. P^{X_1} ist wieder eine $\mathfrak{P}(\lambda)$-Verteilung mit $\lambda := (\ell n\, f)'(1)$ im Fall $(\ell n\, f)'(1) > 0$ bzw. eine δ_0-Verteilung im Fall $(\ell n\, f)'(1) = 0$.

Abschließend soll als weitere Anwendung der Substitutionsregel für bedingte Erwartungswerte und der Tatsache, daß der Erwartungswert zweistufig als Erwartungswert des bedingten Erwartungswertes bestimmt werden kann, die Umkehrung zur Aussage behandelt werden, daß $P^{X_1|y}$ eine Laplace-Verteilung über $\{0,\ldots,y\}$ ist mit $Y := X_1 + X_2$ und X_1, X_2 als (unter P) stochastisch unabhängigen, identisch verteilten Zufallsgrößen mit P^{X_1} als $\mathfrak{NB}(1,p)$-Verteilung.

Beispiel *(Gegenseitige Kennzeichnung der $\mathfrak{NB}(1,p)$-Verteilung und der Laplace-Verteilung als bedingte Verteilung)*

Mit $X_1, X_2: \Omega \to \mathbb{N}_0$ als (unter P) stochastisch unabhängigen und identisch verteilten Zufallsgrößen und $P^{X_1|y}$ als Laplace-Verteilung über $\{0,\ldots,y\}$ für $y \in \mathbb{N}_0$ mit $Y := X_1 + X_2$ gilt für die erzeugende Funktion f von X_1 (unter P) die Beziehung $E(E(t^{X_1}|Y)s^Y) = E(t^{X_1}s^Y) = E((st)^{X_1})E(s^{X_2})$ mit $|s| < 1$, $|t| < 1$. Hieraus resultiert mit $s \to 1$ für $|t| < 1$ wegen $E(t^{X_1}|y) = \frac{1}{1+y}\sum_{\eta=0}^{y} t^\eta = \frac{1}{1+y}\,\frac{1-t^{y+1}}{1-t}$ für $y \in \mathbb{N}_0$ und mit $|t| < 1$ die Gleichung $\frac{1}{1-t}E(\frac{1-t^{1+Y}}{1+Y}) = f(t)$, also $\frac{1}{1-t}\int_t^1 f^2(\tau)d\tau = f(t)$, wenn man beachtet, daß Potenzreihen gliedweise integriert werden dürfen. Dies impliziert $(1-t)f(t) = \int_t^1 f^2(\tau)d\tau$, d. h. $(1-t)f'(t) - f(t) = -f^2(t)$ und damit erhält man für $g := \frac{1}{f} - 1$ die einfache Differentialgleichung
$\frac{g'}{g}(t) = -\frac{1}{1-t}$ mit der Lösung $g(t) = \alpha(1-t)$, aus der
$f(t) = \frac{1}{\alpha+1-\alpha t} = \frac{1}{\alpha+1}\cdot\frac{1}{1-\frac{\alpha}{\alpha+1}t} = \frac{p}{1-(1-p)t}$, $|t| < 1$, $p := \frac{1}{\alpha+1}$, resultiert, d. h.

man erhält für f die erzeugende Funktion einer $\mathfrak{NB}(1,p)$-Verteilung. Eine andere Herleitung von P^{X_1} als geometrische Verteilung aus der Annahme, daß $P^{X_1|y}$ eine Laplace-Verteilung über $\{0,1,\ldots,y\}$ für jedes $y \in \mathbb{N}_0$ ist, basiert auf der Beziehung $p_x p_{y-x} = c_y$, $x \in \{0,1,\ldots,y\}$, $y \in \mathbb{N}_0$, mit $p_x := P^{X_1}(\{x\})$, $x \in \mathbb{N}_0$, $c_y = \frac{1}{1+y} \sum_{x=0}^{y} p_x p_{y-x}$, $y \in \mathbb{N}_0$. Es folgt nämlich $p_x > 0$ für alle $x \in \mathbb{N}_0$, da sonst $c_y = 0$ für jedes $y \in \mathbb{N}_0$ resultiert, was einen Widerspruch zu $\sum_{y=0}^{\infty} c_y = \sum_{y=0}^{\infty} \sum_{x=0}^{y} p_x p_{y-x} = \sum_{y=0}^{\infty} P(\{X_1 + X_2 = y\}) = 1$ darstellt. Ferner gilt $p_{x+1} p_{y-x} = c_{y+1}$, $x \in \{0,1,\ldots,y\}$, woraus $\frac{p_{x+1}}{p_x} = \frac{c_{y+1}}{c_y}$, $x \in \{0,1,\ldots,y\}$, und damit $\frac{p_{x+1}}{p_0} = (\frac{c_{y+1}}{c_y})^{x+1}$, $x \in \{0,1,\ldots,y\}$, folgt, d. h. es trifft $p_x = p_0 (\frac{c_{y+1}}{c_y})^x$, $x \in \{0,1,\ldots,y\}$, $y \in \mathbb{N}_0$, zu, so daß $\frac{c_{y+1}}{c_y} = \frac{c_1}{c_0} = 1 - p_0$, also $p_x = p_0 (1-p_0)^x$, $x \in \mathbb{N}_0$, gilt, d. h. P^{X_1} ist eine geometrische Verteilung mit dem Parameter $p = p_0$.

Das allgemeine Problem der Kennzeichnng von P^{X_1} durch $P^{X_1|y}$ für alle y aus dem Träger von P^Y mit $Y := X_1 + X_2$, wobei $X_1, X_2 : \Omega \to \mathbb{N}_0$ stochastisch unabhängig und identisch verteilt sind, wird im folgenden Abschnitt mit Hilfe statistischer Methoden behandelt.

8. Schätzen von Parametern diskreter Wahrscheinlichkeitsverteilungen

Sind $(x_1,\dots,x_n) \in \{0,1\}^n$ die Beobachtungswerte eines Bernoulli-Experiments vom Umfang n mit Trefferwahrscheinlichkeit p, die als nicht bekannt vorausgesetzt wird, so wird man das arithmetische Mittel (relative Häufigkeit) $\frac{x_1+\dots+x_n}{n}$ als Schätzwert für p wählen, wenn man z. B. an die Aussage des schwachen oder starken Gesetzes der großen Zahlen von Bernoulli bzw. Borel denkt. Faßt man $(x_1,\dots,x_n)$ als Realisierung $(X_1(\omega),\dots,X_n(\omega))$, $\omega \in \Omega$, von Zufallsgrößen $X_1,\dots,X_n: \Omega \to \mathbb{R}$ auf, die stochastisch unabhängig und identisch verteilt sind mit P^{X_1} als $\mathfrak{B}(1,p)$-Verteilung, $p \in [0,1]$, so zeichnet sich das arithmetische Mittel $\frac{1}{n}\sum_{i=1}^{n} X_i$ gegenüber allen Linearkombinationen $\sum_{i=1}^{n} a_i X_i$ mit $\sum_{i=1}^{n} a_i = 1$ durch $\operatorname{Var}(\sum_{i=1}^{n} a_i X_i) \geq \operatorname{Var}(\frac{1}{n}\sum_{i=1}^{n} X_i)$ aus, wobei das Gleichheitszeichen genau dann zutrifft, wenn $a_i = \frac{1}{n}$, $i = 1,\dots,n$, gilt, falls $\operatorname{Var}(X_1) > 0$ zutrifft. Dies folgt mit $Y := X_1 + \dots + X_n$ aus $\operatorname{Var}(E(\sum_{i=1}^{n} a_i X_i | Y)) \leq \operatorname{Var}(\sum_{i=1}^{n} a_i X_i)$, wenn man beachtet, daß wegen $E(X_1|y) = \dots = E(X_n|y)$, $y \in \Omega_{P^Y}$, und $E(Y|y) = y$, $y \in \Omega_{P^Y}$, gilt $E(\sum_{i=1}^{n} a_i X_i|y) = \sum_{i=1}^{n} a_i E(X_i|y) = \frac{1}{n}\, y$, $y \in \Omega_{P^Y}$. Die Aussage über die Gültigkeit des Gleichheitszeichens folgt aus $P(\{\frac{1}{n}\sum_{i=1}^{n} X_i = \sum_{i=1}^{n} a_i X_i\}) = 1$, wenn man die Äquivalenz dieser Beziehung mit $\operatorname{Var}(\sum_{i=1}^{n} (\frac{1}{n} - a_i) X_i) = 0$ beachtet. Dabei ist die Annahme $\sum_{i=1}^{n} a_i = 1$ dadurch gerechtfertigt, daß der als Zufallsgröße beschriebene Schätzwert $\frac{1}{n}\sum_{i=1}^{n} X_i$ für p gerade p als Erwartungswert besitzt, so daß die analoge Bedingung $E(\sum_{i=1}^{n} a_i X_i) = p$ für jedes $p \in [0,1]$ auf die Annahme $\sum_{i=1}^{n} a_i = 1$ führt.

Eine weitere Begründung für die Verwendung von $d(x_1,\dots,x_n) := \frac{x_1+\dots+x_n}{n}$ als Schätzwert für p ergibt sich, wenn man die Wahrscheinlichkeit für die Beobachtung von $(x_1,\dots,x_n) \in \{0,1\}^n$, also $\prod_{i=1}^{n} p^{x_i}(1-p)^{1-x_i} = p^{\sum_{i=1}^{n} x_i}(1-p)^{n-\sum_{i=1}^{n} x_i}$ maximal wählt. Für den maximierenden Wert $d = d(x_1,\dots,x_n)$ gilt dann

$$(\sum_{i=1}^{n} x_i)\, d^{\sum_{i=1}^{n} x_i - 1}(1-d)^{n-\sum_{i=1}^{n} x_i} - (n - \sum_{i=1}^{n} x_i)\, d^{\sum_{i=1}^{n} x_i}(1-d)^{n-\sum_{i=1}^{n} x_i - 1} = 0, \text{ also}$$

$\sum_{i=1}^{n} x_i/d = (n - \sum_{i=1}^{n} x_i)/(1-d)$, d. h. $\frac{1-d}{d} = \frac{n - \sum_{i=1}^{n} x_i}{\sum_{i=1}^{n} x_i}$, woraus $d = d(x_1,\ldots,x_n) = \frac{\sum_{i=1}^{n} x_i}{n}$

folgt. Man nennt $d: \{0,1\}^n \to \mathbb{R}$ mit $d(x_1,\ldots,x_n) = \frac{\sum_{i=1}^{n} x_i}{n}$ in diesem Fall auch *Maximum-Likelihood-Schätzer* (für p).

Interessiert man sich für einen Schätzwert $d(x_1,\ldots,x_n)$ für $\delta(p)$, $p \in [0,1]$, z. B. $\delta(p) := p(1-p)$, $p \in [0,1]$, also die Streuung im Einzelversuch eines Bernoulli-Experiments vom Umfang n, wobei $(x_1,\ldots,x_n)$ die Beobachtungswerte eines solchen Zufallsexperiments sind, so liegt es nahe, sich auf solche Schätzfunktionen $d: \mathbb{R}^n \to \mathbb{R}$ zu beschränken, so daß $E_P(d \circ (X_1,\ldots,X_n)) = E_{P^{(X_1,\ldots,X_n)}}(d) = \delta(p)$, $p \in [0,1]$, gilt, wobei $X_1,\ldots,X_n$ stochastisch unabhängig und identisch verteilt sind mit P^{X_1} als $\mathfrak{B}(1,p)$-Verteilung. Dabei kennzeichnet jedes $p \in [0,1]$ genau eine der Verteilungen $P^{(X_1,\ldots,X_n)}$. Insbesondere wird man sich unter den Schätzfunktionen $d: \mathbb{R}^n \to \mathbb{R}$ mit $E_{P^{(X_1,\ldots,X_n)}}(d) = \delta(p)$, $p \in [0,1]$, für solche Schätzfunktionen $d^*: \mathbb{R}^n \to \mathbb{R}$ interessieren, deren Varianz $Var_{P^{(X_1,\ldots,X_n)}}(d^*)$ für jedes $p \in [0,1]$ minimal wird. Es wird gezeigt werden, daß für $\delta(p) = p$ (Mittelwert im Einzelversuch eines Bernoulli-Experiments vom Umfang n) bzw. $\delta(p) = p(1-p)$ (Streuung im Einzelversuch eines Bernoulli-Experiments vom Umfang n), die

Schätzfunktion $d^*: \mathbb{R}^n \to \mathbb{R}$ mit $d^*(x_1,\ldots,x_n) := \frac{\sum_{i=1}^{n} x_i}{n}$ *(Stichprobenmittel)* bzw.

$d^*(x_1,\ldots,x_n) := \frac{1}{n-1} \sum_{j=1}^{n} (x_j - \frac{\sum_{i=1}^{n} x_i}{n})^2$ *(Stichprobenstreuung)* diese Optimalitätseigenschaft besitzt.

Zu diesem Zweck wird das folgende Modell zugrunde gelegt: Gegeben ist eine Menge $\mathfrak{P}$ von Verteilungen über Ω und eine Zufallsgröße $X: \Omega \to \Omega_X$, welche die Familie von Verteilungen $\mathfrak{P}^X := \{P^X: P \in \mathfrak{P}\}$ über Ω_X induziert. Geschätzt werden soll aufgrund von einer Realisierung $X(\omega)$, $\omega \in \Omega$, von X ein reeller Parameter der Verteilungen $\mathfrak{P}^X$, der durch $\delta: \mathfrak{P}^X \to \mathbb{R}$ beschrieben wird. Eine Schätzung für δ wird durch eine Schätzfunktion $d: \Omega_X \to \mathbb{R}$ beschrieben, wobei man sich auf die Klasse $D_\delta := \{d: \Omega_X \to \mathbb{R}$ mit $E_{P^X}(d) = \delta(P^X)$, $P \in \mathfrak{P}$, und existierender Varianz $Var_{P^X}(d)$, $P \in \mathfrak{P}\}$ einschränkt. Eine Schätzfunktion $d: \Omega_X \to \mathbb{R}$ mit $d \in D_\delta$ wird im folgenden *erwartungstreuer Schätzer* für δ genannt. Ferner heißt $d^* \in D_\delta$ *gleichmäßig bester erwartungstreuer Schätzer* für δ, wenn $Var_{P^X}(d^*) \leq Var_{P^X}(d)$ für jedes $d \in D_\delta$ und alle $P \in \mathfrak{P}$ zutrifft. Solche Schätzer d^* lassen sich nach Lehmann, Scheffé und Rao (1949/50) einfacher kennzeichnen, wenn man noch die Klasse $D_o := D_{\delta_o}$ mit $\delta_o: \mathfrak{P}^X \to \mathbb{R}$, $\delta_o(P^X) = 0$, $P \in \mathfrak{P}$, einführt, wobei die Elemente von D_o *Nullschätzer* heißen. Dann ist $d^* \in D_\delta$ genau dann gleichmäßig bester erwartungstreuer Schätzer für δ, wenn $Kov_{P^X}(d^*, d_o) = 0$ für jedes $d_o \in D_o$ und alle $P \in \mathfrak{P}$ zutrifft *(Kovarianzmethode)*. Ist nämlich $Kov_{P^X}(d^*, d_o) = 0$ für jedes $d_o \in D_o$ und alle $P \in \mathfrak{P}$, und $d \in D_\delta$, so gilt $Var_{P^X}(d) = Var_{P^X}(d^*) + Var_{P^X}(d - d^*) + 2\,Kov_{P^X}(d^*, d - d^*) = Var_{P^X}(d^*) + Var_{P^X}(d - d^*) \geq Var_{P^X}(d^*)$ für jedes $P \in \mathfrak{P}$, wenn man beachtet, daß $d - d^* \in D_o$ zutrifft. Umgekehrt folgt aus $Var_{P^X}(d) \geq Var_{P^X}(d^*)$ für jedes $d \in D_\delta$ und alle $P \in \mathfrak{P}$ für ein $d^* \in D_\delta$ wegen $d^* + \alpha d_o \in D_\delta$ für jedes $d_o \in D_o$ und alle $\alpha \in \mathbb{R}$ die Ungleichung $Var_{P^X}(d^*) \leq Var_{P^X}(d^* + \alpha d_o) = Var_{P^X}(d^*) + \alpha^2 Var_{P^X}(d_o) + 2\alpha\, Kov_{P^X}(d^*, d_o)$, so daß $\alpha_o := 0$ Minimalstelle ist, für die aber $\alpha_o = \frac{-Kov_{P^X}(d^*, d_o)}{Var_{P^X}(d^*)}$ und damit $Kov_{P^X}(d^*, d_o) = 0$ gelten muß. Im Fall $Var_{P^X}(d^*) = 0$ folgt ebenfalls wegen $P^X(\{d^* = E_{P^X}(d^*)\}) = 1$ die zu beweisende Aussage $Kov_{P^X}(d^*, d_o) = 0$.

Im folgenden wird ein gleichmäßig bester erwartungstreuer Schätzer d^* für δ auch kurz *optimal* für δ genannt. Ist die entsprechende Optimalitätsbedingung $Var_{P^X}(d^*) \leq Var_{P^X}(d)$ für jedes $d \in D_\delta$ nur für alle $P \in \mathfrak{Q} \subset \mathfrak{P}$ erfüllt, so spricht man auch von der *lokalen Optimalität* von d^* für $\mathfrak{Q}$ und δ.
Manchmal ist die Klasse D_δ zu umfangreich, um in D_δ einen optimalen Schätzer zu finden. Deshalb ist es interessant, für konvexe Teilmengen C_δ (d. h. es gilt $\alpha d_1 + (1-\alpha) d_2 \in C_\delta$ für $\alpha \in [0,1]$, $d_i \in C_\delta$, $i = 1,2$) von D_δ einen eingeschränkten Optimalitätsbegriff einzuführen. Man nennt $d^* \in C_\delta$ gleichmäßig besten erwartungstreuen Schätzer für δ bzgl. C_δ, wenn $Var_{P^X}(d^*) \leq Var_{P^X}(d)$ für jedes $d \in C_\delta$ und alle $P \in \mathfrak{P}$ gilt. Die Kovarianzmethode läßt folgende einfache Kennzeichnung dieses eingeschränkten Optimalitäts-

begriffs zu: $d^* \in C_\delta$ ist gleichmäßig bester erwartungstreuer Schätzer für δ bzgl. C_δ (kurz: d^* ist optimal für δ bzgl. C_δ) genau dann, wenn $Kov_{P^X}(d^*, d-d^*) \geq 0$ für alle $d \in C_\delta$ zutrifft. Ist $Kov_{P^X}(d^*, d-d^*) \geq 0$ für jedes $d \in C_\delta$ und alle $P \in \mathfrak{P}$ für ein $d^* \in C_\delta$ erfüllt, so gilt (ohne Verwendung der Konvexität von C_δ) die Ungleichung $Var_{P^X}(d) = Var_{P^X}(d^*) + Var_{P^X}(d-d^*) + 2\,Kov_{P^X}(d^*, d-d^*) \geq Var_{P^X}(d^*)$ für jedes $d \in C_\delta$ und alle $P \in \mathfrak{P}$. Umgekehrt folgt aus $Var_{P^X}(d) \geq Var_{P^X}(d^*)$ für jedes $d \in C_\delta$ und alle $P \in \mathfrak{P}$ und aus der Konvexität von C_δ die Ungleichung $Var_{P^X}(d^*) \leq Var_{P^X}(\alpha d + (1-\alpha)d^*) = Var_{P^X}(d^*) + \alpha^2\, Var_{P^X}(d-d^*) + 2\alpha\, Kov_{P^X}(d^*, d-d^*)$, für $\alpha \in [0,1]$ und alle $P \in \mathfrak{P}$, so daß die Minimalstelle α_o nicht positiv ist, d. h. es gilt $\alpha_o = \frac{-Kov_{P^X}(d^*, d-d^*)}{Var_{P^X}(d^*)} \leq 0$, also $Kov_{P^X}(d^*, d-d^*) \geq 0$ für alle $P \in \mathfrak{P}$. Gilt zusätzlich zur Konvexität von C_δ die Beziehung $2d^* - d \in C_\delta$ für alle $d \in C_\delta$ (Kurzschreibweise: $2d^* - C_\delta \subset C_\delta$), so ist die Bedingung $Kov_{P^X}(d^*, d-d^*) \geq 0$ für jedes $d \in C_\delta$ und jedes $P \in \mathfrak{P}$ mit $Kov_{P^X}(d^*, d-d^*) = 0$ für jedes $d \in C_\delta$ und alle $P \in \mathfrak{P}$ äquivalent. Dabei ist die Bedingung $2d^* - C_\delta \subset C_\delta$ für $C_\delta := \{d \in D_\delta : d \text{ linear}\}$ mit $\Omega_X = \mathbb{R}^n$ erfüllt. Da ferner $d^*(x_1,\ldots,x_n) = \frac{1}{n} \sum_{j=1}^{n} x_j$, $(x_1,\ldots,x_n) \in \mathbb{R}^n$, die Eigenschaft $E_{P^X}(d^* d_o) = \frac{1}{n} \sum_{j=1}^{n} a_j \left(\sum_{l=1}^{n} E_P(X_l X_j)\right) = 0$ für jedes $P \in \mathfrak{P}$ besitzt, wobei $X = (X_1,\ldots,X_n)$ zutrifft mit $X_1,\ldots,X_n$ als (unter P) stochastisch unabhängigen und identisch verteilten Zufallsgrößen, wobei P^{X_1} eine $\mathfrak{B}(1,p)$-Verteilung ist, und $d_o : \mathbb{R}^n \to \mathbb{R}$ ein linearer Nulllschätzer, also $d_o(x_1,\ldots,x_n) = \sum_{j=1}^{n} \alpha_j x_j$, $(x_1,\ldots,x_n) \in \mathbb{R}^n$, d. h. $\sum_{j=1}^{n} \alpha_j = 0$, gilt, erhält man nochmals einen Beweis für $Var_{P^X}\left(\frac{1}{n} \sum_{j=1}^{n} X_j\right) = \inf\{Var_P\left(\sum_{j=1}^{n} \alpha_j X_j\right) : \alpha_j \in \mathbb{R},\ j = 1,\ldots,n,\ \sum_{j=1}^{n} \alpha_j = 1\}$.

Bemerkenswert ist ferner, daß d^* als ein für δ bezüglich einer konvexen Teilmenge C_δ von D_δ optimaler Schätzer im folgenden Sinn eindeutig bestimmt ist: Ist d_* ein weiterer für δ optimaler Schätzer bezüglich C_δ, so gilt $P^X(\{d^* = d_*\}) = 1$ für jedes $P \in \mathfrak{P}$. Wegen $Kov_{P^X}(d^*, d_*) \geq Var_{P^X}(d^*)$ und

$Kov_{P^X}(d_*, d^*) \geq Var_{P^X}(d_*)$ für jedes $P \in \mathfrak{P}$, und $Var_{P^X}(d^* - d_*) = Var_{P^X}(d^*) + Var_{P^X}(d_*) - 2\,Kov_{P^X}(d^*, d_*) \leq 0$, $P \in \mathfrak{P}$, erhält man $Var_{P^X}(d^* - d_*) = 0$ für alle $P \in \mathfrak{P}$, woraus $P^X(\{d^* = d_*\}) = 1$, $P \in \mathfrak{P}$, resultiert, d. h. $\{d^* \neq d_*\}$ ist ein Ereignis, das für alle $P^X \in \mathfrak{P}^X$ die Wahrscheinlichkeit Null besitzt. Identifiziert man zwei Elemente d_j, $j = 1,2$, von D_δ mit dieser Eigenschaft, d. h. man betrachtet Äquivalenzklassen bezüglich der Äquivalenzrelation $P^X(\{d_1 \neq d_2\}) = 0$ für alle $P \in \mathfrak{P}$, so ist ein gleichmäßig bester erwartungstreuer Schätzer d^* bezüglich einer konvexen Teilmenge C_δ von D_δ eindeutig bestimmt. Gilt zusätzlich $2d^* - C_\delta \subset C_\delta$, so ist die Extremalität von $d^* \in C_\delta$ gleichwertig damit, daß C_δ bei Identifizierung von zwei Schätzern, die sich lediglich auf einer Menge unterscheiden, deren Wahrscheinlichkeit für jedes $P^X \in \mathfrak{P}^X$ Null ist, nur aus d^* besteht. Aus $d^* = \frac{1}{2}(2d^* - d) + \frac{1}{2}d$ mit $d \in C_\delta$, folgt nämlich zusammen mit der Extremalität von d^* die Beziehung $2d^* - d = d$, also $d^* = d$. Gilt sogar $2d_1 - d_2 \in C_\delta$, $d_j \in C_\delta$, $j = 1,2$ (Kurzschreibweise: $2C_\delta - C_\delta \subset C_\delta$), so ist die Existenz eines Extremalpunktes von C_δ mit der Einelementigkeit von C_δ gleichwertig.

Die Überlegungen zur Optimalität von Schätzern bezüglich einer konvexen Teilmenge C_δ von D_δ erlaubt eine einfache Kennzeichnung der größten konvexen Teilmenge $C_\delta(d)$ von D_δ unter allen konvexen Teilmengen C_δ mit $d \in C_\delta$, so daß d für δ bezüglich C_δ optimal ist.

Beispiel *(Kennzeichnung der größten konvexen Teilmenge der Menge aller erwartungstreuen Schätzer, so daß ein bestimmter erwartungstreuer Schätzer optimal ist)*

Nach den obigen Überlegungen ist $C_\delta(d) := \{d' \in D_\delta : E_{P^X}(dd') \geq E_{P^X}(d^2),\ P \in \mathfrak{P}\}$ die gesuchte konvexe Teilmenge von D_δ, da $C_\delta(d)$ konvex ist und $E_{P^X}(dd') \geq E_{P^X}(d^2)$ mit $Kov_{P^X}(d, d' - d) \geq 0$, $P \in \mathfrak{P}$, äquivalent ist. Insbesondere ist die Eigenschaft von $d^* \in D_\delta$, gleichmäßig bester erwartungstreuer Schätzer für δ zu sein, mit $C_\delta(d^*) = D_\delta$ gleichwertig.

Im Fall $C_\delta = D_\delta$ besitzt die Menge der optimalen erwartungstreuen Schätzer bemerkenswert einfache Eigenschaften, die als Anwendungsbeispiele der Kovarianzmethode angesehen werden können.

Beispiel *(Linearität und multiplikative Abgeschlossenheit der Menge aller optimalen erwartungstreuen Schätzer)*

Sind $d_j^* \in D_{\delta_j}$, $j = 1,2$, optimal, d. h. es gilt nach der Kovarianzmethode $\mathrm{Kov}_{P^X}(d_j^*, d_o) = 0$ für jeden Nullschätzer d_o und alle $P \in \mathfrak{P}$, $j = 1,2$, so folgt hieraus $\mathrm{Kov}_{P^X}((a_1 d_1^* + a_2 d_2^*), d_o) = 0$ für jeden Nullschätzer d_o und alle $P \in \mathfrak{P}$ mit $a_j \in \mathbb{R}$, $j = 1,2$, also ist $a_1 d_1^* + a_2 d_2^*$ optimal für $\delta := a_1\delta_1 + a_2\delta_2$. Gilt zusätzlich, daß d_1^* oder d_2^* beschränkt ist, so existiert $\mathrm{Var}_{P^X}(d_1^* d_2^*)$ für jedes $P \in \mathfrak{P}$ und $d_1^* d_o$ ist für jedes $d_o \in D_o$ nach der Kovarianzmethode ein Nullschätzer. Damit gilt $E_{P^X}(d_2^*(d_1^* d_o)) = 0$ für jedes $d_o \in D_o$ und alle $P \in \mathfrak{P}$, und damit ist $d_1^* d_2^*$ gleichmäßig bester erwartungstreuer Schätzer für $\delta : \mathfrak{P}^X \to \mathbb{R}$ mit $\delta(P^X) := E_{P^X}(d_1^* d_2^*)$, $P \in \mathfrak{P}$.

Mit Hilfe der Kovarianzmethode lassen sich ferner die gleichmäßig besten erwartungstreuen Schätzer sowie alle Nullschätzer einfach durch eine Symmetrieeigenschaft kennzeichnen, wenn man ein Bernoulli-Experiment vom Umfang n zugrunde legt.

Beispiel *(Charakterisierung der gleichmäßig besten erwartungstreuen Schätzer und Nullschätzer in Bernoulli-Experimenten durch Symmetrieeigenschaften)*

Das zugrunde liegende Modell besteht aus $X := (X_1,\ldots,X_n)$ mit $X_1,\ldots,X_n$ als (unter $P \in \mathfrak{P}$) stochastisch unabhängigen und identisch verteilten Zufallsgrößen, wobei P^{X_1} eine $\mathfrak{B}(1,p)$-Verteilung, $p \in [0,1]$, ist, so daß $\Omega_X = \{0,1\}^n$ angenommen werden kann. Dann ist der lineare Raum $D := \{d : \{0,1\}^n \to \mathbb{R}\}$ aller möglichen Schätzfunktionen die direkte Summe der linearen Unterräume $D_s := \{d \in D : d \text{ symmetrisch}\}$, $D_s^\perp := \{d \in D : d_s = 0\}$, dabei heißt $d \in D$ symmetrisch (permutationsinvariant) genau dann, wenn $d(x_1,\ldots,x_n) = d(x_{\pi(1)},\ldots,x_{\pi(n)})$ für alle $(x_1,\ldots,x_n) \in \{0,1\}^n$ und jede Permutation $\pi : \{1,\ldots,n\} \to \{1,\ldots,n\}$ gilt und d_s bezeichnet die gemäß $d_s(x_1,\ldots,x_n) := \frac{1}{n!}\sum_\pi d(x_{\pi(1)},\ldots,x_{\pi(n)})$, $(x_1,\ldots,x_n) \in \{0,1\}^n$, wobei die Summe alle Permutationen $\pi : \{1,\ldots,n\} \to \{1,\ldots,n\}$ betrifft, definierte symmetrisierte Schätzfunktion von $d \in D$. Die Komponente von $d \in D$ aus D_s ist d_s, so daß für die andere Komponente $d - d_s$ gilt $(d - d_s)_s = d_s - d_s = 0$. Es soll jetzt gezeigt werden, daß D_s aus der Menge aller optimalen erwartungstreuen Schätzer besteht, während $D_s^\perp$ die Menge der Nullschätzer ist. Ist nämlich d ein Nullschätzer, d. h. es gilt $E_{P^X}(d) = 0$ für alle $P \in \mathfrak{P}$, woraus wegen $P^{(X_1,\dots,X_n)} = P^{(X_{\pi(1)},\dots,X_{\pi(n)})}$, für jede Permutation $\pi: \{1,\dots,n\} \to \{1,\dots,n\}$ folgt $E_{P^X}(d_s) = 0$, $P \in \mathfrak{P}$, so gilt wegen $d_s(x_1,\dots,x_n) = f(x_1+\dots+x_n)$, $(x_1,\dots,x_n) \in \{0,1\}^n$ mit $f: \{0,\dots,n\} \to \mathbb{R}$, die Beziehung $\sum_{k=0}^{n} f(k)\binom{n}{k}p^k(1-p)^{n-k} = 0$ für alle $p \in [0,1]$, woraus $f = 0$ resultiert, da ein Polynom höchstens n reelle Nullstellen besitzt, wenn der Grad höchstens n ist. Also folgt aus $d \in D_o$, daß $d_s = 0$ ist, und umgekehrt folgt aus $d_s = 0$ wegen $E_{P^X}(d_s) = E_{P^X}(d)$, $P \in \mathfrak{P}$, daß $d \in D_o$ zutrifft. Nun ist die Kennzeichnung von D_s als die Menge der optimalen erwartungstreuen Schätzer mit Hilfe der Kovarianzmethode einfach zu beweisen, da aus der Optimalität von $d \in D$ folgt $E_{P^X}(d\,d_o) = 0$ für alle $d_o \in D_o$ und jedes $P \in \mathfrak{P}$. Hieraus resultiert wegen $d - d_s \in D_o$ die Beziehung $E_{P^X}(d(d-d_s)) = 0$ für alle $P \in \mathfrak{P}$, d. h. es gilt $d(d-d_s) \in D_o$ und damit $(d(d-d_s))_s = 0 = (d^2)_s - d_s^2$, also $((d-d_s)^2)_s = 0$. Da aber $f := (d-d_s)^2$ nicht negativ ist und $f_s = 0$ gilt, trifft $f = 0$ und damit $d = d_s$ zu. Umgekehrt folgt aus $d = d_s$ und $d \in D$ die Beziehung $E_{P^X}(d\,d_o) = E_{P^X}((d\,d_o)_s) = E_{P^X}(d_s(d_o)_s) = 0$ für alle $P \in \mathfrak{P}$, wegen $(d_o)_s = 0$ für $d_o \in D_o$, woraus die Optimalität von $d \in D$ mit $d = d_s$ resultiert.

Es ist jetzt nicht schwierig, die Gesamtheit aller Parameterfunktionen $\delta: \mathfrak{P}^X \to \mathbb{R}$ in einem Bernoulli-Experiment vom Umfang n, zu denen ein $d: \{0,1\}^n \to \mathbb{R}$ mit $E_{P^X}(d) = \delta(P^X)$ für jedes $P \in \mathfrak{P}$ existiert *(erwartungstreue Schätzbarkeit von δ)*, zu charakterisieren. Aus dieser Kennzeichnung ergibt sich insbesondere, daß der zugehörige optimale erwartungstreue Schätzer d_n^* für δ *konsistent* ist, d. h. es gilt $\lim_{n\to\infty} P(\{|d_n^* \circ (X_1,\dots,X_n) - \delta(P^{(X_1,\dots,X_n)})| > \varepsilon\}) = 0$ für jedes $\varepsilon > 0$.

Beispiel *(Kennzeichnung der erwartungstreu schätzbaren Parameterfunktionen in einem Bernoulli-Experiment vom Umfang n)*

Aus $E_{P^X}(d) = \delta(P^X)$ für jedes $P \in \mathfrak{P}$ ergibt sich

$$\delta(P^X) = \sum_{\substack{x_i \in \{0,1\} \\ i=1,\dots,n}} d(x_1,\dots,x_n)\, p^{\sum_{i=1}^n x_i} (1-p)^{n-\sum_{i=1}^n x_i},$$ $p \in [0,1]$, so daß δ als

Funktion von p ein Polynom höchstens vom Grad n ist. Umgekehrt ist jede solche Parameterfunktion erwartungstreu schätzbar. Um das einzusehen, wird zunächst der Spezialfall $\delta_r(P^X) = p^r$, $0 \le r \le n$, betrachtet. Da mit Hilfe von erzeugenden Funktionen bereits $E_p(\binom{\sum_{l=1}^n x_l}{r}/\binom{n}{r}) = p^r$, $0 \le r \le n$, bewiesen worden ist, folgt hieraus bereits, daß jede Parameterfunktion $\delta: \mathfrak{P}^X \to \mathbb{R}$ in einem Bernoulli-Experiment vom Umfang n, die als Funktion von p ein Polynom höchstens vom Grad n darstellt, erwartungstreu schätzbar ist. Darüberhinaus ist der zu $\delta: \mathfrak{P}^X \to \mathbb{R}$ und $\delta(P^X) = \sum_{j=0}^n a_j p^j$, gehörende optimale erwartungstreue Schätzer d^* von der Gestalt $d^*(x_1,\ldots,x_n) := \sum_{j=0}^n a_j \binom{\sum_{l=1}^n x_l}{j}/\binom{n}{j}$, $(x_1,\ldots,x_n) \in \{0,1\}^n$, denn der durch $d_r^*(x_1,\ldots,x_n) := \binom{\sum_{j=1}^n x_j}{r}/\binom{n}{r}$, $(x_1,\ldots,x_n) \in \{0,1\}^n$ definierte Schätzer d_r^* ist symmetrisch und damit optimal erwartungstreu für δ_r und Linearkombinationen von optimalen Schätzern bleiben optimal. Die Optimalität von d_r^* ergibt sich auch aus dem vorletzten Beispiel, da $d_r^* = d_s$, mit $d(x_1,\ldots,x_n) := x_1 \cdot \ldots \cdot x_r$, $(x_1,\ldots,x_n) \in \{0,1\}^n$ zutrifft. Zunächst gilt nämlich $d_s(x_1,\ldots,x_n) = \sum_{1 \le j_1 < \ldots < j_r \le n} x_{j_1} \cdot \ldots \cdot x_{j_r} / \binom{n}{r}$, $(x_1,\ldots,x_n) \in \{0,1\}^n$, woraus $d_s = d_r^*$ resultiert, da man ohne Beschränkung der Allgemeinheit $x_1 = \ldots = x_{n-k} = 0$, $x_{n-k+1} = \ldots = x_n = 1$ für $k := \sum_{j=1}^n x_j > 0$ annehmen kann. Ferner ist d_r^* nach dem schwachen Gesetz der großen Zahlen von Bernoulli konsistent, woraus nach den obigen Überlegungen die Konsistenz jedes optimalen erwartungstreuen Schätzers folgt. Schließlich ist noch gezeigt worden, daß sich die optimalen erwartungstreuen Schätzer in einem Bernoulli-Experiment vom Umfang n als Polynome in $\sum_{j=1}^n x_j$, $(x_1,\ldots,x_n) \in \{0,1\}^n$, höchstens vom Grad n charakterisieren lassen. Das kann man auch direkt mit Hilfe der Kennzeichnung optimaler Schätzer in einem Bernoulli-Experiment durch Permutationsinvarianz herleiten, da der Ansatz $d^*(x_1,\ldots,x_n) = \sum_{j=0}^n a_j (\sum_{l=1}^n x_l)^j$, $(x_1,\ldots,x_n) \in \{0,1\}^n$, für einen optimalen erwartungstreuen Schätzer zu einer eindeutig bestimmten Lösung für die a_j, $j = 1,\ldots,n$, $(a_0 = d^*(0,\ldots,0))$ führt, da die Determinante der Koeffizientenmatrix (k^j), $k,j \in \{1,\ldots,n\}$ (Vandermondsche Determinante) nicht verschwindet, und $d^*(x_1,\ldots,x_n)$ wegen der Permutationsinvarianz eine Funktion in $k := \sum_{j=1}^n x_j$, $(x_1,\ldots,x_n) \in \{0,1\}^n$ ist. Nach Lagrange kann man dieses Polynom explizit gemäß $\sum_{j=0}^{n} d^*(j) \prod_{\substack{i=1\\ i\neq j}}^{n} \frac{k-i}{j-i}$, $k \in \{0,\dots,n\}$, angeben, wenn man $k := \sum_{j=1}^{n} x_j$, $(x_1,\dots,x_n) \in \{0,1\}^n$, wählt. Umgekehrt ist eine Schätzfunktion d^* mit $d^*(x_1,\dots,x_n) = \sum_{j=0}^{n} a_j \left(\sum_{i=1}^{n} x_i\right)^j$, $(x_1,\dots,x_n) \in \{0,1\}^n$, wegen der Permutationsinvarianz optimal.

Als Anwendung der Überlegungen aus dem letzten Beispiel soll der optimale erwartungstreue Schätzer für das r-te *Zentrale Moment* $E_P((X_1 - E_P(X_1))^r)$, $0 \le r < n$ in einem Bernoulli-Experiment explizit bestimmt werden.

Beispiel *(Explizite Bestimmung des optimalen erwartungstreuen Schätzers in einem Bernoulli-Experiment vom Umfang n für zentrale Momente)*

Wegen $E_P((X_1 - E_P(X_1))^k) = E_P\left(\sum_{j=0}^{k} \binom{k}{j} X_1^j (-p)^{k-j}\right) = \sum_{j=0}^{k} \binom{k}{j} (-1)^{k-j} p^{k-j+1} + (-1)^k p^k - (-1)^k p^{k+1} = p(1-p)^k + (-1)^k p^k - (-1)^k p^{k+1} = (1-p)^k - (1-p)^{k+1} + (-1)^k p^k + (-1)^{k+1} p^{k+1}$ ist der durch $\binom{\sum_{j=1}^{n}(1-x_j)}{k} / \binom{n}{k} - \binom{\sum_{j=1}^{n}(1-x_j)}{k+1} / \binom{n}{k+1} + (-1)^k \binom{\sum_{j=1}^{n} x_j}{k} / \binom{n}{k} + (-1)^{k+1} \binom{\sum_{j=1}^{n} x_j}{k+1} / \binom{n}{k+1}$, $0 \le k \le n-1$, definierte Schätzer optimal erwartungstreu. Dabei ist zu beachten, daß mit $X_1,\dots,X_n$ als stochastisch unabhängigen und identisch verteilten Zufallsgrößen mit P^{X_1} als $\mathfrak{B}(1,p)$-Verteilung auch $1-X_1,\dots,1-X_n$ stochastisch unabhängig und identisch verteilt sind, wobei P^{1-X_1} eine $\mathfrak{B}(1,1-p)$-Verteilung ist. Speziell für $k = 2$ ergibt sich, daß $\frac{1}{n-1} \sum_{j=1}^{n} \left(x_j - \frac{\sum_{i=1}^{n} x_i}{n}\right)^2$ *(Stichprobenstreuung)* für $p(1-p)$ optimal erwartungstreu ist. Dies kann man auch einfacher dadurch einsehen, daß man von der Optimalität von $\sum_{i=1}^{n} x_i/n$ bzw. $\binom{\sum_{i=1}^{n} x_i}{2} / \binom{n}{2}$ für p bzw. p^2 ausgeht, so daß

$$\frac{\sum_{i=1}^{n} x_i}{n} - \frac{\sum_{i=1}^{n} x_i \left(\sum_{i=1}^{n} x_i - 1\right)}{n(n-1)} = \frac{1}{n(n-1)} \left(n \sum_{i=1}^{n} x_i - \left(\sum_{i=1}^{n} x_i\right)^2\right) = \frac{1}{n-1} \left(\sum_{i=1}^{n} x_i^2 - n\left(\frac{\sum_{i=1}^{n} x_i}{n}\right)^2\right)$$

$$= \frac{1}{n-1} \sum_{j=1}^{n} \left(x_j - \frac{\sum_{i=1}^{n} x_i}{n}\right)^2$$ für $p - p^2 = p(1-p)$ optimal ist.

Einer ähnlichen Situation wie beim Schätzen des ganzzahligen Parameters einer $\mathfrak{B}(n, \frac{1}{2})$-Verteilung begegnet man beim Schätzen des ganzzahligen Parameters der Rencontre-Problem-Verteilung.

Beispiel *(Bestimmung aller erwartungstreuen Schätzer für den ganzzahligen Parameter der Rencontre-Problem-Verteilung und Kennzeichnung lokal optimaler Schätzer)*

Es bezeichne X eine $\mathbb{N}_o$-wertige Zufallsgröße mit P^X als Rencontre-Problem-Verteilung, d. h. $P^X(\{m\}) = \frac{1}{m!}\sum_{\nu=0}^{n-m}\frac{(-1)^\nu}{\nu!}$, $m \in \mathbb{N}$, so daß bei unbekanntem $n \in \mathbb{N}$ eine Menge $\mathfrak{P}^X$ von diskreten Verteilungen definiert wird. Die Menge D_o der zugehörigen Nullschätzer d_o sind durch $d_o(k) = -(k-1)d_o(0)$, $k \in \mathbb{N}_o$, gekennzeichnet. Wegen $E_P(X) = 1$, $P^X \in \mathfrak{P}^X$, sind alle $d_o: \mathbb{N}_o \to \mathbb{R}$ mit $d_o(k) = -(k-1)d_o(0)$, $k \in \mathbb{N}_o$, Nullschätzer. Umgekehrt folgt für $d_o \in D_o$ im Fall n = 1 die Beziehung $d_o(1) = 1$ und aus $d_o(k) = -(k-1)d_o(0)$ für k = 0,..., n - 1 ($n \in \mathbb{N}$ fest) resultiert zusammen mit $E_{P^X}(d_o) = 0$ die Gleichung $-\sum_{k=0}^{n}\frac{(k-1)d_o(0)}{k!}\sum_{\nu=0}^{n-k}\frac{(-1)^\nu}{\nu!} + \frac{(n-1)}{n!}d_o(0) + \frac{n-1}{n!}d_o(n) = 0$, d. h. $d_o(n) = -(n-1)d_o(0)$. Ferner ist $d: \mathbb{N}_o \to \mathbb{R}$ mit $d^*(k) = \sum_{r=1}^{k} k^{(r)}$ mit $k^{(r)} := \prod_{j=0}^{r-1}(k-j)$, $k \in \mathbb{N}_o$, $r \in \mathbb{N}$, $k^{(0)} := 0$, $k \in \mathbb{N}_o$, ein für δ mit $\delta: \mathfrak{P}^X \to \mathbb{R}$, $\delta(P^X) = n$, erwartungstreuer Schätzer, denn es gilt

$$E_{P^X}(d^*) = \sum_{k=0}^{n}\sum_{r=1}^{k}\frac{k^{(r)}}{k!}\sum_{\nu=0}^{n-k}\frac{(-1)^\nu}{\nu!} = \sum_{r=1}^{n}\sum_{k=r}^{n}\frac{1}{(k-r)!}\sum_{\nu=0}^{n-r-(k-r)}\frac{(-1)^\nu}{\nu!} = \sum_{r=1}^{n}\sum_{\ell=0}^{n-r}\frac{1}{\ell!}\sum_{\nu=0}^{n-r-\ell}\frac{(-1)^\nu}{\nu!} = n.$$

Damit gilt $d \in D_\delta$ genau dann, wenn $d(k) = (k-1)c + \sum_{r=1}^{k} k^{(r)}$, $k \in \mathbb{N}_o$, für ein $c \in \mathbb{R}$ zutrifft. Dagegen ergibt sich wegen $\frac{1}{k!} \ge \frac{1}{k!}\sum_{\nu=0}^{n-k}(-1)^\nu/\nu!$, $n \ge k$, für den Schätzer $d: \mathbb{N}_o \to \mathbb{R}$ nach der sogenannten Maximum-Likelihood-Methode $d(k) = k$, $k \in \mathbb{N}_o$, wonach die Wahrscheinlichkeit $P^{d\circ X}(\{k\})$ in Abhängigkeit vom Parameterwert $n \in \mathbb{N}$ bei festem $k \in \mathbb{N}_o$ hier für $n = d(k) = k$ maximal wird, während $\sum_{r=0}^{k} k^{(r)} = k!\sum_{r=0}^{k}\frac{1}{r!}$ wegen $k!\sum_{r=k+1}^{\infty}\frac{1}{r!} < \frac{1}{k}$, $k \in \mathbb{N}$, als $[k!e]$ für $k \in \mathbb{N}$ mit $[x] := \sup\{n \in \mathbb{N}_o : n \le x\}$, $x > 0$, dargestellt werden kann. Zur Charakterisierung der für $n \ge g$ ($g \in \mathbb{N}$ fest) lokal optimalen Schätzer überlegt man sich zunächst, daß die im Modell $\mathfrak{P}_g^X$, wobei der ganzzahlige Parameter n für jedes $P^X \in \mathfrak{P}_g^X$ die Bedingung $n \ge g$ erfüllt, die Nullschätzer von der Gestalt $\sum_{r=1}^{g}\alpha_r(k^{(r)} - 1)$, $\alpha_r \in \mathbb{R}$, r = 1,...,g, $k \in \mathbb{N}_o$, sind. Für jeden solchen Schätzer d_o gilt wegen $E_P(X^{(r)}) = 1$, r = 1,...,n, $P^X \in \mathfrak{P}^X$, die Beziehung $E_{P^X}(d_o) = 0$, $P^X \in \mathfrak{P}_g^X$. Umgekehrt folgt für $d_o: \mathbb{N}_o \to \mathbb{R}$ mit $E_{P^X}(d_o) = 0$, $P^X \in \mathfrak{P}_g^X$, zunächst die Existenz eines Polynoms $\pi_g: \mathbb{N}_o \to \mathbb{R}$ höchstens vom Grad g mit $\pi_g(k) = d_o(k)$, $k \in \{0,1,\ldots,g-1\}$, so daß $d_o - \pi_g$ ein Nullschätzer bezüglich $\mathfrak{P}^X \cup \{\delta_o\}$ ist, d. h. es gilt $d_o = \pi_g$. Da $\{k^{(r)}, r = 0,\ldots,g\}$ eine Basis für den Vektorraum der Polynome in $k \in \mathbb{N}_o$ höchstens vom Grad g ist, gilt für π_g die

Darstellung $\pi_g(k) = \sum_{r=0}^{g} \alpha_r k^{(r)}$, $\alpha_r \in \mathbb{R}$, $r = 0,\ldots,g$, $k \in \mathbb{N}_0$, wobei $E_{P^X}(\pi_g) = \sum_{r=0}^{g} \alpha_r$, $P^X \in \mathfrak{P}_g^X$, die Gleichung $\sum_{r=0}^{g} \alpha_r = 0$, also $d(k) = \sum_{r=1}^{g} \alpha_r (k^{(r)} - 1)$, $k \in \mathbb{N}_0$, impliziert. Ist nun d^* ein für $n \ge g$ lokal optimaler Schätzer bezüglich $\mathfrak{P}^X$, so muß $d^*(k)(k-1) = \sum_{r=1}^{g} \alpha_r (k^{(r)} - 1)$, $k \in \mathbb{N}_0$, mit $\alpha_r \in \mathbb{R}$, $r = 1,\ldots,g$, zutreffen, d. h. d^* ist von der Gestalt $\sum_{r=1}^{g} \alpha_r (k^{(r)} - 1)/(k-1)$, $k \in \mathbb{N}_0 \setminus \{1\}$, und jeder solche Schätzer ist für $n \ge g$ bzgl. $\mathfrak{P}^X$ lokal optimal. Insbesondere werden die bezüglich $\mathfrak{P}^X$ gleichmäßig besten erwartungstreuen Schätzer d^* durch $d^*(k) = c$, $k \in \mathbb{N}_0 \setminus \{1\}$, mit $c \in \mathbb{R}$ charakterisiert. Ferner ist jeder für $\delta: \mathfrak{P}^X \to \mathbb{R}$, $\delta(P^X) = n$, erwartungstreuer Schätzer nicht lokal optimal für $n \ge g$ bei beliebigem $g \in \mathbb{N}$, da ein erwartungstreuer Schätzer für δ nicht von der Gestalt $k \to \sum_{r=1}^{g} \alpha_r (k^{(r)} - 1)/(k-1)$, $k \in \mathbb{N}_0 \setminus \{1\}$ ist. Im Fall, daß $\mathfrak{P}^X$ ersetzt wird durch die Menge $\mathfrak{P}^{(X_1,\ldots,X_m)} :=$ $\{P^{X_1} \otimes \ldots \otimes P^{X_m}: P^{X_1} = \ldots = P^{X_m} \in \mathfrak{P}^X\}$ $(m \ge 1)$, sind die für $n \ge g$ lokal optimalen Schätzer $d: \mathbb{N}_0^m \to \mathbb{R}$ permutationsinvariant und $k_j \to d(k_1,\ldots,k_{j-1},k_j,k_{j+1},\ldots,k_m)$, $k_j \in \mathbb{N}_0$, für festes $k_\ell \in \mathbb{N}_0$, $\ell \in \{1,\ldots,m\} \setminus \{j\}$, ist eine Funktion der Gestalt $\pi(k_j) = \sum_{r=1}^{g} \alpha_r (k_j^{(r)} - 1)/(k_j - 1)$, $k_j \in \mathbb{N}_0 \setminus \{1\}$, $j = 1,\ldots,m$. Dies ergibt sich daraus, daß durch $(k_1,\ldots,k_m) \to (k_j - 1) d_j(k_1,\ldots,k_{j-1},k_{j+1},\ldots,k_m)$, $k_1,\ldots,k_m \in \mathbb{N}_0$, mit beliebiger Funktion d_j für jedes $j \in \{1,\ldots,m\}$ ein Nullschätzer für $\mathfrak{P}^{(X_1,\ldots,X_m)}$ definiert wird.

Es soll nun ein Beispiel behandelt werden, wo kein gleichmäßig bester erwartungstreuer Schätzer existiert. Dabei wird sich zeigen, daß dieser Effekt in diesem Beispiel für alle Parameterfunktionen $\delta: \mathfrak{P}^X \to \mathbb{R}$ auftritt, die nicht konstant sind. Hier ist P^X eine $\mathfrak{B}(n, \frac{1}{2})$-Verteilung mit $n \in \mathbb{N}$, d. h. es soll δ (z. B. $\delta(P^X) = n$, $P \in \mathfrak{P}$) aufgrund der absoluten Häufigkeit für das Ereignis "Zahl" beim unabhängigen Münzwurf mit einer ungefälschten Münze optimal erwartungstreu geschätzt werden, wobei die Anzahl n der Würfe unbekannt ist. Ist sogar $n = 0$ zugelassen, wobei in diesem Fall die $\mathfrak{B}(n, \frac{1}{2})$-Verteilung als Dirac-Verteilung δ_0 aufzufassen ist, so gilt für jeden Nullschätzer $d_0: \Omega_X \to \mathbb{R}$ mit $\Omega_X = \mathbb{N}_0$ wegen $\sum_{k=0}^{n} d_0(k)\binom{n}{k} 2^{-n} = 0$, $n \in \mathbb{N}_0$, die Beziehung $d_0(k) = 0$, $k \in \mathbb{N}_0$. Besitzt man die zusätzliche Information $n \ge 1$, so lassen sich die Nullschätzer $d_0 \in D_0$ ebenfalls einfach kennzeichnen, wenn man beachtet, daß in diesem Fall für $\bar{d}_o$ mit $\bar{d}_o(k) := d_o(k) + (-1)^{k+1} d_o(0)$, $k \in \mathbb{N}_o$, $d_o \in D_o$, gilt $\sum_{k=0}^{n} \bar{d}_o(k)\binom{n}{k} 2^{-n} = 0$, $n \in \mathbb{N}_o$. Hieraus resultiert wieder $\bar{d}_o(k) = 0$, $k \in \mathbb{N}_o$, also $d_o(k) = (-1)^k c$, $k \in \mathbb{N}_o$, mit $c (= d_o(0)) \in \mathbb{R}$, und jede solche Schätzfunktion ist im Fall $n \geq 1$ auch ein Nullschätzer. Damit ist jetzt die Kennzeichnung aller optimalen erwartungstreuen Schätzer d^* im Fall $n \geq 1$ einfach. Aus der Kovarianzmethode folgt nämlich, daß $\bar{d}^*$ mit $\bar{d}^*(k) := d^*(k)(-1)^k$, $k \in \mathbb{N}_o$, ein Nullschätzer im Fall $n \geq 1$ ist, so daß $\bar{d}^*(k) = (-1)^k c$, $k \in \mathbb{N}_o$ für ein $c \in \mathbb{R}$, zutrifft, d. h es gilt $d^*(k) = c$, $k \in \mathbb{N}_o$, und damit $\delta(P^X) = E_{P^X}(d^*) = c$, $P \in \mathfrak{P}$. Selbstverständlich ist für jede Parameterfunktion δ: $\mathfrak{P}^X \to \mathbb{R}$ mit $\delta(P^X) = c$, $P \in \mathfrak{P}$, die Schätzfunktion d^* mit $d^*(k) := c$, $k \in \mathbb{N}_o$, gleichmäßig bester erwartungstreuer Schätzer. Es sollen jetzt im Fall $n \geq 1$ alle für $n > g$ ($g \in \mathbb{N}_o$ fest) lokal optimalen Schätzer $d^*: \Omega_X \to \mathbb{R}$ mit $\Omega_X = \mathbb{N}_o$, als Polynome höchstens vom Grad g gekennzeichnet werden.

Beispiel *(Kennzeichnung der lokal optimalen Schätzer für eine Parameterfunktion des ganzzahligen Parameters einer Binomialverteilung)*

Als Modell liegt die Familie $\mathfrak{P}^X$ von $\mathfrak{B}(n, \frac{1}{2})$-Verteilungen mit $n \in \mathbb{N}$ zugrunde. Daher reicht es, die Elemente d_o der Menge D_o aller Nullschätzer im Modell mit $\mathfrak{P}^X$ als Klasse der $\mathfrak{B}(n, \frac{1}{2})$-Verteilungen mit $n \in \{g+1, g+2, \ldots\}$ mit festem $g \in \mathbb{N}_o$ als $d_o(k) = (-1)^k \sum_{j=0}^{g} \alpha_j k^j$, $k \in \mathbb{N}_o$, $\alpha_j \in \mathbb{R}$, $j = 0,1,\ldots,g$, zu identifizieren. Dann gilt nämlich für jeden Schätzer d^*, der im Modell $\mathfrak{P}^X = \{\mathfrak{B}(n, \frac{1}{2})$-Verteilung: $n \in \mathbb{N}\}$ für jedes $n > g$ lokal optimal ist, daß für jeden Nullschätzer d_o in diesem Modell nach der Kovarianzmethode $d^* d_o$ ein Nullschätzer im Modell $\mathfrak{P}^X = \{\mathfrak{B}(n, \frac{1}{2})$-Verteilung: $n \in \{g+1, g+2, \ldots\}\}$ ist, woraus $d^*(k)(-1)^k = (-1)^k \sum_{j=0}^{g} \alpha_j k^j$, $k \in \mathbb{N}_o$, $\alpha_j \in \mathbb{R}$, $j = 0,1,\ldots,g$, folgt, und umgekehrt liefert diese Gleichung nach der Kovarianzmethode, daß d^* im Modell $\mathfrak{P}^X = \{\mathfrak{B}(n, \frac{1}{2})$-Verteilung: $n \in \mathbb{N}\}$ für $n > g$ lokal optimal ist. Die Kennzeichnung der Nullschätzer im Modell $\mathfrak{P}^X = \{\mathfrak{B}(n, \frac{1}{2})$-Verteilung: $n \in \{g+1, \ldots\}\}$ ergibt sich nun folgendermaßen: Da die Funktionen d_ν mit $d_\nu(k) := \binom{k}{\nu}\nu!$, $k = 0,\ldots,g$, $\nu = 0,\ldots,g$, aufgrund der Tatsache, daß ein nicht verschwindendes Polynom höchstens vom Grad g nicht mehr als g verschiedene Nullstellen besitzt, eine Basis des Vektorraumes der Polynome in $k \in \{0,\ldots,g\}$ höchstens vom Grad g sind, gibt es zu $\alpha_j \in \mathbb{R}$, $j = 0,\ldots,g$, reelle Zahlen β_j, $j = 0,\ldots,g$, mit $(-1)^k \sum_{\nu=0}^{g} \alpha_\nu k^\nu = (-1)^k \sum_{\nu=0}^{g} \beta_\nu \binom{k}{\nu}$, $k \in \{0,\dots,g\}$, woraus wegen

$\sum_{k=0}^{n} \binom{n}{k}\binom{k}{\nu}(-1)^k = \sum_{k=\nu}^{n} (-1)^k \binom{n}{\nu}\binom{n-\nu}{k-\nu} = (-1)^\nu \binom{n}{\nu} \sum_{\mu=0}^{n-\nu} (-1)^\mu \binom{n-\nu}{\mu} = 0$ für $n > \nu$ folgt,

daß d_o mit $d_o(k) := (-1)^k \sum_{\nu=0}^{g} \alpha_\nu k^\nu$, $k \in \mathbb{N}_o$, ein Nullschätzer im Modell $\mathfrak{P}^X = \{\mathfrak{B}(n, \frac{1}{2})\text{-Verteilung: } n \in \{g+1,\dots\}\}$ ist, da $\nu \leq g$ zutrifft. Um umgekehrt einzusehen, daß jeder Nullschätzer d_o im Modell $\mathfrak{P}^X = \{\mathfrak{B}(n, \frac{1}{2})\text{-Verteilung: } n \in \{g+1,\dots\}\}$ von der Gestalt $d_o(k) = (-1)^k \sum_{\nu=0}^{g} \alpha_\nu k^\nu$, $k \in \mathbb{N}_o$, mit $\alpha_\nu \in \mathbb{R}$, $\nu = 0,\dots,g$, ist, wird zunächst die folgende Umrechnung von

$E_n(d) := \sum_{k=0}^{n} d(k)\binom{n}{k} 2^{-n}$, $n \in \mathbb{N}$, mit $d: \mathbb{N}_o \to \mathbb{R}$, herangezogen:

$E_n(d) = d(0)2^{-n} + \frac{n}{2} \sum_{k=1}^{n} \frac{d(k)}{k} \binom{n-1}{k-1} 2^{-(n-1)} = d(0)2^{-n} + \frac{n}{2} E_{n-1}(\hat{d})$, mit

$\hat{d}(k) := \frac{d(k+1)}{k+1}$, $k \in \mathbb{N}_o$, $n \in \mathbb{N}$. Gilt insbesondere $E_n(d) = 0$ für ein $n \geq 2$ und $d(0) = 0$, so erhält man $E_{n-1}(\hat{d}) = 0$. Die Behauptung, die Gestalt der Nullschätzer d_o im Modell $\mathfrak{P}^X = \{\mathfrak{B}(n, \frac{1}{2})\text{-Verteilung: } n \in \{g+1,\dots\}\}$ betreffend, kann nun mit Hilfe vollständiger Induktion nach $g \in \mathbb{N}_o$ bewiesen werden. Für $g = 0$ ist die Behauptung bereits in den Vorüberlegungen zu diesem Beispiel bewiesen worden. Gilt nun $E_n(d_o) = 0$ für $n > g+1$, so trifft für d'_o mit $d'_o(k) := d_o(k) - (-1)^k d_o(0)$, $k \in \mathbb{N}_o$, die Gleichung $E_n(d'_o) = 0$ für $n > g+1$ zu, woraus wegen $d'_o(0) = 0$ nach der obigen Hilfsaussage $E_n(\hat{d}'_o) = 0$ für $n \geq g+1$ folgt. Nach Induktionsvoraussetzung ergibt sich hieraus $\hat{d}'_o(k) = (-1)^k \sum_{\nu=0}^{g} \hat{\alpha}_\nu k^\nu$, $k \in \mathbb{N}_o$, mit $\hat{\alpha}_\nu \in \mathbb{R}$, $\nu = 0,\dots,g$, also $d'_o(k+1) = (-1)^k \sum_{\nu=0}^{g} \hat{\alpha}_\nu (k+1)k^\nu$, $k \in \mathbb{N}_o$, d. h. $d_o(k+1) =$
$= (-1)^{k+1} d_o(0) + (-1)^k \sum_{\nu=0}^{g} \hat{\alpha}_\nu (k+1)k^\nu$, $k \in \mathbb{N}_o$, wobei diese Gleichung auch für $k := -1$ richtig ist. Damit erhält man aber wie behauptet

$d_o(k) = (-1)^k \sum_{\nu=0}^{g+1} \alpha_\nu k^\nu$, $k \in \mathbb{N}_o$, mit $\alpha_\nu \in \mathbb{R}$, $\nu = 0,\dots,g+1$.

Die Nichtexistenz eines gleichmäßig besten erwartungstreuen Schätzers für den ganzzahligen Parameter einer Binomialverteilung im Modell $\mathfrak{P}^X = \{\mathfrak{B}(n, \frac{1}{2})\text{-Verteilung: } n \in \mathbb{N}\}$ läßt sich insbesondere durch Untersuchung der größten konvexen Menge $C_\delta(d)$ unter allen konvexen Teilmengen C von D_δ, die $d \in D_\delta$ enthalten, so daß d gleichmäßig bester erwartungstreuer Schätzer für δ bezüglich C ist, illustrieren. Dabei ist hier $\delta: \mathfrak{P}^X \to \mathbb{R}$ gemäß $\delta(P^X) := n$ mit P^X als $\mathfrak{B}(n, \frac{1}{2})$-Verteilung definiert.

Beispiel *(Klassifikation der erwartungstreuen Schätzer für den ganzzahligen Parameter einer Binomialverteilung)*

Nach den obigen Überlegungen läßt sich jedes Element von D_δ in der Gestalt $d_c(k) = 2k + (-1)^k c$, $k \in \mathbb{N}_0$, für ein $c \in \mathbb{R}$ darstellen. Ferner besteht $C_\delta(d_c)$ aus allen $d_{c'} \in D_\delta$ mit $\mathrm{Kov}_{P^X}(d_c, d_{c'} - d_c) \geq 0$ für jedes $P \in \mathfrak{P}$, wobei P^X eine $\mathfrak{B}(n, \frac{1}{2})$-Verteilung ist. Für $n > 1$ ergibt sich $\mathrm{Kov}_{P^X}(d_c, d_{c'} - d_c) = c(c' - c)$ und für $n = 1$ erhält man $\mathrm{Kov}_{P^X}(d_c, d_{c'} - d_c) = (c-1)(c'-c)$, so daß $C_\delta(d_c) = \{d_c\}$ für $0 < c < 1$, $C_\delta(d_c) = \{d_{c'}: c' \geq c\}$ für $c \geq 1$, und $C_\delta(d_c) = \{d_{c'}: c' \leq c\}$ für $c \leq 0$ gilt. Insbesondere ergibt sich hieraus nochmals daß es im Modell $\mathfrak{P}^X = \{\mathfrak{B}(n, \frac{1}{2})$-Verteilung: $n \in \mathbb{N}\}$ keinen für δ gleichmäßig besten erwartungstreuen Schätzer gibt.

Man kann die explizite Gestalt der für $n > g$ mit festem $g \in \mathbb{N}_0$ lokal optimalen Schätzer im Modell $\mathfrak{P}^X = \{\mathfrak{B}(n, \frac{1}{2})$-Verteilung: $n \in \mathbb{N}\}$ als Polynome in $k \in \mathbb{N}_0$ auch ohne genaue Kenntnis der Nullschätzer im Modell $\mathfrak{P}^X = \{\mathfrak{B}(n, \frac{1}{2})$-Verteilung: $n \in \{g+1, \dots\}\}$ herleiten. Bei dieser Begründung wird lediglich die Kennzeichnung der Nullschätzer im Modell $\mathfrak{P}^X = \{\mathfrak{B}(n, \frac{1}{2})$-Verteilung: $n \in \mathbb{N}\}$ als Schätzfunktionen der Gestalt $(-1)^k c$, $k \in \mathbb{N}_0$, $c \in \mathbb{R}$, benutzt, sowie die Tatsache, daß Schätzfunktionen von der Form $(-1)^k \sum_{\nu=0}^{g} a_\nu k^\nu$, $k \in \mathbb{N}_0$, $a_\nu \in \mathbb{R}$, $\nu = 0, \dots, g$, Nullschätzer im Modell $\mathfrak{P}^X = \{\mathfrak{B}(n, \frac{1}{2})$-Verteilung: $n \in \{g+1, \dots\}\}$ sind. Ist nun $d^*: \mathbb{N}_0 \to \mathbb{R}$ ein für $n > g$ lokal optimaler Schätzer im Modell $\mathfrak{P}^X = \{\mathfrak{B}(n, \frac{1}{2})$-Verteilung: $n \in \mathbb{N}\}$, so sei $\pi^*: \mathbb{N}_0 \to \mathbb{R}$ das eindeutig bestimmte Polynom höchstens vom Grad g mit $\pi^*(k) = d^*(k)$, $k = 0, \dots, g$, daß nach Lagrange gemäß $\pi^*(m) =$
$= \sum_{k=0}^{g} d^*(k) \prod_{\substack{j=0 \\ j \neq k}}^{g} \frac{m-j}{k-j}$, $m \in \mathbb{N}_0$, dargestellt werden kann. Aus der lokalen Optimalität von d^* und der Tatsache, daß die durch $(-1)^k \pi^*(k)$, $k \in \mathbb{N}_0$, definierte Schätzfunktion ein Nullschätzer im Modell $\mathfrak{P}^X = \{\mathfrak{B}(n, \frac{1}{2})$-Verteilung: $n \in \{g+1, \dots\}\}$ ist, ergibt sich $\sum_{k=0}^{n} (d^*(k) - \pi^*(k))(-1)^k \binom{n}{k} 2^{-n} = 0$ für jedes $n \in \mathbb{N}$, wobei die Gültigkeit dieser Beziehung für $n \in \{1, \dots, g\}$ wegen $d^*(k) = \pi^*(k)$, $k \in \{0, \dots, g\}$, offensichtlich ist. Aufgrund der Kennzeichnung der Nullschätzer im Modell $\mathfrak{P}^X = \{\mathfrak{B}(n, \frac{1}{2})$-Verteilung: $n \in \mathbb{N}\}$ gibt es daher ein $c \in \mathbb{R}$ mit $(d^*(k) - \pi^*(k))(-1)^k = (-1)^k c$, $k \in \mathbb{N}_0$, d. h. $d^*: \mathbb{N}_0 \to \mathbb{R}$ ist ein Polynom höchstens vom Grad g. Übrigens ist $c = 0$, da $d^* - \pi^*$ sogar ein

Nullschätzer im Modell $\mathfrak{P}^X = \{\mathfrak{B}(n, \frac{1}{2})$-Verteilung: $n \in \mathbb{N}_0\}$ ist, wobei für $n = 0$ die Dirac-Verteilung δ_0 vorliegt. Dieselbe Argumentation liefert übrigens einen anderen, einfacheren Beweis, daß im Modell $\mathfrak{P}^X = \{\mathfrak{B}(n, \frac{1}{2})$-Verteilung: $n \in \{g+1, \ldots\}\}$ jeder Nullschätzer d_0 von der Gestalt $(-1)^k \sum_{\nu=0}^{g} a_\nu k^\nu$, $k \in \mathbb{N}_0$, sein muß, wenn man zur Schätzfunktion, die durch $(-1)^k d_0(k)$, $k \in \mathbb{N}_0$, gegeben ist, wieder ein Polynom $\pi_0 : \mathbb{N}_0 \to \mathbb{R}$ höchstens vom Grad g wählt mit $\pi_0(k) = (-1)^k d_0(k)$, $k \in \{0, 1, \ldots, g\}$. Dann ist durch $(-1)^k \pi_0(k) - d_0(k)$, $k \in \mathbb{N}_0$, ein Nullschätzer im Modell $\mathfrak{P}^X = \{\mathfrak{B}(n, \frac{1}{2})$-Verteilung: $n \in \mathbb{N}_0\}$ definiert, so daß tatsächlich $d_0(k) = (-1)^k \pi_0(k)$, $k \in \mathbb{N}_0$, zutrifft.

Diese Überlegungen enthalten bereits die Grundidee zur Übertragung der Aussage, daß die für $n > g$ lokal optimalen Schätzer im Modell $\mathfrak{P}^X = \{\mathfrak{B}(n, \frac{1}{2})$-Verteilung: $n \in \mathbb{N}\}$ Polynome in $n \in \mathbb{N}_0$ höchstens vom Grad g sind auf den sogenannten m-Stichprobenfall, der hier durch das Modell $\mathfrak{P}^X$ mit $X := (X_1, \ldots, X_m)$, und $X_1, \ldots, X_m$ als unter $P \in \mathfrak{P}$ stochastisch unabhängig und identisch verteilten Zufallsgrößen mit P^{X_1} als $\mathfrak{B}(n, \frac{1}{2})$-Verteilung, $n \in \mathbb{N}$, beschrieben wird.

Beispiel *(Die symmetrischen Polynome in $(k_1, \ldots, k_m) \in \mathbb{N}_0^m$ höchstens vom Grad g in jeder Variablen $k_j \in \mathbb{N}_0$, $j = 1, \ldots, m$, bei festgehaltenen übrigen Variablen als Obermenge der Familie der für $n > g$ lokal optimalen Schätzer im m-Stichprobenfall für Parameterfunktionen des ganzzahligen Parameters einer $\mathfrak{B}(n, \frac{1}{2})$-Verteilung)*

Im ersten Beweisschritt wird zunächst der Fall der globalen Optimalität, also $g = 0$, betrachtet. Da $(-1)^{k_1} d(k_2, \ldots, k_m)$, $k_j \in \mathbb{N}_0$, $j = 1, \ldots, m$, mit beliebiger Stichprobenfunktion $d : \mathbb{N}_0^{m-1} \to \mathbb{R}$, ein Nullschätzer im Modell $\mathfrak{P}^{(X_1, \ldots, X_m)}$ mit $X_1, \ldots, X_m$ als unter jedem $P \in \mathfrak{P}$ stochastisch unabhängigen und identisch verteilten Zufallsgrößen mit P^{X_1} als $\mathfrak{B}(n, \frac{1}{2})$-Verteilung ist, folgt aus der Optimalität von $d^* : \mathbb{N}_0^m \to \mathbb{R}$ nach der Kovarianzmethode $\sum_{k_1=0}^{n} (-1)^{k_1} d^*(k_1, k_2, \ldots, k_m) \binom{n}{k_1} = 0$ für alle $(k_2, \ldots, k_m) \in \mathbb{N}_0^{m-1}$ und jedes $n \in \mathbb{N}$. Hieraus resultiert $d^*(k_1, k_2, \ldots, k_m) = c$, $c \in \mathbb{R}$, $(k_1, \ldots, k_m) \in \mathbb{N}_0^m$. In einem zweiten Beweisschritt wird gezeigt, daß aus der lokalen Optimalität von $d : \mathbb{N}_0^m \to \mathbb{R}$ für $n > g$ im obigen Modell folgt, daß d^* in $k_j \in \mathbb{N}_0$ bei festgehaltenen übrigen Variablen $(k_1, \ldots, k_{j-1}, k_{j+1}, \ldots, k_m) \in \mathbb{N}_0^{m-1}$ ein Polynom höchstens vom Grad g ist für jedes $j = 1,\dots,m$. Zu diesem Zweck beachtet man, daß es ein Polynom $\pi^*: \mathbb{N}_0^m \to \mathbb{R}$ von diesem Typ mit $\pi^*(k_1,\dots,k_m) = d^*(k_1,\dots,k_m)$ für $k_j \in \{0,\dots,g\}$, $j = 1,\dots,m$, gibt. Dies folgt am einfachsten aus dem Lagrangeschen Polynom $\sum_{i=0}^{g} d^*(i,k_2,\dots,k_m) \prod_{\substack{j=0 \\ j\neq i}}^{g} \frac{k_1-j}{i-j}$ in $k_1 \in \mathbb{N}_0$ bei festem $(k_2,\dots,k_m) \in \mathbb{N}_0^{m-1}$ durch vollständige Induktion über die Anzahl der Variablen $k_1,\dots,k_m$. Damit ist dann aber durch $d^* - \pi^*: \mathbb{N}_0^m \to \mathbb{R}$ eine Stichprobenfunktion gegeben, die im obigen Modell zusammen mit allen durch $(-1)^{k_1} d(k_2,\dots,k_m)$, $(k_1,\dots,k_m) \in \mathbb{N}_0^m$ mit beliebigem $d: \mathbb{N}_0^{m-1} \to \mathbb{R}$ definierten Nullschätzern verschwindende Kovarianz haben. Nach den Überlegungen im ersten Beweisschrit folgt hieraus $d^* - \pi^* = c$ für ein $c \in \mathbb{R}$, so daß aus der lokalen Optimalität von d^* für $n > g$ folgt, daß d^* ein Polynom der oben beschriebenen Art ist. Die Symmetrie (Permutationsinvarianz) folgt sofort aus $P^{(X_{\pi(1)},\dots,X_{\pi(m)})} = P^{(X_1,\dots,X_m)}$ für jede Permutation π von $\{1,\dots,m\}$, zusammen mit der Eindeutigkeitsaussage für lokal optimale Schätzer.

Insbesondere gibt es also wie im Fall $m = 1$ lediglich die konstanten Schätzfunktionen auf $\mathbb{N}_0^m$ als gleichmäßig beste erwartungstreue Schätzer. Da man ferner jedes Polynom $\sum_{\substack{0\le\nu_j\le g \\ j=1,\dots,m}} a_{\nu_1,\dots,\nu_m} k_1^{\nu_1}\cdot\ldots\cdot k_m^{\nu_m}$, $k_j \in \mathbb{N}_0$, $j=1,\dots,m$, auch gemäß $\sum_{\substack{0\le\nu_j\le g \\ j=1,\dots,m}} b_{\nu_1,\dots,\nu_m} \binom{k_1}{\nu_1}\cdot\ldots\cdot\binom{k_m}{\nu_m}$, $k_j \in \mathbb{N}_0$, $j=1,\dots,m$, darstellen kann, werden durch solche Polynome wegen $E(\binom{X_j}{\nu_j}) = 2^{-\nu_j}\binom{n}{\nu_j}$, mit P^{X_j} als $\mathfrak{B}(n, \frac{1}{2})$-Verteilung, $j = 1,\dots,m$, erwartungstreue Schätzer für Polynome in $n \in \mathbb{N}$ höchstens vom Grad g als Parameterfunktionen beschrieben. Umgekehrt ist aus demselben Grund jede solche Parameterfunktion durch ein Polynom auf $\mathbb{N}_0^m$ der obigen Art erwartungstreu schätzbar. Allerdings sind im Fall $m > 1$ die symmetrischen Polynome in $(k_1,\dots,k_m) \in \mathbb{N}_0^m$ höchstens vom Grad g in jeder Variablen $k_j \in \mathbb{N}_0$, $j = 1,\dots,m$, bei festgehaltenen übrigen Variablen im allgemeinen nicht lokal optimal für $n > g$. Genauer wird gezeigt, daß im Fall $m > 1$ das Stichprobenmittel für kein $g \in \mathbb{N}_0$ die Eigenschaft der lokalen Optimalität für $n > g$ besitzt. Zu diesem Zweck soll zunächst die größte konvexe Teilmenge $C_\delta(d^*)$ von D_δ unter allen konvexen Teilmengen C von D_δ untersucht werden, die d^* enthalten, so daß d^* bezüglich C gleichmäßig bester erwartungstreuer

Schätzer ist im Modell $\mathfrak{P}^{(X_1,\ldots,X_m)}$ mit $X_1,\ldots,X_m$ als unter $P \in \mathfrak{P}$ stochstisch unabhängigen, identisch verteilten Zufallsgrößen mit P^{X_1} als $\mathfrak{B}(n, \frac{1}{2})$-Verteilung, $n \in \mathbb{N}$, wobei $\delta: \mathfrak{P}^{(X_1,\ldots,X_m)} \to \mathbb{R}$ gemäß $\delta(P^{X_1,\ldots,X_m}) := n$ definiert ist.

Beispiel *(Untersuchung der größten konvexen Teilmenge aller für den ganzzahligen Parameter einer $\mathfrak{B}(n, \frac{1}{2})$-Verteilung erwartungstreuen Schätzer im m-Stichprobenfall bezüglich des zweifachen Stichprobenmittels)*

Mit den obigen Bezeichnungen gilt $C_\delta(d^*) = \{d \in D_\delta : E_{X}(dd^*_P) \geq E_{X}(d^{*2}_P),\ P^X \in \mathfrak{P}^X\}$ mit $X := (X_1,\ldots,X_m)$ und $d^*(k_1,\ldots,k_m) = \frac{2}{m}(k_1 + \ldots + k_m)$, $k_i \in \{0,\ldots,n\}$, $i = 1,\ldots,m$. Diese Ungleichungen lauten unter Beachtung von $k_i\binom{n}{k_i} = n\binom{n-1}{k_i-1}$, $k_i \in \{1,\ldots,n\}$, $i = 1,\ldots,m$, konkreter $\frac{n}{m} \sum_{i=1}^{m} \sum_{\substack{\nu=1,\ldots,m \\ \nu \neq i \\ k_i \in \{0,\ldots,n-1\}}} d(k_1,\ldots,k_i + 1,\ldots,k_m) \prod_{\substack{j=1 \\ j \neq i}}^{m} \binom{n}{k_j}\binom{n-1}{k_i} 2^{-mn+1}$

$\geq \mathrm{Var}_{P^X}(\frac{2}{m}(X_1 + \ldots + X_m)) + E^2_{P^X}(\frac{2}{m}(X_1 + \ldots + X_m)) = \frac{4}{m^2} m \frac{n}{4} + n^2 = n(n + \frac{1}{m})$,

$n \in \mathbb{N}$. Für $d \in D_\delta$ mit $d(k_1,\ldots,k_m) = \hat{d}(k_1 + \ldots + k_m)$, $k_j \in \mathbb{N}_0$, $j = 1,\ldots,m$, $\hat{d}: \mathbb{N}_0 \to \mathbb{R}$, kann man diese Bedingung auch einfacher als $\sum_{\mu=0}^{mn-1} \hat{d}(\mu + 1)\binom{mn-1}{\mu} 2^{-(mn-1)} \geq n + \frac{1}{m}$, $n \in \mathbb{N}$, beschreiben. Als Anwendung dieser Ungleichung müssen insbesondere alle linearen Schätzer $d \in D_\delta$, also $d(k_1,\ldots,k_m) = \sum_{i=1}^{m} a_i k_i$, $k_j \in \mathbb{N}_0$, $j = 1,\ldots,m$, $a_j \in \mathbb{R}$, $j = 1,\ldots,m$, $\sum_{i=1}^{m} a_i = 2$ zu $C_\delta(d^*)$ gehören, da die linearen Schätzer $d \in D_\delta$ eine konvexe Teilmenge von D_δ bilden, die d^* enthält. Dies kann man natürlich auch direkt folgendermaßen einsehen: $E_P(\sum_{i=1}^{m} a_i X_i \cdot \sum_{j=1}^{m} \frac{2}{m} X_j) =$
$\frac{2}{m}(E_P(\sum_{i \neq j} a_i X_i X_j) + E_P(\sum_i a_i X_i^2) = \frac{2}{m}((\sum_{i \neq j} a_i)\frac{n^2}{4} + \sum_i a_i(\frac{n^2}{4} + \frac{n}{4})) = \frac{2}{m}(\sum_{i,j} a_i \frac{n^2}{4} + 2\frac{n}{4})$:
$= \frac{2}{m}(2m\frac{n^2}{4} + \frac{n}{2}) = n^2 + \frac{n}{m} = E_P((\sum_{j=1}^{m} \frac{2}{m} X_j)^2)$. Übrigens ist neben dem zweifachen Stichprobenmittel, das hier mit d^* bezeichnet worden ist, auch die vierfache Stichprobenstreuung ein haheliegender erwartungstreuer Schätzer für $n \in \mathbb{N}$. Sind nämlich $X_1,\ldots,X_m$ unter P stochastisch unabhängige, identisch verteilte Zufallsgrößen mit existierendem $E_P(X_1^2)$, so gilt (auch ohne die in dem hier betrachteten Modell gemachte Annahme, daß P^{X_1} eine $\mathfrak{B}(n, \frac{1}{2})$-Verteilung ist) $E_P(\frac{1}{m-1} \sum_{j=1}^{m} (X_j - \frac{\sum_{i=1}^{m} X_i}{m})^2) = \mathrm{Var}_P(X_1)$. Dies folgt aus

$$E_P\left(\frac{1}{m-1}\sum_{j=1}^{m}\left(X_j - \frac{\sum_{i=1}^{m} X_i}{m}\right)^2\right) = \frac{1}{m-1}\, E_P\left(\sum_{i=1}^{m} X_i^2 - \frac{1}{m}\left(\sum_{i=1}^{m} X_i\right)^2\right) =$$

$$= \frac{1}{m-1}\left(E_P\left(\sum_{i=1}^{m} X_i^2\right) - \frac{1}{m}\, E_P\left(\left(\sum_{i=1}^{m} X_i\right)^2\right)\right) = \frac{1}{m-1}\left(m\, E_P(X_1^2) - \frac{1}{m}\, E_P\left(\sum_{i\neq j} X_iX_j\right)\right.$$

$$\left. - \frac{1}{m}\, E_P\left(\sum_i X_i^2\right)\right) = \frac{1}{m-1}\left(m E_P(X_1^2) - \frac{1}{m}\, m(m-1) E_P^2(X_1) - \frac{1}{m}\, m\, E_P(X_1^2)\right) =$$

$= E_P(X_1^2) - E_P^2(X_1) = Var_P(X_1)$, so daß im Fall, daß P^{X_1} eine $\mathfrak{B}(n,\frac{1}{2})$-Verteilung ist, durch $\frac{4}{m-1}\sum_{j=1}^{m}\left(k_j - \frac{\sum_{i=1}^{m} k_i}{m}\right)^2$, $k_1,\dots,k_m \in \mathbb{N}_o$, ein für $n \in \mathbb{N}$ erwartungstreuer Schätzer gegeben ist. Es soll geprüft werden, ob dieser Schätzer zu $C_\delta(d^*)$ gehört. Zu diesem Zweck beachtet man, daß $d \in C_\delta(d^*)$ genau dann zutrifft, wenn $\frac{1}{m}\sum_{i=1}^{m} E_P(d \circ (X_1,\dots,X_i + 1,\dots,X_m)) \geq n + \frac{1}{m}$, $n \in \mathbb{N}$, zutrifft, wobei $P^{(X_1,\dots,X_i,\dots,X_m)}$ das direkte Produkt von $\mathfrak{B}(n_j,\frac{1}{2})$-Verteilungen mit $n_j = n$, $j \in \{1,\dots m\}\setminus\{i\}$, $n_i = n-1$, ist, $n \in \mathbb{N}$, und für $\frac{4}{m-1}\sum_{j=1}^{m}(X_j - \frac{1}{m}\sum_{i=1}^{m} X_i)^2$ auch $\frac{4}{m-1}((1-\frac{1}{m})\sum_i X_i^2 - \frac{2}{m}\sum_{i<j} X_iX_j)$ geschrieben werden kann. Bezeichnet also $d \in D_\delta$ den durch $\frac{4}{m-1}\sum_{j=1}^{m}\left(k_j - \frac{\sum_{i=1}^{m} k_i}{m}\right)^2$, $k_j \in \mathbb{N}_o$, $j = 1,\dots,m$, definierten Schätzer, so gilt $\frac{1}{m}\sum_{i=1}^{m} E_P(d \circ (X_1,\dots,X_i + 1,\dots,X_m)) =$

$$= \frac{4}{m-1}\left((1-\frac{1}{m})[(m-1)(\frac{n}{4} + \frac{n^2}{4}) + \frac{n-1}{4} + \frac{(n+1)^2}{4}] - 2\cdot\frac{1}{m^2}\binom{m}{2}[(m-2)\cdot\frac{n^2}{4} + 2\cdot\frac{n}{2}\,\frac{n+1}{2}]\right)$$

$$= \frac{4}{m-1}\left(\frac{m-1}{m}[m(\frac{n}{4} + \frac{n^2}{4}) + \frac{n-1}{4} + \frac{(n+1)^2}{4} - \frac{n}{4} - \frac{n^2}{4}] - \frac{m-1}{m}[m\,\frac{n^2}{4} - \frac{n^2}{2} + \frac{n^2}{2} + \frac{n}{2}]\right) =$$

$\frac{4}{m}([m\,\frac{n(n+1)}{4} + \frac{n}{2}] - [m\,\frac{n^2}{4} + \frac{n}{2}]) = n(n+1) - n^2 = n < n + \frac{1}{m}$, $n \in \mathbb{N}$, d. h. $d \notin C_\delta(d^*)$. Dies ist bemerkenswert, da aufgrund der Bedeutung von $C_\delta(d^*)$ folgt, daß es im Fall $m > 1$ (im Gegensatz zum Fall $m = 1$, wo d^* für $n > 1$ lokal optimal ist) kein $g \in \mathbb{N}_o$ gibt, so daß d^* für $n > g$ lokal optimal ist, obgleich $Var_P(d \circ (X_1,\dots,X_m)) \geq Var_P(d^* \circ (X_1,\dots,X_m))$ für jedes $n \in \mathbb{N}\setminus\{1\}$ im Fall $m \geq 2$ gilt, wobei hier jedes $n \in \mathbb{N}$ eindeutig ein $P^{(X_1,\dots,X_m)} \in \mathfrak{P}^{(X_1,\dots,X_m)}$ festlegt. Um die letzte Ungleichung für die Varianzen zu beweisen, wird zunächst die folgende Rekursionsformel für die zentralen Momente einer $\mathfrak{B}(n,p)$-verteilten Zufallsgröße X bewiesen: $E[(X-np)^{k+1}] = pq(\frac{d}{dp}E[(X-np)^k] + knE[(X-np)^{k-1}])$ für $k \in \mathbb{N}$. Dies folgt aus $E[(X-np)^{k+1}] = E[(X-np)^k X] - npE[(X-np)^k]$, $\frac{d}{dp}E[(X-np)^k] = -nk\,E[(X-np)^{k-1}] + E[(X-np)^k X]/p - n\,E[(X-np)^k]/(1-p) + E[(X-np)^k X]/(1-p)$, woraus $pq\,\frac{d}{dp}\,E[(X-np)^k] + pqkn\,E[(X-np)^{k-1}] =$

$= E[(X - np)^k X] - np\,E[(X - np)^k] = E[(X - np)^{k+1}]$ und damit die behauptete Rekursionsformel folgt. Aus dieser ergibt sich speziell $E[(X - np)^3] =$ $= pq(2n\,E[(X - np)] + \frac{d}{dp}(np(1-p))) = pqn\,(1-2p) = npq(q - p)$ und $E[(X - np)^4] =$ $= pq(3n\,E[(X - np)^2] + \frac{d}{dp}E[(X - np)^3]) = pq[3n^2pq + n\frac{d}{dp}((1 - 2p)(p - p^2))] =$ $= pq[3n^2pq + n((1 - 2p)^2 - 2(p - p^2))] = pq[3n^2pq + n(1 - 6pq)] = 3(npq)^2 +$ $+ npq(1-6pq)$.

Schließlich soll für stochastisch unabhängige, identisch verteilte Zufallsgrößen $X_1,\ldots,X_n$ $(n > 1)$ mit existierendem $E(X_1^4)$ die Varianz der Stichprobenstreuung $\frac{1}{n-1}\sum_{j=1}^{n}(X_j - \frac{\sum_{i=1}^{n}X_i}{n})^2 = \frac{1}{n-1}((1-\frac{1}{n})\sum_i X_i^2 - \frac{2}{n}\sum_{i<j}X_iX_j)$ berechnet werden. Es ergibt sich $\mathrm{Var}\,(\frac{1}{n-1}\sum_{j=1}^{n}(X_j - \frac{\sum_{i=1}^{n}X_i}{n})^2) = \frac{1}{n}(E[(X_1 - E(X_1))^4] - \frac{n-3}{n-1}\mathrm{Var}^2(X_1))$. Dies sieht man folgendermaßen ein: Zunächst kann ohne Beschränkung der Allgemeinheit $E(X_1) = 0$ angenommen werden, indem man X_j durch $X_j - E(X_j)$, $j = 1,\ldots,n$, ersetzt. Ferner gilt $\mathrm{Var}\,(\frac{1}{n-1}\sum_{j=1}^{n}(X_j - \frac{\sum_{i=1}^{n}X_i}{n})^2) =$ $= \frac{1}{(n-1)^2}\mathrm{Var}\,((1-\frac{1}{n})\sum_{i=1}^{n}X_i^2 - \frac{2}{n}\sum_{1\le i<j\le n}X_iX_j) = \frac{1}{(n-1)^2}[(1-\frac{1}{n})^2 n\,\mathrm{Var}(X_1^2) +$ $+\frac{4}{n^2}\binom{n}{2}\mathrm{Var}\,(X_1X_2) - \frac{2}{n}(1-\frac{1}{n})\sum_{\substack{1\le i<j\le n\\ 1\le k\le n}}\mathrm{Kov}\,(X_k^2, X_iX_j) +$ $+ (\frac{2}{n})^2\sum_{\substack{1\le i<j\le n\\ 1\le i'<j'\le n\\ (i,j)\ne(i',j')}}\mathrm{Kov}\,(X_iX_j, X_{i'}X_{j'})] = \frac{1}{n}\mathrm{Var}\,(X_1^2) + \frac{2}{n(n-1)}\mathrm{Var}\,(X_1X_2)$, wenn man beachtet, daß die Kovarianzterme wegen $E(X_1) = 0$ verschwinden. Schließlich liefert $\mathrm{Var}\,(X_1^2) = E[(X_1 - E(X_1))^4] - \mathrm{Var}^2(X_1)$ und $\mathrm{Var}\,(X_1X_2) = E^2[(X_1 - E(X_1))^2]$ die Behauptung. Hieraus ergibt sich schließlich für die Varianz des durch $\frac{4}{m-1}\sum_{j=1}^{m}(k_j - \frac{\sum_{i=1}^{m}k_i}{m})^2$, $k_j \in \mathbb{N}_0$, $j = 1,\ldots,m$, definierten Schätzers im Modell $\mathfrak{P}^{(X_1,\ldots,X_m)}$ mit $X_1,\ldots,X_m$ als unter $P \in \mathfrak{P}$ stochastisch unabhängigen, identisch verteilten Zufallsgrößen mit P^{X_1} als $\mathfrak{B}(n,\frac{1}{2})$-Verteilung der Wert $\frac{16}{m}[3(\frac{n}{4})^2 + \frac{n}{4}(1-\frac{6}{4}) - \frac{m-3}{m-1}(\frac{n}{4})^2] = \frac{16}{m}[-\frac{n}{8} + \frac{2m}{m-1}(\frac{n}{4})^2] =$ $= 2\frac{n}{m}[-1 + \frac{mn}{m-1}] = 2\frac{n}{m}\frac{mn - m+1}{m-1}$ und dieser Wert ist im Fall $m > 3$ für $n > 1$ größer als der Wert $\frac{n}{m}$ für die Varianz des durch $\frac{2}{m}\sum_{j=1}^{m}k_j$, $k_j \in \mathbb{N}_0$, $j = 1,\ldots,m$, definierten Schätzers.

Zum Abschluß der Betrachtungen, den ganzzahligen Parameter einer $\mathfrak{B}(n, \frac{1}{2})$-Verteilung betreffend, soll im 2-Stichprobenfall der Maximum-Likelihood-Schätzer bestimmt werden und gezeigt werden, daß dieser nicht erwartungstreu (verzerrt) ist.

Beispiel *(Verzerrtheit des Maximum-Likelihood-Schätzers im 2-Stichprobenfall für den ganzzahligen Parameter einer $\mathfrak{B}(n, \frac{1}{2})$-Verteilung)*

Bezeichnet $p_{k_1,k_2}(n) := \binom{n}{k_1}\binom{n}{k_2}2^{-2n}$ die Wahrscheinlichkeit, bei zweimaliger unabhängiger Ausführung eines Bernoulli-Experiments vom Umfang n mit Trefferwahrscheinlichkeit $\frac{1}{2}$ jeweils k_1-mal bzw. k_2-mal Treffer zu erzielen, so gilt $\frac{p_{k_1,k_2}(n)}{p_{k_1,k_2}(n-1)} \geq 1$ genau dann, wenn $\frac{n^2/4}{(n-k_1)(n-k_2)} \geq 1$ ist, d. h. $n^2 - \frac{4}{3}n(k_1+k_2) + \frac{4}{3}k_1k_2 \leq 0$ trifft zu. Die entsprechende quadratische Gleichung hat die beiden Lösungen $x_1 = \frac{2}{3}[k_1 + k_2 + (k_1^2 + k_2^2 - k_1k_2)^{1/2}]$, $x_2 = \frac{2}{3}[k_1 + k_2 - (k_1^2 + k_2^2 - k_1k_2)^{1/2}]$. Setzt man ohne Einschränkung der Allgemeinheit $k_2 \geq k_1$ voraus, so erhält man wegen $k_1^2 + k_2^2 - k_1k_2 \geq (k_2 - k_1)^2$ bzw. $k_1^2 + k_2^2 - k_1k_2 \geq k_1^2$ die Ungleichung $x_2 < k_2 < x_1$, falls $k_2 > 0$ zutrifft. Hieraus folgt $0 = p_{k_1,k_2}(0) = \ldots = p_{k_1,k_2}(k_2-1) < p_{k_1,k_2}(k_2) \leq \ldots \leq p_{k_1,k_2}([x_1]) \geq \ldots$
$\ldots \geq p_{k_1,k_2}([x_1]+\nu)$, $\nu \in \mathbb{N}_0$, wenn $k_2 > 0$ ist. Im Fall $k_2 = 0$ ergibt sich 0 als Wert für den Maximum-Likelihood-Schätzer, wenn man den Parameterwert $n = 0$ zuläßt. Insgesamt hat man also $p_{k_1,k_2}([x_1]) = \max\{p_{k_1,k_2}(n) : n \in \mathbb{N}_0\}$. Ferner ist $x_1 \geq k_1 + k_2$ mit der Ungleichung $4(k_1^2 + k_2^2 - k_1k_2) \geq (k_1 + k_2)^2$ äquivalent, wobei diese Ungleichung mit $(k_1 - k_2) \geq 0$ gleichwertig ist. Also gilt $E_P([\frac{2}{3}(X_1 + X_2) + (X_1^2 + X_2^2 - X_1X_2)^{1/2}]) \geq E_P(X_1 + X_2)$ für $n \in \mathbb{N}_0$, wobei jedes $n \in \mathbb{N}_0$ genau ein $P^{(X_1,X_2)} \in \mathfrak{P}^{(X_1,X_2)}$ festlegt, mit X_1, X_2 als unter $P \in \mathfrak{P}$ stochastisch unabhängigen, identisch verteilten Zufallsgrößen mit P^{X_1} als $\mathfrak{B}(n, \frac{1}{2})$-Verteilung, $n \in \mathbb{N}_0$.

Für Anwendungen ist die folgende Modifikation eines Bernoulli-Experiments von Bedeutung: Möchte man unter Wahrung der Anonymität den Anteil einer bestimmten Gruppe einer Population durch Befragung von n Personen der Population schätzen, so liegt als Modell nahe, von stochastisch unabhängigen $\mathfrak{B}(1, p_k p + (1-p_k)(1-p))$-verteilten Zufallsgrößen, $k = 1,\dots,n$, auszugehen, wobei $p \in [0,1]$ die unbekannte Wahrscheinlichkeit angibt, der betreffenden Bevölkerungsgruppe anzugehören, und p_k bzw. $1-p_k$ ist die bekannte Wahrscheinlichkeit dafür, daß die k-te befragte Person die Antwort "ja" auf die Frage nach der Gruppenzugehörigkeit gibt, unter der Bedingung, daß tatsächlich eine Gruppenzugehörigkeit vorliegt, bzw. die Antwort "ja" auf die Frage nach der Nichtgruppenzugehörigkeit gibt, unter der Bedingung, daß tatsächlich keine Gruppenzugehörigkeit vorliegt. Dies ist praktisch dadurch realisierbar, daß beim Auftreten eines Ereignisses mit Wahrscheinlichkeit p_k die Frage nach der Gruppenzugehörigkeit von der k-ten Person wahrheitsgemäß beantwortet wird bzw. beim Auftreten des Komplements dieses Ereignisses die Frage nach der Nichtgruppenzugehörigkeit von der k-ten Person wahrheitsgemäß beantwortet wird. Daher ist $p_k p + (1-p_k)(1-p)$ die Wahrscheinlichkeit dafür, daß die k-te befragte Person die Antwort "ja" gibt. Es soll zunächst im Fall $n = 2$ untersucht werden, für welche Werte p_1, p_2 der Populationsanteil p der Gruppe durch einen gleichmäßig besten erwartungstreuen Schätzer geschätzt werden kann. Anschließend wird für die entsprechenden Werte von p_1, p_2 der gleichmäßig beste erwartungstreue Schätzer für p angegeben und auf den Fall von n befragten Personen verallgemeinert.

Beispiel *(Kennzeichnung des Modells mit individuellen Wahrscheinlichkeiten zur optimalen Schätzung eines Bevölkerungsanteils)*

Sind X_1, X_2 stochastisch unabhängige Zufallsgrößen mit P^{X_k} als $\mathfrak{B}(1, p_k\, p + (1-p_k)(1-p))$-Verteilung, $k = 1,2$, $p \in [0,1]$, so ergibt sich für einen erwartungstreuen Schätzer d von p im Modell $\mathfrak{P}^{X_1}$ die Beziehung $d(1)p_1 + d(0)(1-p_1) = 1$ für $p = 1$ bzw. $d(0)p_1 + d(1)(1-p_1) = 0$ für $p = 0$, woraus $d(1)p_1^2 - d(1)(1-p_1)^2 = p_1$, also $d(1) = \frac{p_1}{2p_1-1}$ und damit $d(0) = \frac{p_1-1}{2p_1-1}$, d. h. $d(k) = \frac{p_1-1+k}{2p_1-1}$, $k = 0,1$, folgt, wenn man $p_1 \neq \frac{1}{2}$ annimmt. Gilt auch $p_2 \neq \frac{1}{2}$, so wird durch $\frac{p_1-1+k_1}{2p_1-1} - \frac{p_2-1+k_2}{2p_2-1}$, $(k_1,k_2) \in \{0,1\}^2$, ein Nullschätzer bezüglich des Modells $\mathfrak{P}^{(X_1,X_2)}$ definiert. Daher gilt für einen gleichmäßig besten erwartungstreuen Schätzer d^* für p im Modell $\mathfrak{P}^{(X_1,X_2)}$ die Gleichung

$$\sum_{\substack{k_j \in \{0,1\} \\ j=1,2}} \left(\frac{p_1-1+k_1}{2p_1-1} - \frac{p_2-1+k_2}{2p_2-1}\right) d^*(k_1,k_2)\xi_1^{k_1}(1-\xi_1)^{1-k_1}\xi_2^{k_2}(1-\xi_2)^{1-k_2} = 0 \text{ mit}$$

$\xi_j := \xi_j(p) = p_j p + (1-p_j)(1-p)$, $j = 1,2$. Wegen $\frac{d}{dp}(\xi_j^{k_j}(1-\xi_j)^{1-k_j}) = (1-2p_j)(-1)^{k_j}$, $j = 1,2$, und

$$(*) \qquad \sum_{\substack{k_j \in \{0,1\} \\ j=1,2}} (k_1(2p_2-1) - k_2(2p_1-1))d^*(k_1,k_2)\xi_1^{k_1}(1-\xi_1)^{1-k_1}\xi_2^{k_2}(1-\xi_2)^{1-k_2}$$
$$= p(p_2 - p_1)$$

für alle $p \in [0,1]$, erhält man durch Differenzieren von (*) nach p die Gleichung
$2(p_2 - p_1)d^*(1,1)[(1-2p_1)(-1)\frac{1}{2} + (1-2p_2)(-1)\frac{1}{2}] +$
$(2p_2 - 1)d^*(1,0)[(1-2p_1)(-1)\frac{1}{2} + (1-2p_2)\frac{1}{2}] - 1(2p_1 - 1)d^*(0,1)[(1-2p_1)\frac{1}{2} +$
$(1-2p_2)(-1)\frac{1}{2}] = p_2 - p_1$, wenn man $p = \frac{1}{2}$ wählt, d. h. es gilt
$2(p_2 - p_1)(p_1 + p_2 - 1)d^*(1,1) + (2p_1 - 1)(p_1 - p_2)d^*(1,0) - (2p_1 - 1)(p_2 - p_1)d^*(0,1)$
$= p_2 - p_1$, also

$$(**) \qquad 2(p_1 + p_2 - 1)d^*(1,1) - (2p_2 - 1)d^*(1,0) - (2p_1 - 1)d^*(0,1) = 1,$$

wenn man $p_1 \neq p_2$ annimmt. Die zweite Ableitung von (*) nach p liefert
$2(p_2 - p_1)d^*(1,1)(1-2p_1)(1-2p_2) - (2p_2 - 1)d^*(1,0)(2p_1 - 1)(2p_2 - 1) +$
$(2p_1 - 1)d^*(0,1)(2p_1 - 1)(2p_2 - 1) = 0$, woraus wegen der Annahme $p_j \neq \frac{1}{2}$, $j = 1,2$, die Gleichung

$$({*}{*}{*}) \qquad 2(p_2 - p_1)d^*(1,1) - (2p_2 - 1)d^*(1,0) + (2p_1 - 1)d^*(0,1) = 0$$

resultiert. Schließlich liefert (*) für $p = \frac{1}{2}$ die Beziehung
$2(p_2 - p_1)d^*(1,1)\frac{1}{4} + (2p_2 - 1)d^*(1,0)\frac{1}{4} - (2p_1 - 1)d^*(0,1)\frac{1}{4} = \frac{1}{2}(p_2 - p_1)$, so daß zusammen mit (***) folgt
$[2(p_2 - p_1) + 2(p_2 - p_1)]d^*(1,1) = 2(p_2 - p_1)$, d. h. $d^*(1,1) = \frac{1}{2}$, wenn man die Annahme $p_1 \neq p_2$ berücksichtigt. Ferner liefern (**) und (***) die Gleichungen
$-(2p_2 - 1)d^*(1,0) - (2p_1 - 1)d^*(0,1) = 1 - (p_1 + p_2 - 1) = 2 - p_1 - p_2$ und
$-(2p_2 - 1)d^*(1,0) + (2p_1 - 1)d^*(0,1) = p_1 - p_2$, wenn man $d^*(1,1) = \frac{1}{2}$ berücksichtigt. Hieraus ergibt sich $-2(2p_2 - 1)d^*(1,0) = 2 - 2p_2$, also
$d^*(1,0) = \frac{p_2-1}{2p_2-1}$, wenn man die Annahme $p_2 \neq \frac{1}{2}$ beachtet, woraus

$d^*(0,1) = \frac{p_1-1}{2p_1-1}$ resultiert, da $p_1 \neq \frac{1}{2}$ vorausgesetzt worden ist. Ferner liefert die Erwartungstreue von d^* für p die Gleichung

$\sum_{\substack{k_j \in \{0,1\} \\ j=1,2}} d^*(k_1,k_2)\xi_1^{k_1}(1-\xi_1)^{1-k_1}\xi_2^{k_2}(1-\xi_2)^{1-k_2} = p$, woraus für $p = \frac{1}{2}$ bzw. zweimaliges Differenzieren nach p folgt $[d^*(1,1) + d^*(0,0) + d^*(1,0) + d^*(0,1)]\frac{1}{4} = \frac{1}{2}$ bzw. $[d^*(1,1) - d^*(1,0) - d^*(0,1) + d^*(0,0)](1-2p_1)(1-2p_2) = 0$. Dies hat $d^*(1,1) + d^*(0,0) = 1 = d^*(1,0) + d^*(0,1)$ zur Folge, woraus wegen $d^*(1,1) = \frac{1}{2}$ die Beziehung $d^*(0,0) = \frac{1}{2}$ resultiert. Einsetzen von $d^*(1,0) = \frac{p_2-1}{2p_2-1}$ und $d^*(0,1) = \frac{p_1-1}{2p_1-1}$ in $d^*(1,0) + d^*(0,1) = 1$ liefert $(p_1-1)(2p_2-1) + (p_2-1)(2p_1-1) = (2p_1-1)(2p_2-1)$ und daher $p_2 = 1 - p_1$. Damit ist bewiesen worden, daß im Modell $\mathfrak{P}^{(X_1,X_2)}$ mit $p_j \neq \frac{1}{2}$, $j = 1,2$, $p_1 = p_2$ oder $p_2 = 1 - p_1$ folgt, daß es einen für p gleichmäßig besten erwartungstreuen Schätzer gibt, wenn man beachtet, daß P^{1-X_j} eine $\mathfrak{B}(1,(1-p_j)p + p_j(1-p))$-Verteilung besitzt, $j = 1,2$. Setzt man nun im Modell $\mathfrak{P}^{(X_1,\dots,X_n)}$ mit $X_1,\dots,X_n$ als stochastisch unabhängige Zufallsgrößen, wobei P^{X_j} eine $\mathfrak{B}(1,p_jp + (1-p_j)(1-p))$-Verteilung ist, $j = 1,\dots,n$ $(n \geq 2)$ voraus, daß für das Modell $\mathfrak{P}^{(X_{j_1},X_{j_2})}$, $j_1 \neq j_2$, $j_k \in \{1,\dots,n\}$, $k = 1,2$, ein gleichmäßig bester erwartungstreuer Schätzer für p existiert, so kann man bis auf die Reihenfolge der X_j, $j = 1,\dots,n$, annehmen, daß P^{X_j} eine $\mathfrak{B}(1, p_1p + (1-p_1)(1-p))$-Verteilung, $j = 1,\dots,m$, und P^{X_j} eine $\mathfrak{B}(1,(1-p_1)p + p_1(1-p))$-Verteilung, $j = m+1,\dots,n$ ist $(1 \leq m \leq n)$. Wegen $E_p\left(\frac{p_1-1+X_1}{2p_1-1}\right) = \frac{p_1-1+E_p(X_1)}{2p_1-1} = \frac{p_1-1+p_1p+(1-p)(1-p_1)}{2p_1-1} = p$

wird durch $\frac{1}{n}\left[\sum_{j=1}^{m}\frac{p_1-1+k_j}{2p_1-1} + \sum_{j=m+1}^{n}\frac{p_1-k_j}{2p_1-1}\right] = \frac{(p_1-1)\frac{m}{n} + \sum_{j=1}^{m}k_j/n}{2p_1-1} + \frac{\frac{p_1}{n}(n-m) - \sum_{j=m+1}^{n}k_j/n}{2p_1-1}$, $k_j \in \{0,1\}$, $j = 1,\dots,n$, ein für p erwartungstreuer Schätzer im Modell $\mathfrak{P}^{(X_1,\dots,X_n)}$ definiert. Dieser ist auch gleichmäßig bester erwartungstreuer Schätzer, da für einen Nullschätzer d_o in diesem Modell

$\sum_{\substack{k_j \in \{0,1\} \\ j=1,\dots,n}} d_o(k_1,\dots,k_n)\left(\frac{\xi_1}{1-\xi_1}\right)^{\sum_{j=1}^{m}k_j - \sum_{j=m+1}^{n}k_j}(1-\xi_1)^m\xi_1^{n-m} = 0$ gilt mit

$\xi_1 = p_1 p + (1-p_1)(1-p)$. Multipliziert man nun die vorletzte Gleichung mit $(1-\xi_1)^{-m} \cdot \xi_1^{m-n}$ und differenziert anschließend nach $\frac{\xi_1}{1-\xi_1}$, so erhält man $E_P(d_o \circ (X_1,\ldots,X_n)(\sum_{j=1}^{m} X_j - \sum_{j=m+1}^{n} X_j)) = 0$ für jedes $P \in \mathfrak{P}$, so daß nach der Kovarianzmethode durch $\sum_{j=1}^{m} k_j - \sum_{j=m+1}^{n} k_j$, $k_j \in \{0,1\}$, $j = 1,\ldots,n$, ein gleichmäßig bester erwartungstreuer Schätzer definiert wird. Hieraus folgt die Optimalität des durch $\frac{1}{n}(\sum_{j=1}^{m} \frac{p_1-1+k_j}{2p_1-1} + \sum_{j=m+1}^{n} \frac{p_1-k_j}{2p_1-1})$, $k_j \in \{0,1\}$, $j = 1,\ldots,n$, definierten Schätzers für den unbekannten prozentualen Anteil einer Bevölkerungsgruppe. Dabei ist hier noch eine leichte Verallgemeinerung des üblichen Verfahrens behandelt worden, da es der befragten Person überlassen bleibt, das Ereignis mit der Wahrscheinlichkeit p_1 bzw. das zugehörige Komplement mit der Wahrscheinlichkeit $1-p_1$ mit der Frage zur Gruppenzugehörigkeit bzw. Nichtgruppenzugehörigkeit zu verbinden. Diese Information muß allerdings dem Experimentator bekannt sein, wobei diese Wahlmöglichkeit eventuell die Bereitschaft der Befragten zur Mitarbeit erhöht.

Man kann sogar zeigen, daß im Fall von unter $P \in \mathfrak{P}$ stochastisch unabhängigen und $\{0,1\}$-wertigen Zufallsgrößen $X_1,\ldots,X_n$ mit P^{X_j} als $\mathfrak{B}(1, pp_j + (1-p)(1-p_j))$-Verteilung, $p_j \neq \frac{1}{2}$, $j = 1,\ldots,n$, $p \in [0,1]$, jeder gleichmäßig bester erwartungstreuer Schätzer $d^*\{0,1\}^n \to \mathbb{R}$ (zum eigenen Erwartungswert als reellwertige Parameterfunktion) konstant sein muß, wenn nicht $p_j = p_k$ oder $p_j + p_k = 1$, $j,k \in \{1,\ldots,n\}$ zutrifft. In Verallgemeinerung der vorangehenden Überlegungen im Fall $n = 2$ mit $p_1 \neq p_2$ oder $p_1 + p_2 \neq 1$ soll zunächst gezeigt werden, daß ein gleichmäßig bester erwartungstreuer Schätzer $d^*:\{0,1\}^2 \to \mathbb{R}$ konstant ist. Nach der Kovarianzmethode gilt nämlich

$$\sum_{\substack{x_j \in \{0,1\} \\ j=1,2}} d^*(x_1,x_2)\left[\frac{x_1-1+p_1}{2p_1-1} - \frac{x_2-1+p_2}{2p_2-1}\right] \prod_{i=1}^{2} \alpha_i^{x_i}(1-\alpha_i)^{1-x_i} = 0, \ p \in [0,1] \text{ mit}$$

$\alpha_i := p_i p + (1-p_i)(1-p)$, $j = 1,2$. Hieraus resultiert

$$\sum_{\substack{x_j \in \{0,1\} \\ j=1,2}} ((2p_2-1)x_1 - (2p_1-1)x_2 + p_1 - p_2) d^*(x_1,x_2) \prod_{i=1}^{2} \alpha_i^{x_i}(1-\alpha)^{1-x_i} = 0, \ p \in [0,1],$$

woraus wegen $\frac{d}{dp}\alpha_i^{x_i}(1-\alpha_i)^{1-x_i} = (2p_i-1)(-1)^{x_i}$, $i = 1,2$, die Beziehung

$d^*(0,0)(p_1-p_2) - d^*(1,0)(p_1+p_2-1) + d^*(0,1)(p_1+p_2-1) - d^*(1,1)(p_1-p_2) = 0$ folgt. Schließlich kann man d^* durch I_A mit $A := \{(x_1,x_2) \in \{0,1\}^2 : |d^*(x_1,x_2)| = M\}$,

$M := \sup\{|d^*(x_1,x_2)| : (x_1,x_2) \in \{0,1\}^2\}$ ersetzen, da nach der Kovarianzmethode $(\frac{d^*}{M})^k$ für jedes $k \in \mathbb{N}$ ein gleichmäßig bester, erwartungstreuer Schätzer ist und damit auch aus demselben Grund $\lim_{k\to\infty} (\frac{d^*}{M})^{2k} = I_A$. Nun ergibt sich aber aus $I_A(0,0)(p_1-p_2) - I_A(1,0)(p_1+p_2-1) + I_A(0,1)(p_1+p_2-1) - I_A(1,1)(p_1-p_2) = 0$, daß nur die Fälle $A = \{(0,0),(1,1)\}$ und $A = \{(1,0),(0,1)\}$ möglich sind, falls $|d^*|$ nicht konstant ist. Dann liefert aber $\sum_{\substack{x_j \in \{0,1\} \\ j=1,2}} ((2p_2-1)x_1 - (2p_1-1)x_2 + (p_1-p_2)) \cdot I_A \prod_{i=1}^{2} \alpha_i^{x_i}(1-\alpha_i)^{1-x_i} = 0$ für $A = \{(0,1),(1,1)\}$ bzw. $A = \{(1,0),(0,1)\}$die Gleichungen $\alpha_1\alpha_2 = (1-\alpha_1)(1-\alpha_2)$ bzw. $\alpha_1(1-\alpha_2) = (1-\alpha_1)\alpha_2$ für $p \in [0,1]$ im Widerspruch zu $p_1+p_2-1 \neq 0$ bzw. $p_1 \neq p_2$, wenn man $p=1$ wählt. Also ist $|d^*|$ und damit auch d^* konstant, da man d^* durch $M-d^*(=|M-d^*|)$ ersetzen kann. Es soll nun mit Hilfe vollständiger Induktion nach $n \in \mathbb{N}$ gezeigt werden, daß jeder gleichmäßig beste, erwartungstreue Schätzer $d^*: \{0,1\}^n \to \mathbb{R}$ konstant ist, falls nicht $p_j = p_k$ oder $p_j + p_k = 1$, $j,k \in \{1,\ldots,n\}$ zutrifft. Zu diesem Zweck überlegt man sich zunächst, daß nach der Kovarianzmethode $d_2^*: \{0,1\}^2 \to \mathbb{R}$ mit $d_2^*(x_{n-1},x_n) := d^*(x_1,\ldots,x_{n-2},x_{n-1},x_n)$, $(x_{n-1},x_n) \in \{0,1\}^2$, $(x_1,\ldots,x_{n-2}) \in \{0,1\}^{n-2}$ fest, ein gleichmäßig bester, erwartungstreuer Schätzer im Fall n=2 ist, denn ist $d_o: \{0,1\}^2 \to \mathbb{R}$ in diesem Fall ein Nullschätzer, so wird durch $\tilde{d}_o(x_1,\ldots,x_n) := I_A(x_1,\ldots,x_{n-2})d_o(x_{n-1},x_n)$, $(x_1,\ldots,x_n) \in \{0,1\}^n$ mit A als beliebiger Teilmenge von $\{0,1\}^{n-2}$ ein Nullschätzer $\tilde{d}_o: \{0,1\}^n \to \mathbb{R}$ für den Stichprobenumfang n erklärt. Ist nun $d^*: \{0,1\}^{n+1} \to \mathbb{R}$ ein gleichmäßig bester, erwartungstreuer Schätzer, so muß d_2^* mit $d_2^*(x_n,x_{n+1}) := d^*(x_1,\ldots,x_{n-1},x_n,x_{n+1}) = (x_n,x_{n+1}) \in \{0,1\}^2$, $(x_1,\ldots,x_{n-1}) \in \{0,1\}^{n-1}$ fest, konstant sein, falls $p_n = p_{n+1}$ oder $p_n + p_{n+1} = 1$ nicht zutrifft, was man mit Hilfe einer geeigneten Permutation von $\{1,\ldots,n+1\}$ ohne Beschränkung der Allgemeinheit annehmen kann, falls nicht $p_j = p_k$ oder $p_j + p_k = 1$, $j,k \in \{1,\ldots,n+1\}$ gilt. Nach Induktionsvoraussetzung ist dann auch $d^*: \{0,1\}^{n+1} \to \mathbb{R}$ konstant, wenn nicht $p_j = p_k$ oder $p_j + p_k = 1$ gilt. Es muß jetzt nur noch gezeigt werden, daß es keinen gleichmäßig besten, erwartungstreuen Schätzer $d^*: \{0,1\}^{n+1} \to \mathbb{R}$ gibt, der von $(x_1,\ldots,x_{n+1}) \in \{0,1\}^{n+1}$ nur über $(x_1,\ldots,x_{n-1}) \in \{0,1\}^{n-1}$ abhängt, wobei $p_j = p_k$ oder $p_j + p_k = 1$, $j,k \in \{1,\ldots,n-1\}$, zutrifft. Zu diesem Zweck darf man $p_j = p_k$, $j,k \in \{1,\ldots,n-1\}$ annehmen, da nach Voraussetzung $p_j = p_o$, $j \in \{j_1,\ldots,j_k\} \subset \{1,\ldots,n-1\}$ und $p_j = 1-p_o$, $j \in \{1,\ldots,n\} \setminus \{j_1,\ldots,j_k\}$ für ein $k \in \{0,\ldots,n-1\}$ und ein $p_o \in [0,1] \setminus \{1/2\}$ zutrifft und man daher von

$X_1,\dots,X_{n-1}$ übergehen kann zu $Z_1,\dots,Z_{n-1}$ mit $Z_j := X_j$, $j\in\{j_1,\dots,j_k\}$, $Z_j := 1-X_j$, $j\in\{1,\dots,n-1\}\setminus\{j_1,\dots,j_k\}$. Damit sind $Z_1,\dots,Z_{n-1}$ unter $P\in\mathfrak{P}$ stochastisch unabhängig und identisch verteilt mit P^{Z_1} als $\mathfrak{B}(1,pp_o+(1-p)(1-p_o))$-Verteilung, $p\in[0,1]$. Nun wird aber durch $E_{\tilde p}(d\circ(Z_1,\dots,Z_{n-1}))$ für jeden Schätzer $d:\{0,1\}^{n-1}\to\mathbb{R}$ ein Polynom in $\tilde p$ mit $\tilde p := pp_o+(1-p)(1-p_o)$ höchstens vom Grad $n-1$ definiert, wobei $d_k^*:\{0,1\}^{n-1}\to\mathbb{R}$ mit $d_k^*(x_1,\dots,x_{n-1}) := \binom{\sum_{j=1}^{n-1}x_j}{k}/\binom{n-1}{k}$, $(x_1,\dots,x_{n-1})\in\{0,1\}^{n-1}$, ein für $\delta_k:\mathfrak{P}^{(Z_1,\dots,Z_{n-1})}\to\mathbb{R}$, $\delta_k(P^{(Z_1,\dots,Z_n)}) := \tilde p^k$, $k=0,\dots,n-1$, gleichmäßig bester, erwartungstreuer Schätzer ist, so daß $d^*(x_1,\dots,x_{n-1}) = \sum_{k=0}^{n-1} a_k d_k^*(x_1,\dots,x_{n-1})$, $(x_1,\dots,x_{n-1})\in\{0,1\}^{n-1}$ zutrifft, da die Menge der optimalen Schätzer einen linearen Raum über $\mathbb{R}$ aufgrund der Kovarianzmethode bilden und aus demselben Grund optimale Schätzer eindeutig bestimmt sind. Ferner muß nach der Kovarianzmethode

$$E_p\Big(\sum_{k=0}^{n-1} a_k \binom{\sum_{j=1}^{n-1} Z_j}{k}\Big(\frac{Z_{n-1}+p_o-1}{2p_o-1} - \frac{X_n+p_n-1}{2p_n-1}\Big)\Big) = 0,\ p\in[0,1],$$

zutreffen, wobei $Z_1,\dots,Z_{n-1}$, X_n unter $P\in\mathfrak{P}$ stochastisch unabhängig sind mit P^{X_n} als $\mathfrak{B}(1,pp_n+(1-p)(1-p_n))$-Verteilung für ein $p_n\in[0,1]\setminus\{\frac12\}$, $p\in[0,1]$. Daher gilt

$$\sum_{k=0}^{n-1}\frac{a_k}{2p_o-1}E_p\Big(Z_{n-1}\binom{\sum_{j=1}^{n-1}Z_j}{k}\Big) + \sum_{k=0}^{n-1} a_k \frac{p_o-1}{2p_o-1} E_p\Big(\binom{\sum_{j=1}^{n-1}Z_j}{k}\Big) - \sum_{k=0}^{n-1} a_k\binom{n-1}{k}\tilde p p = 0,$$

$p\in[0,1]$, mit $\tilde p := p_o p+(1-p_o)(1-p)$, d. h. $p = \frac{\tilde p-1+p_o}{2p_o-1}$. Wegen

$$E_p\Big(Z_{n-1}\binom{\sum_{j=1}^{n-1}Z_j}{k}\Big) = \tilde p\, E_p\Big(\binom{\sum_{j=1}^{n-1}Z_j+1}{k}\Big) = \tilde p\Big[E_p\Big(\binom{\sum_{j=1}^{n-2}Z_j}{k}\Big) + E_p\Big(\binom{\sum_{j=1}^{n-2}Z_j}{k-1}\Big)\Big] =$$

$\tilde p(\binom{n-2}{k}\tilde p^k + \binom{n-2}{k-1}\tilde p^{k-1})$ für $k=1,\dots,n-2$ bzw. $\tilde p$ für $k=0$ und $\tilde p^{n-1}$ für $k=n-2$ folgt hieraus:

$$0 = \frac{a_o}{2p_o-1}\tilde p + \frac{a_{n-1}}{2p_o-1}\tilde p^{n-1} + \sum_{k=1}^{n-2}\frac{a_k}{2p_o-1}\Big(\binom{n-2}{k}\tilde p^{k+1}+\binom{n-2}{k-1}\tilde p^k\Big) +$$

$$\sum_{k=0}^{n-1} a_k\frac{p_o-1}{2p_o-1}\binom{n-1}{k}\tilde p^k - \sum_{k=0}^{n-1}a_k\binom{n-1}{k}\tilde p^k\frac{\tilde p+p_o-1}{2p_o-1} = \frac{a_o}{2p_o-1}\tilde p + \frac{a_{n-1}}{2p_o-1}\tilde p^{n-1} -$$

$$\sum_{k=1}^{n-2}\frac{a_k}{2p_o-1}\Big(\binom{n-1}{k} - \binom{n-2}{k}\Big)\tilde p^{k+1} - \frac{a_o}{2p_o-1}\tilde p - \frac{a_{n-1}}{2p_o-1}\tilde p^n + \sum_{k=1}^{n-2}\frac{a_k}{2p_o-1}\binom{n-2}{k-1}\tilde p^k =$$

$$\frac{a_{n-1}}{2p_o-1}\tilde p^{n-1} - \frac{a_{n-1}}{2p_o-1}\tilde p^n - \sum_{k=1}^{n-2}\frac{a_k}{2p_o-1}\binom{n-2}{k-1}\tilde p^{k+1} + \sum_{k=1}^{n-2}\frac{a_k}{2p_o-1}\binom{n-2}{k-1}\tilde p^k =$$

$$\frac{a_{n-1}}{2p_o-1}\tilde p^{n-1} - \frac{a_{n-1}}{2p_o-1}\tilde p^n - \sum_{k=2}^{n-1}\frac{a_{k-1}}{2p_o-1}\binom{n-2}{k-2}\tilde p^k + \sum_{k=1}^{n-2}\frac{a_k}{2p_o-1}\binom{n-2}{k-1}\tilde p^k =$$

$$\frac{a_{n-1}}{2p_o-1}\tilde p^{n-1} - \frac{a_{n-1}}{2p_o-1}\tilde p^n - \frac{a_{n-2}}{2p_o-1}\binom{n-2}{n-3}\tilde p^{n-1} + \frac{a_1}{2p_o-1}\tilde p + \sum_{k=2}^{n-2}\frac{1}{2p_o-1}\Big(a_k\binom{n-2}{k-1} -$$

$$a_{k-1}\binom{n-2}{k-1}\Big)\tilde p^k = \frac{a_1}{2p_o-1}\tilde p - \frac{a_{n-1}}{2p_o-1}\tilde p^n + \sum_{k=2}^{n-1}\frac{1}{2p_o-1}\Big(a_k\binom{n-2}{k-1} - a_{k-1}\binom{n-2}{k-2}\Big)\tilde p^k,$$

$\tilde p\in[\min\{p_o,1-p_o\},\max\{p_o,1-p_o\}]$. Hieraus folgt durch Koeffizientenvergleich

$a_k = 0$, $k = 1,\dots,n-1$, d. h. $d^* = a_o$, womit gezeigt worden ist, daß ein gleichmäßig bester, erwartungstreuer Schätzer $d^*: \{0,1\}^n \to \mathbb{R}$ konstant ist, falls nicht $p_j = p_k$ oder $p_j + p_k = 1$, $j,k \in \{1,\dots,n\}$ zutrifft.

Dieses Beispiel läßt noch folgende naheliegende Modifikation zu: Es wird mit unbekannter Wahrscheinlichkeit $p \in [0,1]$ bestimmt, welches von zwei Bernoulli-Experimenten vom Umfang n mit jeweils bekannten Trefferwahrscheinlichkeiten p_1 bzw. p_2 durchgeführt wird, so daß in diesem Fall vom Modell $\mathfrak{P}^{(X_1,\dots,X_n)}$ mit $X_1,\dots,X_n$ als stochastisch unabhängigen, identisch verteilten Zufallsgrößen mit P^{X_1} als $\mathfrak{B}(1,pp_1 + (1-p)p_2)$-Verteilung ausgegangen werden kann. Wegen $P^{X_1} = p \cdot \mathfrak{B}(n,p_1)$-Verteilung + $(1-p)\mathfrak{B}(1,p_2)$-Verteilung handelt es sich um die Mischung von zwei $\mathfrak{B}(1,p_j)$-Verteilungen, $j = 1,2$, mit dem Mischungsparameter $p \in [0,1]$.

Beispiel *(Gleichmäßig bester erwartungstreuer Schätzer für den Mischungsparameter von zwei Bernoulli-Verteilungen)*

Mit $\xi = pp_1 + (1-p)p_2$ gilt für jeden Nullschätzer d_o im Modell $\mathfrak{P}^{(X_1,\dots,X_n)}$ mit $X_1,\dots,X_n$ als stochastisch unabhängigen und identisch verteilten Zufallsgrößen mit P^{X_1} als $\mathfrak{B}(1,\xi)$-Verteilung $\sum_{\substack{k_j \in \{0,1\} \\ j=1,\dots,n}} d_o(k_1,\dots,k_n)\left(\frac{\xi}{1-\xi}\right)^{\sum_{i=1}^n k_i}(1-\xi)^n = 0$,

woraus durch Multiplikation mit $(1-\xi)^{-n}$ und anschließendem Differenzieren nach $\frac{\xi}{1-\xi}$ die Beziehung $E_P(d_o \circ (X_1,\dots,X_n) \sum_{j=1}^n X_j) = 0$ für jedes $P \in \mathfrak{P}$ folgt, so daß der durch $\sum_{j=1}^n k_j$, $k_j \in \{0,1\}$, $j = 1,\dots,n$, definierte Schätzer optimal ist. Wegen $E_P\left(\frac{X_1 - p_1}{p_1 - p_2}\right) = (pp_1 + (1-p)p_2 - p_1)/(p_1 - p_2) = p - 1$ wird durch

$\frac{1}{n}\sum_{j=1}^n \frac{k_j - p_1}{p_1 - p_2} + 1 = \frac{1}{n}\sum_{j=1}^n \frac{k_j - p_2}{p_1 - p_2} = \frac{-p_2 + \sum_{j=1}^n k_j/n}{p_1 - p_2}$, $k_j \in \{0,1\}$, $j = 1,\dots,n$, ein gleichmäßig bester erwartungstreuer Schätzer für den Mischungsparameter von zwei $\mathfrak{B}(1,p_j)$- Verteilungen, $j = 1,2$, $p_1 \neq p_2$, erklärt.

Die optimalen erwartungstreuen Schätzer für die Parameter einer Multinomialverteilung lassen sich ebenfalls durch Differenzieren der für Nullschätzer charakteristischen Gleichung nach geeigneten Parametern herleiten. Einzelheiten zu dieser Technik werden im folgenden Beispiel behandelt.

Beispiel *(Optimale erwartungstreue Schätzer für eine $\mathfrak{M}(n,p_1,\dots,p_m)$-Verteilung)*
Ist $d_o: \mathbb{N}_o^m \to \mathbb{R}$ ein Nullschätzer im Modell $\mathfrak{P}^{(X_1,\dots,X_m)}$ mit $P^{(X_1,\dots,X_m)}$ als $\mathfrak{M}(n,p_1,\dots,p_m)$-Verteilung, so gilt $\sum\limits_{\substack{x_j \in \mathbb{N}_o \\ j=1,\dots,m \\ x_1+\dots+x_m=n}} d_o(x_1,\dots,x_m) \frac{n!}{x_1!\cdot\dots\cdot x_m!} \xi_1^{x_1}\cdot\dots\cdot \xi_{m-1}^{x_{m-1}} = 0$ mit $\xi_j := \frac{p_j}{1-p_1-\dots-p_{m-1}}$, $j = 1,\dots,m-1$, wobei die $\xi_1,\dots,\xi_{m-1}$ unabhängig voneinander ein Gebiet im $\mathbb{R}^{m-1}$ durchlaufen, so daß Differenzieren jeweils nach den ξ_j, $j = 1,\dots,m-1$, möglich ist. Zu diesem Zweck muß die Invertierbarkeit der Koeffizientenmatrix des Gleichungssystems

$\xi_i = p_1\xi_1 + \dots + p_{i-1}\xi_{i-1} + p_i(\xi_i+1) + p_{i+1}\xi_{i+1} + \dots + p_{m-1}\xi_{m-1}$, $i = 1,\dots,m-1$, mit den Unbekannten $p_1,\dots,p_{m-1} \in [0,1]$ gezeigt werden. Aus Stetigkeitsgründen trifft dies für hinreichend kleine ξ_j, $j = 1,\dots,m-1$, zu, da dann die zugehörige Determinante nicht verschwindet, die im Fall $\xi_j = 0$, $j = 1,\dots,m-1$, die Determinante der Einheitsmatrix ist. Differenziert man nun die für einen Nullschätzer d_o charakteristischen Gleichungen nach ξ_j, $j = 1,\dots,m-1$, so ist die Kovarianz mit den durch x_j, $x_j(x_j-1)$, x_jx_k, $j = 1,\dots,m-1$, $k = 1,\dots,m-1$, $k \neq j$, definierten Schätzfunktion für jeden Parameterwert $p_1,\dots,p_m$ gleich null, wenn man beachtet, daß ein Polynom, welches nicht identisch verschwindet, nur endlich viele Nullstellen besitzt. Somit handelt es sich um optimale erwartungstreue Schätzer. Wegen $E(X_j) = np_j$, $E(X_j(X_j-1)) = n(n-1)p_j^2$, $E(X_jX_k) = n(n-1)p_jp_k$, $j \neq k$, erhält man vermöge x_j/n, $x_jx_k/n(n-1)$ bzw. $x_j(x_j-1)/n(n-1)$, $x_j, x_k \in \{0,1,\dots,n\}$ für p_j, p_jp_k bzw. p_j^2 optimale erwartungstreue Schätzer, wobei sich die letzten Gleichungen am einfachsten aus der erzeugenden Funktion $(p_1t_1 + \dots + p_mt_m)^n$, $t_j \in \mathbb{R}$, $j = 1,\dots,m$, der $\mathfrak{M}(n,p_1,\dots,p_m)$-Verteilung durch Differenzieren ergeben. Als Spezialfall soll aufgrund der n-maligen Beobachtung der Häufigkeiten h_{AB}, h_{A^cB}, h_{AB^c} bzw. $h_{A^cB^c}$ mit den Wahrscheinlichkeiten p_{AB}, p_{A^cB}, p_{AB^c}, bzw. $p_{A^cB^c}$ für das Auftreten von $A \cap B$, $A^c \cap B$, $A \cap B^c$ bzw. $A^c \cap B^c$ von zwei Ereignissen A und B, also bei zugrundeliegender $\mathfrak{M}(n,p_{AB},p_{A^cB},p_{AB^c},p_{A^cB^c})$-Verteilung, optimale erwartungstreue Schätzer für $p_{AB} - p_Ap_B$ $(= p_{AB} - (p_{AB}+p_{AB^c})(p_{AB}+p_{A^cB}) = \mathrm{Kov}\,(I_A, I_B))$ und p_{AB}^2 bestimmt werden. Wegen $p_Ap_B = p_{AB}^2 + p_{AB}\cdot p_{A^cB} + p_{AB}p_{AB^c} + p_{AB^c}p_{A^cB}$ ist der durch

$\frac{h_{AB}(h_{AB}-1)}{n(n-1)} + \frac{h_{AB}h_{A^cB}}{n(n-1)} + \frac{h_{AB}h_{AB^c}}{n(n-1)} + \frac{h_{AB^c}\cdot h_{A^cB}}{n(n-1)}$ definierte Schätzer nach den obigen Überlegungen unter Berücksichtigung, daß Summen optimaler erwartungstreuer Schätzer optimal sind, gleichmäßig bester erwartungstreuer Schätzer für $p_A p_B$, woraus folgt, daß $\frac{h_{AB}}{n} - \frac{h_A h_B}{n(n-1)}$ optimal erwartungstreu für $p_{AB} - p_A p_B$ und $\frac{h_{AB}(h_{AB}-1)}{n(n-1)}$ optimal erwartungstreu für p_{AB}^2 ist.

Als Anwendung soll ein Modell aus der Genetik für die Genotypwahrscheinlichkeiten der Ausprägungen von zwei Merkmalen behandelt werden. Bezeichnet p bzw. 1-p die Wahrscheinlichkeit für die Ausprägung a bzw. b eines Merkmals, so ergeben sich die Genotypwahrscheinlichkeiten p^2 für die Ausprägung aa, $2p(1-p)$ für die Ausprägung ab, bzw. $(1-p)^2$ für die Ausprägung bb *(Hardy-Weinberg-Verteilung)*, z. B. kann es sich bei den Ausprägungen um die Blütenfarbe "weiß" und "rot" bei Pflanzen (etwa Erbsen) handeln. Man beobachtet dabei n Pflanzen mit den Häufigkeiten x_1 für die Ausprägung aa (Blütenfarbe "weiß"), x_2 für die Ausprägung ab (Blütenfarbe "rosa") bzw. x_3 für die Ausprägung bb (Blütenfarbe "rot"). Die zugehörigen Zufallsgrößen (X_1,X_2,X_3) besitzen also eine $\mathfrak{M}(n,p_1,p_2,p_3)$-Verteilung mit $p_1 := p^2$, $p_2 := 2p(1-p)$, $p_3 := (1-p)^2$. Dabei ist es bemerkenswert, daß man bei beliebigen $p_j \geq 0$, $j = 1,2,3$, mit $p_1+p_2+p_3=1$, jedes solche Tripel (p_1,p_2,p_3) als Punkt im Innern eines gleichseitigen Dreiecks mit der Seitenlänge 1 deuten kann, wenn man die p_j, $j = 1,2,3$, als die Abstände eines Punktes im Innern des Dreiecks von den Dreieckseiten wählt. Die Wahrscheinlichkeiten $p_1 = p^2$, $p_2 = 2p(1-p)$, $p_3 = (1-p)^2$, stellen dann eine im Innern des Dreiecks verlaufende Kurve dar, die durch zwei Endpunkte des Dreiecks sowie durch den Mittelpunkt der zugehörigen Seitenhalbierenden geht.

Damit sind alle Vorbereitungen für das nachfolgende Beispiel getroffen worden.

Beispiel *(Optimale erwartungstreue Schätzer für die Genotypwahrscheinlichkeiten von Merkmalsausprägungen)*

Nach den obigen Vorüberlegungen kann von dem Modell $\mathfrak{P}^{(X_1,X_2,X_3)}$ mit $P^{(X_1,X_2,X_3)}$ als $\mathfrak{M}(n,p_1,p_2,p_3)$-Verteilung ausgegangen werden, wobei $p_1=p^2$, $p_2=2p(1-p)$, $p_3=(1-p)^2$, $p \in [0,1]$, gilt und $\delta(P^{(X_1,X_2,X_3)}) = p$ ist. Daher gilt für einen Nullschätzer d_o in diesem Modell

$$\sum_{\substack{x_j \in \mathbb{N}_0 \\ j=1,2,3 \\ x_1+x_2+x_3=n}} d_o(x_1,x_2,x_3)\frac{n!}{x_1!x_2!x_3!}2^{x_2}\xi^{2x_1+x_2}=0 \text{ mit } \xi:=\frac{p}{1-p}.$$ Differenzieren nach ξ liefert $E_P((2X_1+X_2)d_o \circ (X_1,X_2,X_3))=0$ für jedes $P^{(X_1,X_2,X_3)} \in \mathfrak{P}^{(X_1,X_2,X_3)}$ und damit erhält man vermöge $\frac{2x_1+x_2}{2n}$, $x_j \in \{0,1,\dots,n\}, j=1,2$, den für p gleichmäßig besten erwartungstreuen Schätzer. Da P^{X_1} eine $\mathfrak{B}(n,p^2)$-Verteilung bzw. P^{X_2} eine $\mathfrak{B}(n,2p(1-p))$-Verteilung ist, gilt nämlich $E_P(2X_1+X_2)=2np^2+2np(1-p)=2np$ für jedes $P^{(X_1,X_2,X_3)} \in \mathfrak{P}^{(X_1,X_2,X_3)}$. Analog ergibt sich, daß durch $\frac{2x_3+x_2}{2n}=1-\frac{2x_1+x_2}{2n}$, $x_j \in \{0,1,\dots,n\}$, $j=1,2,3$, ein gleichmäßig bester erwartungstreuer Schätzer für $1-p$ definiert wird.

Bemerkenswert im Zusammenhang mit dem Problem der optimalen Schätzung von Parameterfunktionen der Trefferwahrscheinlichkeit bei einem Bernoulli-Experiment vom Umfang n war, daß die optimalen Schätzer in Abhängigkeit von den Beobachtungen $k_1,\dots,k_n \in \{0,1\}$, Funktionen von $\sum_{j=1}^n k_j$ sind. Dies hängt eng mit der bereits bekannten Tatsache zusammen, daß $P^{X|y}$ unabhängig von der Trefferwahrscheinlichkeit p eine Laplace-Verteilung über $\{(k_1,\dots,k_n)\in\{0,1\}^n: \sum_{j=1}^n k_j = y\}$ für $y \in \{1,\dots,n\}$ ist. Dabei ist $X:=(X_1,\dots,X_n)$ mit $X_1,\dots,X_n$ als unter jedem $P \in \mathfrak{P}$ stochastisch unabhängigen, identisch verteilten Zufallsgrößen mit P^{X_1} als $\mathfrak{B}(1,p)$-Verteilung und $Y:=X_1+\dots+X_n$. Ist nun $\delta: \mathfrak{P}^{(X_1,\dots,X_n)} \to \mathbb{R}$ eine Parameterfunktion und $d: \mathbb{R}^n \to \mathbb{R}$ eine für δ erwartungstreue Schätzfunktion, so erhält man mit $\hat{d}: \mathbb{R} \to \mathbb{R}$ gemäß $\hat{d}(y):=E(d \circ X|y)$ wegen der Unabhängigkeit dieses bedingten Erwartungswertes von $P \in \mathfrak{P}$ eine Schätzfunktion, mit $E_{P^Y}(\hat{d})=\delta(P^X)$, $P^X \in \mathfrak{P}^X$, d. h. $\hat{d} \circ T: \mathbb{R}^n \to \mathbb{R}$ mit $T: \mathbb{R}^n \to \mathbb{R}$, $T(x_1,\dots,x_n):=x_1+\dots+x_n$, $x_j \in \mathbb{R}$, $j=1,\dots,n$, ist ein für δ erwartungstreuer Schätzer, für den $Var_{P^X}(\hat{d} \circ T) \le Var_{P^X}(d)$, $P^X \in \mathfrak{P}^X$, gilt. Die letzte Ungleichung ergibt sich aus der Ungleichung von Jensen, wonach $E((d \circ X)^2|y) \ge E^2(d \circ X|y)$ gilt und damit $E_P((d \circ X)^2) \ge E_P((\hat{d} \circ T \circ X)^2)$, $P \in \mathfrak{P}$. Man hat also zu jedem Schätzer $d \in D_\delta$ einen Schätzer $\hat{d} \circ T \in D_\delta$ gefunden, dessen Varianz für alle $P^X \in \mathfrak{P}^X$ nicht größer als die von d ist. Damit ist wegen der Eindeutigkeitsaussage von gleichmäßig besten erwartungstreuen Schätzern nochmals gezeigt, daß die gleichmäßig besten erwartungstreuen Schätzer in einem Bernoulli-Experiment vom Umfang n mit unbekannter Trefferwahrscheinlichkeit von den Beobachtungen $x_1,\dots,x_n$ nur über $\sum_{j=1}^{n} x_j$ abhängen.

Geht man nun bei Vorliegen einer Familie von diskreten Verteilungen $\mathfrak{P}^X$ mit $X: \Omega \to \Omega_X$, allgemeiner von einer Abbildung $T: \Omega_X \to \Omega_T$ aus, mit der Eigenschaft, daß es zu jedem $y \in \bigcup_{P \in \mathfrak{P}} \Omega_{P^Y}$ mit $Y := T \circ X$ eine diskrete Verteilung Q_y über Ω_X gibt, so daß $P^{X|y} = Q_y$ gilt, so nennt man T *suffizient* für $\mathfrak{P}^X$. Ist ferner eine Parameterfunktion $\delta: \mathfrak{P}^X \to \mathbb{R}$ gegeben, so erhält man nach den obigen Überlegungen zu $d \in D_\delta$ gemäß $\hat{d}(y) := E(d \circ X|y) = \sum_{x \in \Omega_X} d(x) Q_y(\{x\})$, einen erwartungstreuen Schätzer $\hat{d} \circ T \in D_\delta$ mit $Var_{P^X}(\hat{d} \circ T) \leq Var_{P^X}(d)$, $P^X \in \mathfrak{P}^X$, wenn man $\hat{d}(y) = 0$ für $y \in \Omega_T \setminus \bigcup_{P \in \mathfrak{P}} \Omega_{P^Y}$ wählt. Ferner kann man sich die Suche nach einem gleichmäßig erwartungstreuen Schätzer $d^* \in D_\delta$ erleichtern, wenn es eine für $\mathfrak{P}^X$ suffiziente Abbildung $T: \Omega_X \to \Omega_T$ gibt. Nach den obigen Überlegungen kann d^* schon in der Gestalt $\hat{d}^* \circ T$ gewählt werden mit $\hat{d}^*: \Omega_T \to \mathbb{R}$. Dann ist $\hat{d}^* \circ T$ genau dann gleichmäßig bester erwartungstreuer Schätzer für δ, wenn $Kov_{P^X}(\hat{d}^* \circ T, \hat{d}_o \circ T) = 0$, $P^X \in \mathfrak{P}^X$, für jeden Nullschätzer der Gestalt $\hat{d}_o \circ T$ zutrifft *(Modifizierte Kovarianzmethode).* Ist nämlich $Kov_{P^X}(\hat{d}^* \circ T, \hat{d}_o \circ T) = 0$, $P^X \in \mathfrak{P}^X$, so muß nach der ursprünglichen Kovarianzmethode $Kov_{P^X}(\hat{d}^* \circ T, d_o) = 0$, $P^X \in \mathfrak{P}^X$, für jeden Nullschätzer d_o gezeigt werden. Mit $\hat{d}_o(y) := E(d_o \circ X|y) = \sum_{x \in \Omega_X} d_o(x) Q_y(\{x\})$ erhält man dann einen Nullschätzer $\hat{d}_o \circ T$ mit der Eigenschaft $E_{P^X}(\hat{d}^* \circ T \cdot \hat{d}_o \circ T) =$
$E_P(\hat{d}^* \circ Y \cdot \hat{d}_o \circ Y) = E_P(\hat{d}^* \circ Y\, E(d_o \circ X|Y)) = E_P(E(\hat{d}^* \circ Y \cdot d_o \circ X|Y)) = E_{P^X}(\hat{d}^* \circ T \cdot d_o)$ und damit $Kov_{P^X}(\hat{d}^* \circ T, d_o) = 0$, $P^X \in \mathfrak{P}^X$, für jeden Nullschätzer d_o.

Besitzt nun $T: \Omega_X \to \Omega_T$ zusätzlich die Eigenschaft, für $\mathfrak{P}^X$ *vollständig* zu sein, d. h. es folgt aus $E_{P^X}(\hat{d}_o \circ T) = 0$, $P^X \in \mathfrak{P}^X$, die Beziehung $P^X(\{\hat{d}_o \circ T \neq 0\}) = 0$, $P^X \in \mathfrak{P}^X$, so gilt: Ist $d \in D_\delta$, so stellt $\hat{d} \circ T$ mit $\hat{d}(y) := E(d \circ X|y) = \sum_{x \in \Omega_X} d(x) Q_y(\{x\})$ einen für δ gleichmäßig besten erwartungstreuen Schätzer dar *(Satz von Lehmann und Scheffé).* Natürlich kann $D_\delta = \emptyset$ gelten, wie die Überlegungen zur Kennzeichnung der erwartungstreu schätzbaren Parameterfunktionen als Polynome höchstens vom Grad n in der Trefferwahrscheinlichkeit p bei einem Bernoulli-Experiment vom Umfang n zeigen.

Die Überlegungen im letzten Beispiel für das optimale Schätzen von Genotypwahrscheinlichkeiten aufgrund von zwei reinen Ausprägungen eines Merkmals lassen sich mit Hilfe des Vollständigkeitsbegriffs auf $m \geq 2$ reine Ausprägungen, die mit Wahrscheinlichkeiten p_j, $j = 1,\ldots,m$, vorkommen, verallgemeinern, wobei die zugrundeliegenden Beobachtungen der Häufigkeiten $X_{k_1,\ldots,k_m}$ von gemischten Ausprägungen mit Wahrscheinlichkeiten $\frac{m!}{k_1!\cdot\ldots\cdot k_m!}\, p_1^{k_1}\cdot\ldots\cdot p_m^{k_m}$ auftreten. Hierbei gilt $\sum_{(k_1,\ldots,k_m)\in K} X_{k_1,\ldots,k_m} = n$ mit $K := \{(k_1,\ldots,k_m) \in \mathbb{N}_0^m : k_1+\ldots+k_m = m\}$, d. h. die zugehörigen Zufallsgrößen $X_{k_1,\ldots,k_m}$, $(k_1,\ldots,k_m)\in K$, besitzen eine Multinomialverteilung mit dem ganzzahligen Parameter n und $p_{k_1,\ldots,k_m} := \frac{m!}{k_1!\ldots k_m!}\, p_1^{k_1}\cdot\ldots\cdot p_m^{k_m}$, $(k_1,\ldots,k_m)\in K$. Es soll zunächst gezeigt werden, daß die Identität des $\mathbb{R}^{|K|}$ ($|K| = \binom{2m-1}{m-1}$ Mächtigkeit von K) vollständig ist. Zu diesem Zweck soll zunächst gezeigt werden, daß die Identität des $\mathbb{R}^m$ für eine Familie von $\mathfrak{M}(n,\pi_1,\ldots,\pi_m)$-Verteilungen bereits mit hinreichend kleinen π_j, $j = 1,\ldots,m-1$, vollständig ist. Dies ergibt sich daraus, daß eine Schätzfunktion mit Stichprobenraum $\{(k_1,\ldots,k_m) \in \mathbb{N}_0^m : k_1 + \ldots + k_m = m\}$ ein Polynom in k_j, $j = 1,\ldots,m-1$, ist, dessen Grad höchstens $n(m-1)$ ist, wie man mit Hilfe vollständiger Induktion zusammen mit der Interpolationsformel von Lagrange und der bereits bewiesenen Beobachtung, daß $\xi_j := \frac{\pi_j}{1-\pi_1-\ldots-\pi_{m-1}}$, $j = 1,\ldots,m-1$, bei hinreichend kleinem π_j, $j = 1,\ldots,m-1$, eine Teilmenge des $\mathbb{R}^{m-1}$ mit inneren Punkten ist, einsieht, so daß die für Nullschätzer charakteristische Gleichung nach Elimination des Terms $(1-\pi_1-\ldots-\pi_{m-1})^n$ nach ξ_j, $j = 1,\ldots,m-1$, differenzierbar ist. Dies führt zu einer Erhöhung des Grades des entsprechenden Nullschätzers, falls dieser nicht bereits das Nullpolynom ist. Die behauptete Vollständigkeitsaussage der Identität des $\mathbb{R}^{|K|}$ mit $K = \{(k_1,\ldots,k_m) \in \mathbb{N}_0^m : k_1+\ldots+k_m = m\}$ für die Multinomialverteilung mit den Parametern n und $p_{k_1,\ldots,k_m} := \frac{m!}{k_1!\cdot\ldots\cdot k_m!}\, p_1^{k_1}\cdot\ldots\cdot p_m^{k_m}$, $(k_1,\ldots,k_m)\in K$ ergibt sich daraus, daß die Parameterwerte der $p_{k_1,\ldots,k_m}$, $(k_1,\ldots,k_m) \in K\setminus\{0,\ldots,0,m\}$, hinreichend klein gewählt werden können, so daß die so entstehende Teilmenge des $\mathbb{R}^{|K|-1}$ stets innere Punkte enthält. Dies zeigt man wieder mit Hilfe vollständiger Induktion nach m, und zwar zunächst für die Teilmengen $K_{m,\mu}$, die aus den Vektoren mit Komponenten $k_1,\ldots,k_{m-1}$, $m-\mu$ mit $k_1+\ldots+k_{m-1} = \mu$ und mit festem $\mu \in \{1,\ldots,m\}$ bestehen. Die entsprechende Vollständigkeitsaussage liefert dann, daß jeder erwartungstreue Schätzer eindeutig bestimmt ist und daher insbesondere gleichmäßig bester, erwartungstreuer Schätzer ist. Dies gilt insbesondere in Verallgemeinerung des Falles m = 2 für den für p_1 erwartungstreuen Schätzer $\frac{1}{nm} \sum_{(k_1,\ldots,k_m)\in K} k_1 x_{k_1,\ldots,k_m}$, wobei sich die Erwartungstreue aus dem entsprechenden Erwartungswert $\frac{1}{m} \sum_{k_1=0}^{m} k_1 \binom{m}{k_1} p_1^{k_1}(1-p_1)^{m-k_1} = p_1$ ergibt. Möchte man $p_1^{\nu_1} \cdot \ldots \cdot p_m^{\nu_m}$ mit $\nu_j \in \mathbb{N}_0$, $j = 1,\ldots,m$, $\nu_1 + \ldots + \nu_m \le m$, erwartungstreu schätzen, so geschieht dies durch

$$\frac{1}{n} \sum_{(k_1,\ldots,k_m)\in K} \prod_{j=1}^{m} \frac{\binom{k_j}{\nu_j}}{\binom{m-\nu_1-\ldots-\nu_{j-1}}{\nu_j}} x_{k_1,\ldots,k_m}$$

$$= \frac{1}{n} \sum_{(k_1,\ldots,k_m)\in K} \frac{\binom{m-\nu_1-\ldots-\nu_m}{k_1-\nu_1,\ldots,k_m-\nu_m}}{\binom{m}{k_1,\ldots,k_m}} x_{k_1,\ldots,k_m} \quad \text{mit } \nu_0 := 0 \text{ und}$$

$$\binom{m}{k_1,\ldots,k_m} := \frac{m!}{k_1!\ldots k_m!} .$$

Bevor nun die Eigenschaften von Abbildungen $T: \Omega_X \to \Omega_T$ suffizient bzw. vollständig für eine Familie $\mathfrak{P}^X$ von diskreten Verteilungen zu sein, näher untersucht werden, soll eine weitere Eigenschaft in engen Zusammenhang mit der Theorie der gleichmäßig besten erwartungstreuen Schätzer gebracht werden: Eine Abbildung $T: \Omega_X \to \Omega_T$ heißt verteilungsunabhängig für $\mathfrak{P}^X$, wenn $\mathfrak{P}^{T\circ X}$ einelementig ist. Ist nun $d^*: \Omega_X \to \mathbb{R}$ eine Schätzfunktion mit der Eigenschaft, daß für jede beschränkte Funktion $f: \mathbb{R} \to \mathbb{R}$ der Schätzer $f \circ d^*$ gleichmäßig bester erwartungstreuer Schätzer ist, so gilt $E_{P^X}[f \circ d^*(g \circ T - E(g \circ T))] = 0$, $P^X \in \mathfrak{P}^X$, für jede beschränkte Funktion $g: \mathbb{R} \to \mathbb{R}$, da $g \circ T - E_{P^X}(g \circ T)$ wegen der Verteilungsunabhängigkeit von T für $\mathfrak{P}^X$ ein Nullschätzer ist. Hieraus folgt $E_{P^X}(f \circ d^* \cdot g \circ T) = E_{P^X}(f \circ d^*) E_{P^X}(g \circ T)$, $P^X \in \mathfrak{P}^X$, für alle beschränkten Funktionen $f,g: \mathbb{R} \to \mathbb{R}$, woraus die stochastische Unabhängigkeit von d^* und T unter jedem $P^X \in \mathfrak{P}^X$ folgt. Ist insbesondere $S: \Omega_X \to \Omega_S$ eine für $\mathfrak{P}^X$ vollständige und suffiziente Abbildung, so ist nach dem Satz von Lehmann und Scheffé $f \circ S$ für jede beschränkte Funktion $f: \mathbb{R} \to \mathbb{R}$ ein gleichmäßig bester erwartungstreuer Schätzer, so daß nach den vorangehenden Überlegungen S und T unter allen $P^X \in \mathfrak{P}^X$ stochastisch unabhängig sind *(Satz von Basu)*. Diese Überlegungen führen unmittelbar auf das folgende

Beispiel *(Stochastische Unabhängigkeit eines gleichmäßig besten erwartungstreuen und beschränkten Schätzers sowie einer verteilungsunabhängigen Abbildung)*

Ist $d^*: \Omega_X \to \mathbb{R}$ beschränkt und gleichmäßig bester erwartungstreuer Schätzer, so auch d^{*k}, $k \in \mathbb{N}_0$. Nach dem Approximationssatz von Weierstraß existiert zu einer stetigen Funktion $f: [-M,M] \to \mathbb{R}$ und zu $\varepsilon > 0$ ein Polynom $\sum_{k=0}^{n} a_k x^k$, so daß mit $|d^*| \le M$ $(M > 0)$ gilt $|f \circ d^* - \sum_{k=0}^{n} a_k d^{*k}| \le \varepsilon$. Ist nun d_0 ein Nullschätzer, so gilt $|E_{P^X}(f \circ d^* \cdot d_0)| \le E_{P^X}(|f \circ d^* - \sum_{k=0}^{n} a_k d^{*k}| \cdot |d_0|) + |E_{P^X}(\sum_{k=0}^{n} a_k d^{*k} \cdot d_0)|$ für jedes $P^X \in \mathfrak{P}^X$. Die Ungleichung von Cauchy-Schwarz liefert $|E_{P^X}(f \circ d^* \cdot d_0)| \le \varepsilon (E_{P^X}(d_0^2))^{1/2}$, $P^X \in \mathfrak{P}^X$, woraus für $\varepsilon \to 0$ folgt, daß $f \circ d^*$ für jede stetige Funktion $f: [-M,M] \to \mathbb{R}$ ein gleichmäßig bester erwartungstreuer Schätzer ist. Approximiert man nun $g: [-M,M] \to \mathbb{R}$ mit $g(x) = I_{\{x_0\}}(x)$, $x \in [-M,M]$ ($x_0 \in [-M,M]$ fest) gleichmäßig durch stetige Funktionen auf $[-M,M]$, so folgt hieraus, daß $g \circ d^*$ ein gleichmäßig bester erwartungstreuer Schätzer ist. Die Vorüberlegungen zu diesem Beispiel liefern dann $E_{P^X}(g \circ d^* \cdot h \circ T) = E_{P^X}(g \circ d^*) E_{P^X}(h \circ T)$, $P^X \in \mathfrak{P}^X$, falls $T: \Omega_X \to \Omega_T$ für $\mathfrak{P}^X$ verteilungsunabhängig ist. Daher sind d^* und T unter jedem $P^X \in \mathfrak{P}^X$ stochastisch unabhängig.

Bevor nun Familien $\mathfrak{P}^X$ diskreter Verteilungen über Ω_X mit einer für $\mathfrak{P}^X$ vollständigen Abbildung $T: \Omega_X \to \Omega_T$ untersucht werden, soll mit Hilfe des Satzes von Lehmann und Scheffé sowie der Kovarianzmethode eine einfache schätztheoretische Kennzeichnung der Vollständigkeit von T bewiesen werden, falls T bereits für $\mathfrak{P}^X$ suffizient ist.

Beispiel *(Schätztheoretische Kennzeichnung der Vollständigkeit von Abbildungen, die suffizient sind)*

Ist T für $\mathfrak{P}^X$ suffizient, so liefert nach dem Satz von Lehmann und Scheffé die Vollständigkeit, daß jeder Schätzer der Gestalt $\hat{d}^* \circ T \in D_\delta$ für δ gleichmäßig bester erwartungstreuer Schätzer ist. Umgekehrt folgt aus der Eigenschaft, daß jeder Schätzer $\hat{d}^* \circ T$ mit existierendem $E_{P^X}((\hat{d}^* \circ T)^2)$, $P^X \in \mathfrak{P}^X$, gleichmäßig bester, erwartungstreuer Schätzer ist, daß T für $\mathfrak{P}^X$ vollständig ist. Ist nämlich $\hat{d}_0 \circ T$ ein Nullschätzer, so folgt nach der Kovarianzmethode $E_{P^X}((\hat{d}_0 \circ T)^2) = 0$, $P^X \in \mathfrak{P}^X$, d. h. $P^X(\{\hat{d}_0 \circ T \neq 0\}) = 0$, $P^X \in \mathfrak{P}^X$, also ist T für $\mathfrak{P}^X$ vollständig.

Es ist auch möglich, die Suffizienz und Vollständigkeit von $T\colon \Omega_X \to \Omega_T$ für $\mathfrak{P}^X$ gemeinsam schätztheoretisch zu kennzeichnen, wie das folgende Beispiel zeigt.

Beispiel *(Schätztheoretische Kennzeichnung von Suffizienz und Vollständigkeit)*

Es soll gezeigt werden, daß Suffizienz und Vollständigkeit von $T\colon \Omega_X \to \Omega_T$ für $\mathfrak{P}^X$ gleichwertig ist mit der Existenz eines gleichmäßig besten erwartungstreuen Schätzers $d_A^* \circ T$ für $\delta_A\colon \mathfrak{P}^X \to \mathbb{R}$, $\delta_A(P^X) := P^X(A)$, $P \in \mathfrak{P}$, $A \in \mathfrak{P}(\Omega_X)$ mit $d_A^*(y) := Q_y(A)$, $y \in \Omega_Y$, $Y := T \circ X$, wobei Q_y für jedes $y \in \Omega_Y$ eine diskrete Verteilung über Ω mit $Q_y(T^{-1}(\{y\}))=1$, $y \in \bigcup_{P\in\mathfrak{P}} \Omega_{P^Y}$ ist. Ist nämlich $T\colon \Omega_X \to \Omega_T$ für $\mathfrak{P}^X$ suffizient und vollständig, so stellt d_A^* einen für δ_A gleichmäßig besten erwartungstreuen Schätzer dar, $A \in \mathfrak{P}(\Omega_X)$, wobei Q_y, $y \in \Omega_Y$, hier eine diskrete Verteilung über Ω_X mit $Q_y = P^{X|y}$, $y \in \Omega_{P^Y}$, $P \in \mathfrak{P}$, so daß insbesondere $Q_y(T^{-1}(\{y\})) = 1$, $y \in \bigcup_{P\in\mathfrak{P}} \Omega_{P^Y}$ zutrifft. Umgekehrt folgt aus der Erwartungstreue von d_A^* für δ_A und $Q_y(T^{-1}(\{y\})) = 1$, $y \in \Omega_{P^Y}$ die Beziehung $\sum_{x\in T^{-1}(\{y\})} Q_{T(x)}(A \cap T^{-1}(\{y\}))P^Y(\{y\}) = P^X(A \cap T^{-1}(\{y\})$, d. h. $Q_y(A \cap T^{-1}(\{y\}) = P^X(A \cap T^{-1}(\{y\}))/P^Y(\{y\})$, $A \in \mathfrak{P}(\Omega_X)$, also $Q_y = P^{X|y}$, $y \in \Omega_{P^Y}$. Daher ist T suffizient für $\mathfrak{P}^X$. Die Vollständigkeit von T für $\mathfrak{P}^X$ folgt daraus, daß mit $d\colon \Omega_X \to \mathbb{R}$, $E_{P^X}(d^2) < \infty$, $P \in \mathfrak{P}$, der Schätzer $d^* \circ T$ mit $d^*(y) := \sum_{x\in\Omega_X} d(x)Q_y(\{x\})$, $y \in \Omega_Y$, für $\delta_d\colon \mathfrak{P}^X \to \mathbb{R}$, $\delta_d(P^X) := E_{P^X}(d)$, $P \in \mathfrak{P}$, ein gleichmäßig bester, erwartungstreuer Schätzer ist, denn es gilt $E_{P^Y}(d^*) = \sum_{y\in\Omega_Y} d^*(y)P^Y(\{y\}) = \sum_{x\in\Omega_X} d(x) \sum_{y\in\Omega_Y} Q_y(\{x\})P^Y(\{y\}) = \sum_{x\in\Omega_X} d(x)P^X(\{x\}) = E_{P^X}(d)$, $P \in \mathfrak{P}$, wobei $E_{P^Y}(d^{*2}) < \infty$ aus der Optimalität von $d_n^* \circ T$ mit $d_n := d\,I_{\{|d|\le n\}}$, $n \in \mathbb{N}$, d. h. insbesondere $E_{P^Y}(d_n^{*2}) \le E_{P^X}(d_n^2)$, $P \in \mathfrak{P}$, gil. Dabei ergibt sich die Optimalität von $d^* \circ T$ (und damit auch von $d_n^* \circ T$, $n \in \mathbb{N}$) aus $E_{P^X}(d_o \cdot d^* \circ T) = 0$, $P \in \mathfrak{P}$, mit d_o als Nullschätzer gemäß der Kovarianzmethode, denn es gilt $E_{P^X}(d_o \cdot d^* \circ T) = \sum_{x\in\Omega_X} d_o(x)d^*(T(x))P^X(\{x\}) = \sum_{z\in\Omega_X} d(z) \sum_{x\in\Omega_X} (d_o(x)Q_{T(x)}(\{z\})P^X(\{x\}) = \sum_{z\in\Omega_X} (d(z)\cdot 0) = 0$, $P \in \mathfrak{P}$. Insbesondere ist $d \circ T$ mit $E_{P^X}((d \circ T)^2) < \infty$, $P \in \mathfrak{P}$, für $\delta_d\colon \mathfrak{P}^X \to \mathbb{R}$, $\delta_{d\circ T}(P^X) := E_{P^X}(d \circ T)$, $P \in \mathfrak{P}$, ein gleichmäßig bester, erwartungstreuer Schätzer wegen $(d \circ T)^*(T(x)) = \sum_{z\in T^{-1}(\{T(x)\})} (d \circ T)(z)Q_{T(x)}(\{z\}) = d(T(x))$, $x \in \Omega_X$ mit $T(x) \in \bigcup_{P\in\mathfrak{P}} \Omega_{P^Y}$, da $Q_{T(x)}(T^{-1}\{T(x)\}) = 1$, $x \in \Omega_X$ mit $T(x) \in \bigcup_{P\in\mathfrak{P}} \Omega_{P^Y}$, zutrifft. Ist nun speziell $d \circ T$ ein Nullschätzer, so folgt aus $E_{P^X}(d \circ T) = 0$, $P \in \mathfrak{P}$, nach der Kovarianzmethode $E_{P^X}(d \circ T)^2) = 0$, $P \in \mathfrak{P}$, d. h. $P^X(\{d \circ T = 0\}) = 1$, $P \in \mathfrak{P}$, also ist T für $\mathfrak{P}^X$ vollständig.

In den meisten hier betrachteten Beispielen von Familien diskreter Verteilungen $\mathfrak{P}^X$ war jede Verteilung $P^X \in \mathfrak{P}^X$ eindeutig durch einen reellen Parameter gekennzeichnet, d. h. es existiert eine injektive Abbildung *(Parametrisierung)* $\pi: \mathfrak{P}^X \to \mathbb{R}$. Man bezeichnet in diesem Fall $\Theta := \pi(\mathfrak{P}^X) \subset \mathbb{R}$ als *Parameterraum* und $\{P^X_\vartheta: \vartheta \in \Theta\}$ mit $P^X_\vartheta := \pi^{-1}(\{\vartheta\})$, $\vartheta \in \Theta$, eine einparametrige Familie von diskreten Verteilungen. Häufig läßt sich eine einparametrige Familie $\{P^X_\vartheta: \vartheta \in \Theta\}$ mit $\Omega_X = \mathbb{R}^n$, $\Omega_{P^X} \subset \mathbb{N}_0^n$, $P^X \in \mathfrak{P}^X$, von diskreten Verteilungen in der Gestalt $P^X_\vartheta(\{x\}) = K(\vartheta)\vartheta^{T(x)}h(x)$, $x \in \Omega_X$, für jedes $\vartheta \in \Theta$ darstellen. Dabei ist $K: \Theta \to \mathbb{R}$ positiv und $h: \Omega_X \to \mathbb{R}$ nicht negativ und Θ eine Teilmenge von $\mathbb{R}^+ := \{x \in \mathbb{R}: x > 0\}$ sowie $T: \mathbb{R}^n \to \mathbb{R}$ mit $T(\mathbb{N}_0^n) \subset \mathbb{N}_0$. Man sagt, daß $\{P^X_\vartheta: \vartheta \in \Theta\}$ eine *einparametrige Potenzreihenfamilie* in T und $\vartheta \in \Theta$ ist. Insbesondere ergibt sich, daß $\Omega_{P^X_\vartheta}$ unabhängig von $\vartheta \in \Theta$ ist, so daß zum Beispiel eine Familie von Laplace-Verteilungen keine einparametrige Potenzreihenfamilie sein kann. Beispiele für einparametrige Potenzreihenfamilien sind:

1. $\mathfrak{P}^X := \{\mathfrak{B}(n,p)\text{-Verteilung}: p \in (0,1)\}$. Hier ist mit $\vartheta := \frac{p}{1-p} \in \Theta := \mathbb{R}^+$, $K(\vartheta) := (\frac{1}{1+\vartheta})^n$, $h(x) := \binom{n}{x}$ für $x \in \{0,\dots,n\}$ und $h(x) := 0$ für $x \in \mathbb{R} \setminus \{0,\dots,n\}$, $T(x) := x$, $x \in \mathbb{R}$.

2. $\mathfrak{P}^X := \{\mathfrak{P}(\lambda)\text{-Verteilung}: \lambda \in \mathbb{R}^+\}$. Setzt man $\vartheta := \lambda$, so ist $\Theta := \mathbb{R}^+$, $K(\vartheta) := e^{-\vartheta}$, $h(x) := \frac{1}{x!}$, $x \in \mathbb{N}_0$, und $h(x) := 0$ für $x \in \mathbb{R} \setminus \mathbb{N}_0$, $T(x) := x$, $x \in \mathbb{R}$.

3. $\mathfrak{P}^X = \{\mathfrak{NB}(r,p)\text{-Verteilung}: p \in (0,1)\}$. Mit $\vartheta := 1-p$ ist $\Theta := (0,1)$, $K(\vartheta) := (1-\vartheta)^r$, $h(x) := (-1)^x\binom{-r}{x}$, $x \in \mathbb{N}_0$, und $h(x) := 0$ für $x \in \mathbb{R} \setminus \mathbb{N}_0$, $T(x) := x$, $x \in \mathbb{R}$.

Einparametrige Potenzreihenfamilien $\mathfrak{P}^X = \{P^X_\vartheta: \vartheta \in \Theta\}$ in T und $\vartheta \in \Theta$ haben die Eigenschaft, daß T für $\mathfrak{P}^X$ vollständig ist, falls es eine reelle Zahl $a > 0$ gibt mit $(0,a) \subset \Theta$. Aus $E_{P^X}(d_o \circ T) = \sum_{t=0}^{\infty} d_o(t)K(\vartheta)\vartheta^t g(t) = 0$, $\vartheta \in \Theta$, mit $g(t) := \sum_{x \in T^{-1}(\{t\})} h(x)$, $t \in \mathbb{N}_0$, folgt nämlich nach dem Identitätssatz für Potenzreihen $d_o(t) = 0$ für alle $t \in \mathbb{N}_o$ mit $g(t) > 0$, woraus sich wegen $\Omega_{P^{T\circ X}} \subset \mathbb{N}_o$ und $P^{T\circ X}(\{t\}) = 0$ für $g(t) = 0$, $t \in \mathbb{N}_o$, ergibt $P^{T\circ X}(\{d_o \neq 0\}) = 0$, $P^X \in \mathfrak{P}^X$, d. h. $P^X(\{d_o \circ T \neq 0\}) = 0$, $P^X \in \mathfrak{P}^X$.

Ferner ist T für $\mathfrak{P}^X$ als einparametrige Potenzreihenfamilie in T und $\vartheta \in \Theta$ auch suffizient, wobei für diese Aussage die Annahme $(0,a) \subset \Theta$ für ein $a > 0$ nicht benötigt wird. Die Suffizienz von T für $\mathfrak{P}^X$ folgt mit $Y := T \circ X$ unmittelbar aus $P_\vartheta^{X|y}(\{x\}) = \frac{P_\vartheta^X(\{x\})}{P_\vartheta^{T\circ X}(\{x\})} = \frac{K(\vartheta)\vartheta^{T(x)}h(x)}{K(\vartheta)\vartheta^y g(y)} = \frac{h(x)}{g(y)}$, $x \in \mathbb{R}^n$, $\vartheta \in \Theta$, mit

$g(y) := \sum_{x \in T^{-1}(\{y\})} h(x)$, $y \in \Omega_{P_\vartheta^Y}$ ($\Omega_{P_\vartheta^Y}$ ist unabhängig von $\vartheta \in \Theta$), falls $T(x) = y$ zutrifft. Im Fall $T(x) \neq y$ gilt $P_\vartheta^{X|y}(\{x\}) = 0$. Damit ist durch $q_y(x) := \frac{h(x)}{g(y)}$, $x \in T^{-1}(\{y\})$ für jedes $y \in \Omega_{P_\vartheta^Y}$ eine diskrete Verteilung Q_y über $\mathbb{R}$, deren Träger in $\mathbb{N}_o$ liegt, bestimmt mit $P_\vartheta^{X|y} = Q_y$, $\vartheta \in \Theta$, $y \in \Omega_{P_\vartheta^Y}$.

Beispiel *(Vollständigkeit und Suffizienz der Summenabbildung bei Bernoulli-, Pascal- und Poisson-Experimenten)*

Sind $X_1,\ldots,X_n$ unter $P \in \mathfrak{P}$ stochastisch unabhängig und identisch verteilt mit P^{X_1} als

a) $\mathfrak{B}(1,p)$-Verteilung (Bernoulli-Experiment vom Umfang n), $p \in (0,1)$,

b) $\mathfrak{NB}(1,p)$-Verteilung (Pascal-Experiment vom Umfang n), $p \in (0,1)$,

c) $\mathfrak{P}(\lambda)$-Verteilung (Poisson-Experiment vom Umfang n), $\lambda \in \mathbb{R}^+$,

so wird gezeigt, daß die Summenabbildung $T: \mathbb{R}^n \to \mathbb{R}$ mit $T(x_1,\ldots,x_n) := x_1+\ldots+x_n$, $x_j \in \mathbb{R}$, $j = 1,\ldots,n$, für $\mathfrak{P}^X$, $X := (X_1,\ldots,X_n)$, vollständig und suffizient ist. In allen drei Fällen gilt nämlich $P_\vartheta^X(\{(x_1,\ldots,x_n)\}) = K(\vartheta)\vartheta^{T(x_1,\ldots,x_n)}h(x_1,\ldots,x_n)$, $x_j \in \mathbb{R}$, $j = 1,\ldots,n$, $\vartheta \in \Theta$, mit

a) $\vartheta := \frac{p}{1-p} \in \Theta := \mathbb{R}^+$, $K(\vartheta) := (\frac{1}{1+\vartheta})^n$, $\vartheta \in \Theta$, $h(x_1,\ldots,x_n) := 1$ für $(x_1,\ldots,x_n) \in \{0,1\}^n$ und $h(x_1,\ldots,x_n) := 0$ für $(x_1,\ldots,x_n) \in \mathbb{R}^n \setminus \{0,1\}^n$,

b) $\vartheta := 1-p \in \Theta := (0,1)$, $K(\vartheta) := (1-\vartheta)^n$, $\vartheta \in \Theta$, $h(x_1,\ldots,x_n) := 1$ für $(x_1,\ldots,x_n) \in \mathbb{N}_o^n$ und $h(x_1,\ldots,x_n) := 0$ für $(x_1,\ldots,x_n) \in \mathbb{R}^n \setminus \mathbb{N}_o^n$,

c) $\vartheta := \lambda \in \Theta := \mathbb{R}^+$, $K(\vartheta) = e^{-n\vartheta}$, $\vartheta \in \Theta$, $h(x_1,\ldots,x_n) := \frac{1}{x_1! \cdot \ldots \cdot x_n!}$ für $(x_1,\ldots,x_n) \in \mathbb{N}_o^n$ und $h(x_1,\ldots,x_n) := 0$ für $(x_1,\ldots,x_n) \in \mathbb{R}^n \setminus \mathbb{N}_o^n$.

Im Fall a) und c) erhält man zusammen mit dem Satz von Lehmann und Scheffé nochmals, daß das arithmetische Mittel $(x_1+...+x_n)/n$ gleichmäßig bester, erwartungstreuer Schätzer für p bzw. λ ist, während im Fall b) die Trefferwahrscheinlichkeit p optimal erwartungstreu durch $\frac{n-1}{n-1+\sum_{i=1}^{n} x_i}$ geschätzt wird. Im Fall b) ist nämlich $P^{\sum_{i=1}^{n} X_i}$ eine $\mathfrak{NB}(n,p)$-Verteilung, so daß

$$E_p\left(\frac{n-1}{n-1+\sum_{i=1}^{n} X_i}\right) = \sum_{k=0}^{\infty} \frac{n-1}{n-1+k} \binom{n+k-1}{n-1} p^n q^k = p \sum_{k=0}^{\infty} \binom{n-1+k-1}{n-2} p^{n-1} q^k = p \text{ gilt.}$$

Man spricht im Fall b) auch von *inverser Stichprobenentnahme*, so daß im Fall a) auch von direkter Stichprobenentnahme gesprochen werden kann. Auch beim Problem, aufgrund des n-maligen Ziehens ohne Zurücklegen den prozentualen Anteil $p := \frac{M}{N}$ von N Produktionsstücken, von denen M defekt sind, zu schätzen, hat man die beiden Möglichkeiten der direkten und inversen Stichprobenentnahme. Im ersten Fall soll also $p := \frac{M}{N}$ aufgrund der Realisierung $k \in \mathbb{N}_0$ einer Zufallsgröße X mit P^X als $\mathfrak{H}(N,M,n)$-Verteilung, $N \in \mathbb{N}$, $M \le N$, $n \le N$, optimal erwartungstreu geschätzt werden, während im zweiten Fall $k \in \mathbb{N}_0$ die Realisierung einer $\mathfrak{NH}(N,M,n)$-Verteilung mit $N \in \mathbb{N}$, $M \in \mathbb{N}$, $n \le M \le N$, ist, d. h. k gibt die Anzahl der beobachteten nicht defekten Produktionsstücke an, bis zum ersten Mal $n := M_0$ defekte Produktionsstücke vorliegen. Dabei ist die entsprechende Verteilung für M = 0 (hypergeometrischer Fall) bzw. M = N (negativer hypergeometrischer Fall) jeweils als Dirac-Verteilung δ_0 aufzufassen.

Damit sind alle Vorbereitungen zur Behandlung des folgenden Beispiels getroffen worden.

Beispiel *(Optimales erwartungstreues Schätzen des prozentualen Anteils defekter Produktionsstücke aufgrund direkter bzw. inverser Stichprobenentnahme ohne Zurücklegen)*

Nach den obigen Überlegungen genügt es zu zeigen, daß $T: \mathbb{R} \to \mathbb{R}$ mit $T(x) = x$, $x \in \mathbb{R}$, in beiden Fällen vollständig ist. Im Fall $\mathfrak{P}^X = \{\mathfrak{H}(N,M,n)\text{-Verteilung}: N \in \mathbb{N}, M \in \mathbb{N}_0, N \ge M, N \ge n\}$ folgt aus $\sum_{k=0}^{M} d_0(k) \frac{\binom{M}{k}\binom{N-M}{n-k}}{\binom{N}{n}} = 0$, $N \in \mathbb{N}$, $M \in \mathbb{N}_0$, $N \ge M$, $N \ge n$, daß $d_0(k) = 0$, $k \in \mathbb{N}_0$, für $d_0: \mathbb{R} \to \mathbb{R}$ gilt. Der Fall M = 0 liefert nämlich $d_0(0) = 0$, so daß M = 1 auf die Beziehung $d_0(1) = 0$ führt. Fährt man so fort, so erhält man $d_o(k) = 0$ für alle $k \in \mathbb{N}_o$, d. h. $P^X(\{d_o \neq 0\}) = 0$, $P^X \in \mathfrak{P}^X$. Aus $\sum_{k=0}^{M} \frac{k}{n} \frac{\binom{M}{k}\binom{N-M}{n-k}}{\binom{N}{n}} = 0$ für $M = 0$, $N \in \mathbb{N}$, $N \geq n$, und

$$\sum_{k=0}^{M} \frac{k}{n} \frac{\binom{M}{k}\binom{N-M}{n-k}}{\binom{N}{n}} = \frac{M}{N} \sum_{k=1}^{M} \frac{\binom{M-1}{k-1}\binom{N-M}{n-k}}{\binom{N-1}{n-1}} = \frac{M}{N} \sum_{k=0}^{M-1} \frac{\binom{M-1}{k}\binom{N-1-(M-1)}{n-1-k}}{\binom{N-1}{n-1}} = \frac{M}{N}$$

für $M, N \in \mathbb{N}$, $N \geq M$, folgt, daß durch $\frac{k}{n}$, $k \in \mathbb{N}_o$, ein gleichmäßig bester, erwartungstreuer Schätzer für $p := \frac{M}{N}$ erklärt wird. Im Fall $\mathfrak{P}^X = \{\mathfrak{N}\mathfrak{H}(N,M,n)$-Verteilung: $N \in \mathbb{N}$, $M \in \mathbb{N}$, $N \geq M \geq n\}$ folgt aus $\sum_{k=0}^{N-M} d_o(k) \frac{\binom{n+k-1}{n-1}\binom{N-n-k}{M-n}}{\binom{N}{M}} = 0$, $M,N \in \mathbb{N}$, $n \leq M \leq N$, daß $d_o(k) = k$, $k \in \mathbb{N}_o$ gilt.

Der Fall $N - M = 0$ liefert nämlich $d_o(0) = 0$, der Fall $N - M = 1$ führt auf $d_o(1) = 0$, so daß man schließlich $d_o(k) = 0$ für $k \in \mathbb{N}_o$ erhält, d. h. es gilt $P^X(\{d_o \neq 0\}) = 0$, $P^X \in \mathfrak{P}^X$. Wegen $\sum_{k=0}^{N-M} \frac{n-1}{n-1+k} \frac{\binom{n+k-1}{n-1}\binom{N-n-k}{N-n}}{\binom{N}{M}} = 1$ für $N = M$ bzw.

$$= \frac{M}{N} \sum_{k=0}^{(N-1)-(M-1)} \frac{\binom{(n-1)+k-1}{(n-1)-1}\binom{N-1-(n-1)-k}{N-1-(n-1)}}{\binom{N-1}{M-1}} = \frac{M}{N}$$

für $M,N \in \mathbb{N}$, $N > M \geq n$, wird durch $\frac{n-1}{n-1+k}$, $k \in \mathbb{N}_o$, ein gleichmäßig bester erwartungstreuer Schätzer für $p := \frac{M}{N}$ definiert.

Es soll jetzt eine weitere Klasse von diskreten Verteilungen betrachtet werden, für die eine vollständige (und suffiziente) Abbildung existiert. Zu diesem Zweck seien $X_1,\dots,X_n$ reellwertige, unter $P \in \mathfrak{P}$ stochastisch unabhängige und identisch verteilte Zufallsgrößen, wobei der Träger $\Omega_{P^{X_1}}$ von P^{X_1} in einer vorgegebenen Teilmenge M von $\mathbb{R}$ liegt. Für diese Familie $\mathfrak{P}^X$, $X := (X_1,\dots,X_n)$, ist die sogenannte *Ordnungsstatistik* $T: \mathbb{R}^n \to \mathbb{R}^n$, die gemäß $T(x_1,\dots,x_n) := (x_{[1]},\dots,x_{[n]})$, mit $(x_{[1]},\dots,x_{[n]})$, $x_{[1]} \leq \dots \leq x_{[n]}$ als der Größe nach geordnetes n-Tupel von $(x_1,\dots,x_n)$, definiert ist, suffizient. Dann ist $d \circ T$ mit $d: \mathbb{R}^n \to \mathbb{R}$ symmetrisch (permutationsinvariant) und jede symmetrische Funktion $\hat{d}: \mathbb{R}^n \to \mathbb{R}$ ist von der Gestalt $d \circ T$ mit geeigneter Abbildung $d: \mathbb{R}^n \to \mathbb{R}$. Gilt nun $E_{P^X}(d \circ T) = 0$ für jedes $P \in \mathfrak{P}$, so folgt speziell für die diskrete Verteilung $P_o^{X_1}$ über $\mathbb{R}$ mit $P_o^{X_1}(\{x_j\}) = p_j$, $j = 1,\dots,m$, wobei $x_j \in M$, $j = 1,\dots,m$, paarweise verschieden, $p_j \geq 0$, $j = 1,\dots,m$, $\sum_{j=1}^{m} p_j = 1$, nach dem Multinomialsatz die Beziehung

$$\sum_{\substack{i_j=1,\ldots,m\\ j=1,\ldots,n}} p_{i_1}\cdot\ldots\cdot p_{i_n}\, d(T(x_{i_1},\ldots,x_{i_n})) =$$

$$\sum_{\substack{k_j\in\mathbb{N}_0,\, j=1,\ldots,m\\ k_1+\ldots+k_m=n}} p_1^{k_1}\cdot\ldots\cdot p_m^{k_m}\, \frac{n!}{k_1!\cdot\ldots\cdot k_m!}\, d(T(y_1,\ldots,y_n)) = 0, \text{ wobei } y_j \in \{x_1,\ldots,x_m\},$$

$j = 1,\ldots,n$, zutrifft und x_i in $(y_1,\ldots,y_n)$ genau k_i-mal auftritt, $i = 1,\ldots,m$, wenn $m \le n$ gewählt wird. Auf diese Weise erhält man ein homogenes Polynom Q in m Variablen vom Grad n, d. h. Q ist von der Gestalt $Q(u_1,\ldots,u_m) = \sum_{\substack{k_j\in\mathbb{N}_0\\ j=1,\ldots,m\\ k_1+\ldots+k_m=n}} a_{k_1,\ldots,k_m} u_1^{k_1}\cdot\ldots\cdot u_m^{k_m}$, $u_j \in \mathbb{R}$, $j = 1,\ldots,m$. Dabei verschwindet dieses Polynom Q für $u_j = p_j \ge 0$, $j = 1,\ldots,m$ mit $\sum_{j=1}^{m} p_j = 1$, und damit für alle $u_j \ge 0$, $j = 1,\ldots,m$. Hieraus folgt durch vollständige Induktion nach der Anzahl m der Variablen, daß Q das Nullpolynom sein muß. Für $m = 1$ ist dies richtig, weil ein Polynom in einer Veränderlichen höchstens n Nullstellen besitzt, wenn n der Grad des Polynoms ist. Für den Induktionsschritt von $m - 1$ Veränderlichen nach m Veränderlichen beachtet man die Darstellung $Q(u_1,\ldots,u_m) = \sum_{\nu=0}^{n} Q_\nu(u_1,\ldots,u_{m-1})u_m^\nu$, wobei Q_ν homogene Polynome in $u_1,\ldots,u_{m-1}$ vom Grad $n - \nu$, $\nu = 0,\ldots,n$, sind. Nach Induktionsvoraussetzung verschwinden die Q_ν, und damit ist auch Q das Nullpolynom. Dies hat $d(T(y_1,\ldots,y_n)) = 0$ zur Folge, d. h. es gilt $P^X(\{d \circ T = 0\}) = 1$ für alle $P \in \mathfrak{P}$.

Ferner ist die Ordnungsstatistik T für die obige Klasse von Verteilungen auch suffizient, denn mit $Y := T \circ X$ gilt $P^{X|y}(\{(x_1,\ldots,x_n)\}) = \frac{P(\{X=(x_1,\ldots,x_n)\})}{P(\{T\circ X=y\})} =$

$$\frac{P(\{X_1=x_1\})\cdot\ldots\cdot P(\{X_n=x_n\})}{\frac{n!}{k_1!\ldots k_m!}\, P(\{X_1=x_1\})\cdot\ldots\cdot P(\{X_n=x_n\})} = \frac{k_1!\cdot\ldots\cdot k_m!}{n!},$$

wenn $(x_1,\ldots,x_n)$ aus dem Träger Ω_{P^X} von P^X stammt, $y = T(x_1,\ldots,x_n)$ zutrifft, und wobei x_j in $(x_1,\ldots,x_n)$ genau k_j-mal auftritt, $j = 1,\ldots,m$, und m die Anzahl der verschiedenen Komponenten von $(x_1,\ldots,x_n)$ beschreibt. Besitzen die Verteilungen P^{X_1}, $P \in \mathfrak{P}$, noch die zusätzliche Eigenschaft $P^{X_1} = P^{-X_1}$ *(Symmetrie zum Nullpunkt)*, wobei der Träger von P^{X_1} in einer zum Nullpunkt symmetrischen Teilmenge M von $\mathbb{R}$ liegt, so soll die so modifizierte Familie der symmetrischen Verteilungen mit $\mathfrak{P}_s^X$ bezeichnet werden, wobei für die entsprechende Vollständigkeits- bzw. Suffizienzaussage die Ordnungsstatistik gemäß $T_s: \mathbb{R}^n \to \mathbb{R}^n$ mit $T_s(x_1,\ldots,x_n) =$

$(|x|_{[1]},\dots,|x|_{[n]})$ zu modifizieren ist, wobei $(|x|_{[1]},\dots,|x|_{[n]})$ das der Größe nach geordnete n-Tupel $(|x_1|,\dots,|x_n|)$ bezeichnet. Die Vollständigkeit von T_s für $\mathfrak{P}_s^X$ ergibt sich mit $P^{X_1}(\{\pm x_j\}) = p_j \geq 0$, $j = 1,\dots,m$, $2m \leq n$, $\sum_{j=1}^{m} 2p_j = 1$, falls $|x_j|$, $j = 1,\dots,m$, paarweise verschieden und $|x_j| \neq 0$, $j = 1,\dots,m$, gilt bzw. $P^{X_1}(\{\pm x_j\}) = p_j \geq 0$, $j = 1,\dots,m-1$, $P^{X_1}(\{0\}) = p_o \geq 0$, $\sum_{j=1}^{m-1} 2p_j + p_o = 1$, wobei $|x_j|$, $j = 1,\dots,m-1$, paarweise verschieden und $|x_j| \neq 0$, $j = 1,\dots,m-1$, sowie $2m-1 \leq n$ zutrifft, aus der Gleichung $E_{P^X}(d \circ T_s) = 0$, welche die Beziehung

$$\sum_{\substack{k_j \in \mathbb{N}_o\\ j=1,\dots,m\\ k_1+\dots+k_m=n}} n!\,\frac{d(T_s(y_1,\dots,y_n))}{k_1!\cdot\ldots\cdot k_n!}\,(2p_1)^{k_1}\cdot\ldots\cdot(2p_m)^{k_m} = 0 \text{ bzw.}$$

$$\sum_{\substack{k_j \in \mathbb{N}_o\\ j=0,1,\dots,m-1\\ k_o+k_1+\dots+k_{m-1}=n}} n!\,\frac{d(T_s(y_1,\dots,y_n))}{k_o!k_1!\cdot\ldots\cdot k_{m-1}!}\,p_o^{k_o}\cdot(2p_1)^{k_1}\cdot\ldots\cdot(2p_{m-1})^{k_{m-1}} = 0 \text{ impliziert.}$$

Dabei ist $\sum_{\substack{k_j^{\pm} \in \mathbb{N}_o\\ k_j^+ + k_j^- = k_j}} \frac{1}{k_j^+!k_j^-!} = \frac{2^{k_j}}{k_j!}$ zu beachten und $y_j \in \{|x_1|,\dots,|x_m|\}$ bzw. $y_j \in \{0,|x_1|,\dots,|x_{m-1}|\}$, $j = 1,\dots,n$, wobei k_j die Häufigkeit des Auftretens von $|x_j|$ in $(y_1,\dots,y_n)$ angibt. Die Argumentation mit Hilfe homogener Polynome liefert dann wieder $d(T_s(y_1,\dots,y_n)) = 0$, woraus $P^X(\{d \circ T_s = 0\}) = 1$ für alle $P^X \in \mathfrak{P}_s^X$ folgt. Die Suffizienz von T_s für $\mathfrak{P}_s^X$ ergibt sich aus

$$P^{X|y}(\{(x_1,\dots,x_n)\}) = \frac{P(\{X=(x_1,\dots,x_n)\})}{P(\{T_s \circ X=y\})} = \frac{P(\{X_1=x_1\})\cdot\ldots\cdot P(\{X_n=x_n\})}{\frac{n!}{k_1!\cdot\ldots\cdot k_m!}2^n P(\{X_1=x_1\})\cdot\ldots\cdot P(\{X_n=x_n\})}$$

$= \frac{k_1!\cdot\ldots\cdot k_m!}{n!2^n}$, falls $T_s(x_1,\dots,x_n) = (y_1,\dots,y_n)$ gilt und $(x_1,\dots,x_n)$ aus dem Träger von P_s^X stammt, sowie $|x_j| \neq 0$, $j = 1,\dots,m$ mit m als Anzahl der verschiedenen $|x_j|$ und mit k_j als der Häufigkeit des Auftretens der $|x_j|$ in $(y_1,\dots,y_n)$. Gilt $|x_j| = 0$ für (genau) ein $j = 1,\dots,m$, so ist 2^n durch 2^{n-k_j} zu ersetzen.

Im obigen Modell $\mathfrak{P}^X$ bzw. $\mathfrak{P}_s^X$ ist also nach dem Satz von Lehmann und Scheffé eine Schätzfunktion $d\colon \mathbb{R}^n \to \mathbb{R}$ mit $d \in D_\delta$ für $\delta\colon \mathfrak{P}^X \to \mathbb{R}$ bzw. $\delta\colon \mathfrak{P}_s^X \to \mathbb{R}$ gleichmäßig bester für δ erwartungstreuer Schätzer, wenn d permutationsinvariant bzw. zusätzlich vorzeicheninvariant ist. Insbesondere erhält man auf diese Weise nochmals das Resultat, daß genau die permutationsinvarianten Stichprobenfunktionen in einem Bernoulli-Experiment vom

Umfang n optimal sind. Aufgrund der obigen Suffizienzüberlegungen folgt insbesondere, daß die *Symmetrisierung* d_s bzw. d^s von $d \in D_\delta$ gemäß
$d_s(x_1,\dots,x_n) = \frac{1}{n!} \sum d(x_{\pi(1)},\dots,x_{\pi(n)})$ bzw.
$d^s(x_1,\dots,x_n) = \frac{1}{n!2^n} \sum d(\pm x_{\pi(1)},\dots,\pm x_{\pi(n)})$ mit $(x_1,\dots,x_n) \in \mathbb{R}^n$, wobei sich die Summen auf Permutationen π von $\{1,\dots,n\}$ bzw. zusätzlich auf die Vorzeichenkombinationen beziehen, für δ gleichmäßig beste, erwartungstreue Schätzer sind. Die Nullschätzer $d_o \in D_o$ im obigen Modell $\mathfrak{P}^X$ bzw. $\mathfrak{P}^X_s$ sind dadurch gekennzeichnet, daß für die zugehörigen Symmetrisierungen d_{os} bzw. d^s_o gilt $P^X(\{d_{os} = 0\}) = 1$, $P^X \in \mathfrak{P}^X$, bzw. $P^X(\{d^s_o = 0\}) = 1$, $P^X \in \mathfrak{P}^X_s$.
Als Anwendung soll speziell im Modell $\mathfrak{P}^X$ bzw. $\mathfrak{P}^X_s$ der gleichmäßig beste erwartungstreue Schätzer für δ_j: $\mathfrak{P}^X \to \mathbb{R}$ bzw. δ_j: $\mathfrak{P}^X_s \to \mathbb{R}$, $j = 1,2,3$, mit $\delta_1(P^X) := E_P(X_1)$, $P^X \in \mathfrak{P}^X_1$, bzw. $P^X \in \mathfrak{P}^X_{1s}$, $\delta_2(P^X) := Var_P(X_1)$, $P^X \in \mathfrak{P}^X_2$ bzw. $P^X \in \mathfrak{P}^X_{2s}$, und $\delta_3(P^X) := P^{X_1}((-\infty,x])$, $P^X \in \mathfrak{P}^X$ bzw. $P^X \in \mathfrak{P}^X_s$ mit $x \in \mathbb{R}$ fest, angegeben und in den beiden Modellen miteinander verglichen werden. Dabei ist $\mathfrak{P}^X_j$ bzw. $\mathfrak{P}^X_{js}$ das n-fache direkte Produkt der diskreten Verteilungen mit gleichen Komponenten, wobei der Träger in einer Teilmenge M von $\mathbb{R}$ liegt, die im Fall zum Nullpunkt symmetrischer Verteilungen ebenfalls symmetrisch zum Nullpunkt angenommen wird, und wobei ferner im Fall $j = 1$ die Existenz von $E_P(X_1^2)$ bzw. im Fall $j = 2$ die Existenz von $E_P(X_1^4)$ angenommen wird. Dann bleibt T bzw. T_s für $\mathfrak{P}^X_j$ bzw. $\mathfrak{P}^X_{js}$, $j = 1,2$, vollständig (und suffizient), da beim Nachweis der Vollständigkeit mit diskreten Verteilungen über $\mathbb{R}$ argumentiert worden ist, deren Träger endlich ist.

Beispiel *(Optimalität von Stichprobenmittel, Stichprobenstreuung und empirischer Verteilungsfunktion)*

Da das Stichprobenmittel permutationsinvariant ist, stellt dieses im Modell $\mathfrak{P}^X_1$ einen für δ_1 gleichmäßig besten erwartungstreuen Schätzer dar, wobei im Modell $\mathfrak{P}^X_{1s}$ die Nullfunktion für δ_1 optimal ist und insbesondere eine kleinere Varianz als das Stichprobenmittel besitzt. Nicht ganz so einfach ist der Vergleich der für δ_2 optimalen Schätzer im Modell $\mathfrak{P}^X_2$ bzw. $\mathfrak{P}^X_{2s}$. Da die durch $\frac{1}{n} \sum_{j=1}^{n} x_j^2$, $(x_1,\dots,x_n) \in \mathbb{R}^n$, definierte Schätzfunktion im Modell $\mathfrak{P}^X_{2s}$ für δ_2 erwartungstreu, permutations- und vorzeicheninvariant ist, stellt diese nach dem Satz von Lehmann und Scheffé einen für δ_2 optimalen Schätzer dar.

Im Modell $\mathfrak{P}_2^X$ ist die Stichprobenvarianz als permutationsinvariante für δ_2 erwartungstreue Schätzfunktion ein für δ_2 optimaler Schätzer, für dessen Varianz nach früheren Berechnungen $\frac{1}{n}(E_P(X_1^4) - \frac{n-3}{n-1}E_P^2(X_1^2))$ gilt, falls $P^X \in \mathfrak{P}_2^X$ zutrifft. Dagegen gilt $Var_P(\frac{1}{n}\sum_{i=1}^n X_i^2) = \frac{1}{n}Var_P(X_1^2) = \frac{1}{n}(E_P(X_1^4)-E_P^2(X_1^2)) \le \frac{1}{n}(E_P(X_1^4) - \frac{n-3}{n-1}E_P^2(X_1^2))$ für $P^X \in \mathfrak{P}_{2s}^X$. Da die durch $\frac{1}{n}\sum_{j=1}^n I_{(-\infty,x]}(x_j)$, $(x_1,\ldots,x_n) \in \mathbb{R}^n$ ($x \in \mathbb{R}$ fest) definierte Schätzfunktion für δ_3 erwartungstreu und permutationsinvariant ist, stellt diese sogenannte *empirische Verteilungsfunktion* im Modell $\mathfrak{P}^X$ einen für δ_3 optimalen Schätzer dar. Da dieser aber nicht vorzeicheninvariant ist, erhält man für $x \ge 0$ wegen $P^{|X_1|}((-\infty,x]) = P^{X_1}((-\infty,x]) - P^{X_1}((-\infty,-x)) = 2P^{X_1}((-\infty,x]) - 1$, $P^X \in \mathfrak{P}_s^X$, mit
$\frac{1}{2} + \frac{1}{2n}\sum_{j=1}^n I_{(-\infty,x]}(|x_j|) = \frac{1}{2} + \frac{1}{2n}\sum_{j=1}^n (I_{(-\infty,x]}(x_j) - I_{(-\infty,-x)}(x_j))$, $(x_1,\ldots,x_n) \in \mathbb{R}^n$, einen für δ_3 gleichmäßig besten erwartungstreuen Schätzer. Ferner gilt
$Var_P(\frac{1}{2} + \frac{1}{2n}\sum_{j=1}^n I_{(-\infty,x]} \circ |X_j|) = \frac{1}{4n} P^{|X_1|}((-\infty,x])(1 - P^{|X_1|}((-\infty,x])) =$
$\frac{1}{2n}(2F^{X_1}(x) - 1)(1 - F^{X_1}(x)) \le \frac{1}{n}F^{X_1}(x)(1 - F^{X_1}(x)) = Var_P(\frac{1}{n}\sum_{j=1}^n I_{(-\infty,x]} \circ X_j)$,
$P^X \in \mathfrak{P}_s^X$, mit $F^{X_1}(x) = P^{X_1}((-\infty,x])$ $(\ge F^{X_1}(x) - \frac{1}{2})$. Interessiert man sich für einen gleichmäßig besten erwartungstreuen Schätzer für $\delta: \mathfrak{P}_k \to \mathbb{R}$ mit $\delta(P^X) = E_P((X_1 - E_P(X_1))^k)$, $P^X \in \mathfrak{P}_k^X$, wobei $\mathfrak{P}_k^X$ das n-fache direkte Produkt von diskreten Verteilungen über $\mathbb{R}$ mit gleichen Komponenten ist, deren Träger in einer Teilmenge M von $\mathbb{R}$ liegt und deren Moment der Ordnung 2k existiert, so geht man am besten von der Gleichung
$\delta(P^X) = \sum_{\nu=0}^k \binom{k}{\nu}(-1)^{k-\nu}E_P(X_1^\nu)E_P^{k-\nu}(X_1)$, $P^X \in \mathfrak{P}_k^X$ aus. Dann ist der durch
$\frac{1}{n!}\sum_\pi \sum_{\nu=0}^k \binom{k}{\nu}(-1)^{k-\nu} x_{\pi(1)}^\nu \cdot x_{\pi(2)} \cdot \ldots \cdot x_{\pi(k-\nu+1)} = \frac{1}{n!}\sum_\pi \sum_{i=2}^{k+1}(x_{\pi(1)} - x_{\pi(i)})$,
$(x_1,\ldots,x_n) \in \mathbb{R}^n$, definierte Schätzer für δ optimal, wobei $\sum_\pi$ die Summation über alle Permutationen π von $\{1,\ldots,n\}$ bedeutet.

Im Fall von stochastisch unabhängigen, identisch verteilten Zufallsgrößen $X_1,\ldots,X_n$ mit P^{X_1} als $\mathfrak{P}(\lambda)$-Verteilung mit unbekanntem Parameter $\lambda > 0$ gilt übrigens, daß das Stichprobenmittel gleichmäßig bester, erwartungstreuer Schätzer für $\delta: \mathfrak{P}^X \to \mathbb{R}$, $\delta(P^X) = Var_P(X_1)$ mit $X := (X_1,\ldots,X_n)$, ist, d. h. insbesondere, daß die Stichprobenstreuung als erwartungstreuer Schätzer für δ in diesem Fall kein gleichmäßig bester erwartungstreuer Schätzer ist. Die

Optimalität des Stichprobenmittels für die Varianz der Einzelbeobachtung ist für die Poissonverteilung charakteristisch, wie das folgende Beispiel zeigt.

Beispiel *(Schätztheoretische Kennzeichnung der Poissonverteilung)*
Es seien $X_1,\ldots,X_n$ unter $P \in \mathfrak{P}$ stochastisch unabhängige, identisch verteilte Zufallsgrößen, wobei $E_P(X_1^k)$ für jedes $k \in \mathbb{N}$ existieren möge. Es soll gezeigt werden, daß aus der Eigenschaft des Stichprobenmittels, für jeden Stichprobenumfang $n \geq 2$ ein gleichmäßig bester erwartungstreuer Schätzer für $\delta: \mathfrak{P}^{(X_1,\ldots,X_n)} \to \mathbb{R}$, $\delta(P^{(X_1,\ldots,X_n)}) := Var_P(X_1)$, $P^{(X_1,\ldots,X_n)} \in \mathfrak{P}^{(X_1,\ldots,X_n)}$, zu sein, folgt, daß P^{X_1} für jedes $P \in \mathfrak{P}$ eine Poissonverteilung ist. Zu diesem Zweck wird zunächst die Beziehung $E_P(X_1^{(r)}) = (E_P(X_1))^r$, $r \in \mathbb{N}_o$, für die faktoriellen Momente von X_1 bezüglich $P \in \mathfrak{P}$, nachgewiesen. Für $r = 0$ und 1 ist diese Beziehung offensichtlich, während der Fall $r = 2$ aus der Voraussetzung $E_P(X_1) = Var_P(X_1)$, $P \in \mathfrak{P}$, folgt. Damit gilt nach Induktionsvoraussetzung für $r \geq 2$ mit Hilfe der Kovarianzmethode $E_P(\sum_{i=1}^{r} X_i(X_1^{(r)} - X_1 \cdot \ldots \cdot X_r)) = 0$, $P \in \mathfrak{P}$, woraus $E_P(X_1 \cdot X_1^{(r)}) + \sum_{i=2}^{r} E_P(X_i)E_P(X_1^{(r)}) - r\,E_P(X_1^2 \cdot X_2 \cdot \ldots \cdot X_r) = E_P(X_1^{(r+1)}) + r\,E_P(X_1^{(r)}) + (r-1)E_P(X_1)E_P(X_1^{(r)}) - r\,E_P(X_1^2)(E_P(X_1))^{r-1} = E_P(X_1^{(r+1)}) + r(E_P(X_1))^r + (r-1)(E_P(X_1))^{r+1} - r(E_P(X_1) + (E_P(X_1))^2)(E_P(X_1))^{r-1} = E_P(X_1^{(r+1)}) - (E_P(X_1))^{r+1} = 0$, $P \in \mathfrak{P}$, resultiert. Ferner sind durch die faktoriellen Momente $E_P(X_1^{(r)})$, $r \in \mathbb{N}_o$, die Momente $E_P(X_1^r)$, $r \in \mathbb{N}_o$, eindeutig bestimmt, da $\{x^{(r)}: r = 0,1,\ldots,k\}$ eine Basis des Vektorraums aller Polynome in $x \in \mathbb{R}$ höchstens vom Grad k ($k \in \mathbb{N}_o$ fest) ist. Schließlich genügen die faktoriellen Momente $E_P(Y^{(r)})$, $r \in \mathbb{N}_o$, mit P^Y als $\mathfrak{P}(\lambda)$-Verteilung der Beziehung $E_P(Y^{(r)}) = (E_P(Y))^r$, $r \in \mathbb{N}_o$, wie man am einfachsten wegen $E_P(t^Y) = e^{\lambda(t-1)}$, $t \in \mathbb{R}$, durch r-maliges Differenzieren nach t nachweist. Darüberhinaus folgt aus der Existenz von $E_P(e^{tY})$, $t \in \mathbb{R}$, daß die Momente $E_P(Y^r)$, $r \in \mathbb{N}_o$, die Verteilung P^Y eindeutig bestimmen, woraus resultiert, daß P^{X_1} für jedes $P \in \mathfrak{P}$ eine $\mathfrak{P}(\lambda)$-Verteilung sein muß, wobei $\lambda = 0$ zugelassen ist und dieser Fall als δ_o-Verteilung aufzufassen ist.

Man kamm im vorangehenden Beispiel die Annahme, daß das Stichprobenmittel für alle $n \geq 2$ ein gleichmäßig bester erwartungstreuer Schätzer für die Streuung ist, dadurch ersetzen, daß dies nur für einen Stichprobenumfang $n \geq 2$ zutrifft. Dies zeigt das folgende

Beispiel *(Übereinstimmung der ersten Momente höherer Ordnung mit denen einer Poisson-verteilten Zufallsgröße aufgrund der Optimalität des Stichprobenmittels für die Streuung)*

Es seien $X_1, X_2, \ldots$ reellwertige, stochastisch unabhängige und identisch verteilte Zufallsgrößen unter jeder Verteilung P aus einer nicht-leeren Menge $\mathfrak{P}$ von Verteilungen, wobei $E_P(|X_1|^k) < \infty$, $k = 1, \ldots, 2\ell$, $P \in \mathfrak{P}$, für ein $\ell \in \mathbb{N}$ zutreffe. Dann soll gezeigt werden, daß $E_P(X_1^m)$ für jedes $P \in \mathfrak{P}$ für $m = 1, \ldots, \ell+1$, mit den ersten $\ell + 1$ Momenten einer Poisson-verteilten Zufallsgröße übereinstimmt, falls das Stichprobenmittel basierend auf $X_1, \ldots, X_n$ für ein $n > 1$ ein gleichmäßig bester erwartungstreuer Schätzer für $Var_P(X_1)$, $P \in \mathfrak{P}$, ist. Dies ergibt sich aus der Beziehung $E_P(X_1(X_1-1)\ldots(X_1-m+1)) = E_P^m(X_1)$ für $m = 1, \ldots, \ell+1$ und jedes $P \in \mathfrak{P}$, denn hierdurch wird $E_P(X_1^m)$, $m = 1, \ldots, \ell+1$, $P \in \mathfrak{P}$, eindeutig bestimmt, und die obige Beziehung für die faktoriellen Momente werden durch eine Poisson-verteilte Zufallsgröße erfüllt, wobei die Dirac-Verteilung im Nullpunkt mit eingeschlossen ist. Wegen $E_P(\sum_{j=1}^{n} X_j(X_1(X_1-1)\ldots(X_1-m+1) - X_1 \cdot \ldots \cdot X_m)) = E_P(\sum_{j=1}^{m} X_j(X_1 \cdot (X_1-1)\ldots(X_1-m+1) - X_1 \cdot \ldots \cdot X_m))$, $m = 1, \ldots, n$ und $m \leq \ell+1$, $P \in \mathfrak{P}$, folgt die obige Beziehung für die faktoriellen Momente nach den Überlegungen zum vorangehenden Beispiel mit Hilfe vollständiger Induktion für $m = 1, \ldots, n$ und $m \leq \ell+1$. Ist nun $m > n$ und $m \leq \ell$, so gilt $E_P(\sum_{j=1}^{n} X_j(\prod_{j=1}^{n} X_j(X_j-1)\ldots(X_j-\nu_j+1) - X_1(X_1-1)\ldots(X_1-m+1)) = 0$, $P \in \mathfrak{P}$, wegen $E_P(\prod_{j=1}^{n}(X_j(X_j-1)\ldots(X_j-\nu_j+1) - X_1(X_1-1)\ldots(X_1-m+1)) = 0$, $P \in \mathfrak{P}$, aufgrund der Kovarianzmethode mit $\nu_j \in \mathbb{N}$, $j = 1, \ldots, n$, und $\nu_1 + \ldots + \nu_n = m$. Hieraus resultiert $\sum_{j=1}^{n} E_P(X_1^2(X_1-1)\ldots(X_1-\nu_j+1)) \cdot E_P^{m-\nu_j}(X_1) - E_P(X_1^2(X_1-1)\ldots(X_1-m+1)) - (n-1)E_P(X_1)E_P^m(X_1) = 0$, $P \in \mathfrak{P}$, nach Induktionsvoraussetzung und aus demselben Grund $\sum_{j=1}^{n}(E_P(X_1(X_1-1)\ldots(X_1-\nu_j)) + \nu_j E_P(X_1(X_1-1)\ldots(X_1-\nu_j+1))) \cdot E_P^{m-\nu_j}(X_1) - E_P(X_1(X_1-1)\ldots(X_1-m) - m E_P(X_1(X_1-1)\ldots(X_1-m+1)) - (n-1)E_P(X_1) = \sum_{j=1}^{n}(E_P^{\nu_j+1}(X_1)E_P^{m-\nu_j}(X_1) + \nu_j E_P^{\nu_j}(X_1)E_P^{m-\nu_j}(X_1)) - E_P(X_1(X_1-1)\ldots(X_1-m)) - m E_P^m(X_1) - (n-1) E_P^{m+1}(X_1) = n E_P^{m+1}(X_1) + m E_P^m(X_1) - E_P(X_1(X_1-1)\ldots(X_1-m)) - m E_P^m(X_1) - (n-1)E_P^{m+1}(X_1) = E_P^{m+1}(X_1) - E_P(X_1(X_1-1)\ldots(X_1-m)) = 0$, $P \in \mathfrak{P}$, d. h. die obige Beziehung für faktorielle Momente ist für $m+1$ zutreffend. Damit stimmt $E_P(X_1^m)$, $m = 1, \ldots, \ell+1$, mit den ersten $\ell+1$ Momenten einer Poisson-verteilten Zufallsgröße überein.

Es ist vielleicht überraschend, daß zum vorletzten Beispiel nur ein triviales, Gegenstück im Zusammenhang mit der Frage, für welche Verteilungen P^{X_1}, $P \in \mathfrak{P}$, die Stichprobenstreuung ein gleichmäßig bester erwartungstreuer Schätzer für den Erwartungswert $E_P(X_1)$, $P \in \mathfrak{P}$, ist, existiert.

Beispiel *(Kennzeichnung der Verteilung mit optimaler Stichprobenstreuung für den Mittelwert)*

Es seien $X_1, X_2, \ldots$ reellwertige, stochastisch unabhängige und identisch verteilte Zufallsgrößen unter jeder Verteilung P aus einer nicht-leeren Menge $\mathfrak{P}$ von Verteilungen, wobei $E_P(X_1^4) < \infty$, $P \in \mathfrak{P}$, gelte und die Stichprobenstreuung basierend auf $X_1, \ldots, X_n$ für $n = 2$ und $n = n_k$, $k = 1,2,\ldots$, mit $\lim_{k\to\infty} n_k = \infty$ ein gleichmäßig bester, erwartungstreuer Schätzer für $E_P(X_1)$, $P \in \mathfrak{P}$, sei. Es soll gezeigt werden, daß hieraus folgt, daß P^{X_1}, $P \in \mathfrak{P}$, nur aus der Dirac-Verteilung im Nullpunkt besteht. Nach der Kovarianzmethode folgt nämlich aus $E_P(\sum_{i=1}^n (X_i - \frac{1}{n} \sum_{j=1}^n X_j)^2 (X_1(X_1-1) - X_1 X_2)) = E_P((1-\frac{1}{n}) \sum_{i=1}^n X_i^2 - \frac{2}{n} \sum_{1\le i<j\le n} X_i X_j)(X_1(X_1-1) - X_1 X_2)) = 0$, $P \in \mathfrak{P}$, daß $f(n) = 0$ für $n \in \{2, n_1, n_2, \ldots\}$ zutrifft mit $f(u) := \frac{5n-9}{n} E_P(X_1^2) E_P^2(X_1) + \frac{n-1}{n} E_P(X_1(X_1-1)(X_1-2)(X_1-3)) + 5\frac{n-1}{n} E_P(X_1(X_1-1)(X_1-2)) + 4\frac{n-1}{n} E_P^2(X_1) - 4\frac{n-1}{n} E_P(X_1(X_1-1)(X_1-2)) E_P(X_1) - 4\frac{n-1}{n} E_P^3(X_1) - \frac{2}{n}(n-2) E_P^4(X_1) + \frac{2}{n} E_P^2(X_1^2) - 6\frac{n-1}{n} E_P(X_1^2) E_P(X_1)$, $n \ge 2$. Hieraus resultiert mit $2f(2) - \lim_{k\to\infty} f(n_k) = 0$ die Beziehung $2E_P^4(X_1) + 2E_P^2(X_1^2) - 4E_P(X_1^2) E_P^2(X_1) = 0$, $P \in \mathfrak{P}$, d. h. $\mathrm{Var}_P^2(X_1) = 0$, $P \in \mathfrak{P}$, so daß $X_1 = c$ P-f.ü., $P \in \mathfrak{P}$, für ein $c \in \mathbb{R}$ zutrifft und damit $X_1 = 0$ P-f.ü., $P \in \mathfrak{P}$, wegen $E_P(X_1^2) = E_P^2(X_1) + E_P(X_1)$, $P \in \mathfrak{P}$.

Es soll jetzt schließlich nach Neyman ein Kriterium für Suffizienz behandelt werden, wonach $T: \Omega_X \to \Omega_T$ für $\mathfrak{P}^X$ genau dann suffizient ist, wenn $P(\{X = x\}) = g_P(T(x))h(x)$, $x \in \Omega_X$, mit $g_P: \Omega_T \to \mathbb{R}$, $P \in \mathfrak{P}$, $h: \Omega_X \to \mathbb{R}$, gilt *(Neyman-Kriterium für Suffizienz)*. Ist T nämlich suffizient für $\mathfrak{P}^X$, so erhält man mit $h(x) := Q_{T(x)}(\{x\})$ für $T(x) \in \bigcup_{P\in\mathfrak{P}} \Omega_{P^{T\circ X}}$ bzw. $h(x) = 0$ sonst, wobei $\Omega_{P^{T\circ X}}$ den Träger von $P^{T\circ X}$, $P \in \mathfrak{P}$, bezeichnet, bzw. mit $g_P(y) := P(\{T\circ X = y\})$, $y \in \Omega_Y$, die Faktorisierung $P(\{X = x\}) = g_P(T(x))h(x)$, $x \in \Omega_X$, $P \in \mathfrak{P}$, wegen $P(\{X = x\}) = P(\{X = x\} | \{T\circ X = y\}) P(\{T\circ X = y\}) = Q_{T(x)}(\{x\}) P(\{T\circ X = y\})$, falls $y = T(x)$ mit $T(x) \in \Omega_{P^{T\circ X}}$ zutrifft, bzw. $P(\{X = x\}) = 0$, falls $y=T(x)$ und $P(\{T\circ X=y\})=0$ gilt, da man dann $P(\{X=x\})=0$ erhält. Umgekehrt folgt aus der Faktorisierung $P(\{X=x\})=g_P(T(x))h(x)$, $x\in\Omega_X$, mit $g_P:\Omega_Y\to\mathbb{R}$ und $h:\Omega_X\to\mathbb{R}$, die Existenz von diskreten Verteilungen Q_y über Ω_X für $y\in\bigcup_{P\in\mathfrak{P}}\Omega_{P^Y}$ mit $Q_y=P^{X|y}$ für jedes $y\in\Omega_{P^Y}$ bei beliebigem $P\in\mathfrak{P}$, wobei $Y:=T\circ X$ ist. Zunächst kann man nämlich wegen $P(\{X=x\})=|g_P(T(x))|\,|h(x)|$, $x\in\Omega_X$, annehmen, daß $h(x)\geq 0$, $x\in\Omega_X$, zutrifft. Gilt nun für ein $y:=T(x)$ die Beziehung $P(\{T\circ X=y\})>0$ für ein $P\in\mathfrak{P}$, so resultiert hieraus $P(\{X=x\}|\{Y=y\})$ $=\frac{P(\{X=x\})}{P(\{Y=y\})}=\frac{g_P(T(x))h(x)}{\sum_{x^*\in T^{-1}(\{y\})}g_P(T(x^*))h(x^*)}=\frac{h(x)}{\sum_{x^*\in T^{-1}(\{y\})}h(x^*)}$. Durch die Einzelwahrscheinlichkeiten $\frac{h(x)}{\sum_{x^*\in T^{-1}(\{y\})}h(x^*)}$, $x\in T^{-1}(\{y\})$, deren Summe über alle $x\in T^{-1}(\{y\})$ den Wert 1 liefert, wird also eine diskrete Verteilung Q_y definiert mit $Q_y=P^{X|y}$.

Als erste Anwendung des Neyman-Kriteriums soll jetzt allgemeiner untersucht werden, inwieweit bei unter P stochastisch unabhängigen und identisch verteilten Zufallsgrößen X_1, X_2 die bedingten Verteilungen $P^{X_1|y}$, $y\in\Omega_{P^Y}$, mit $Y:=X_1+X_2$, die Verteilung P^{X_1} bestimmen. Zu diesem Zweck wird noch vorausgesetzt, daß der Träger von P^{X_1} mit $\{0,\ldots,n\}$ ($n\in\mathbb{N}$ fest) bzw. $\mathbb{N}_0$ übereinstimmt.

Beispiel *(Eindeutige Bestimmtheit von Verteilungen durch bedingte Verteilungen bei Summenabbildungen als bedingende Zufallsgrößen)*

Setzt man $Y:=T\circ X$ mit T als Summenabbildung $T(x_1,x_2):=x_1+x_2$, $x_j\in\mathbb{R}$, $j=1,2$, so soll untersucht werden, wann aus $P_1^{X_1|y}=P_2^{X_1|y}$ für jedes $y\in\Omega_{P^Y}$, folgt $P_1^{X_1}=P_2^{X_2}$. Dabei sind X_1, X_2 unter P_j, $j=1,2$, stochastisch unabhängig und identisch verteilt, und $\Omega_{P_j^{X_1}}$, $j=1,2$, ist gleich $\{0,\ldots,n\}$ ($n\in\mathbb{N}$ fest) bzw. stimmt mit $\mathbb{N}_0$ überein. Die Abbildung T ist also suffizient für $\{P_1^X, P_2^X\}$, $X:=(X_1,X_2)$, woraus nach dem Neyman-Kriterium für $\pi(k):=P_1(\{X_1=k\})/P_2(\{X_2=k\})$, $k\in\{0,\ldots,n\}$ ($n\in\mathbb{N}$ fest) bzw. $k\in\mathbb{N}_0$, wegen $P_j(\{X_1=k,X_2=m\})=g_{P_j}(k+m)h(k+m)=P_j(\{X_1=k\})P_j(\{X_1=m\})$, $j=1,2$, $k,m\in\{0,\ldots,n\}$ ($n\in\mathbb{N}$ fest) bzw. $k,m\in\mathbb{N}_0$, die Beziehung $\ell n\,\pi(k)+\ell n\,\pi(m)=\ell n\,(g_{P_1}(k+m)/g_{P_2}(k+m))$ folgt, d. h. $\ell n\,\pi(k)+\ell n\,\pi(m)=f(k+m)$, $k,m\in\{0,\ldots,n\}$ ($n\in\mathbb{N}$ fest) bzw. $k,m\in\mathbb{N}_0$, mit $f(\nu):=\ell n\,\frac{g_{P_1}(\nu)}{g_{P_2}(\nu)}$, $\nu\in\{0,\ldots,n\}$ ($n\in\mathbb{N}$ fest) bzw. $\nu \in \mathbb{N}_o$. Mit $\varphi(\nu) := f(\nu) - f(0)$, $\nu \in \{0,\dots,n\}$ ($n \in \mathbb{N}$ fest) bzw. $\nu \in \mathbb{N}_o$, erhält man daher $\varphi(k+m) = f(k+m) - f(0) = \ell n\,\pi(k) + \ell n\,\pi(m) - 2\,\ell n\,\pi(0) = f(k) + \ell n\,\pi(0) + f(m) + \ell n\,\pi(0) - 2\,\ell n\,\pi(0) = f(k) + f(m)$, also $f(0) = 0$ und damit $\varphi(k+m) = \varphi(k) + \varphi(m)$, $k,m \in \{0,\dots,n\}$ ($n \in \mathbb{N}$) bzw. $k,m \in \mathbb{N}_o$. Hieraus folgt schließlich $\varphi(k) = k\varphi(1)$ und damit $f(k) = k(f(1) - f(0)) + f(0) = kf(1) - (k-1)f(0)$, also $\ell n\,\pi(k) + \ell n\,\pi(0) = k(\ell n\,\pi(1) + \ell n\,\pi(0)) - (k-1)\,2\,\ell n\,\pi(0)$, d. h. $\ell n\,\pi(k) = k\,\ell n\,\pi(1) - (k-1)\,\ell n\,\pi(0)$ oder $\pi(k) = \frac{1}{\pi(0)}\left(\frac{\pi(1)}{\pi(0)}\right)^k$, $k \in \{0,\dots,n\}$ ($n \in \mathbb{N}$ fest) bzw. $k \in \mathbb{N}_o$. Gilt also zusätzlich $P_1^{X_1}(\{k\}) = P_2^{X_1}(\{k\})$, $k = 0,1$, so trifft $P_1^{X_1} = P_2^{X_2}$ zu. Gehört $P_2^{X_1}$ zu einer einparametrigen Potenzreihenfamilie in $\vartheta \in \Theta = (0,r)$, wobei r der Konvergenzradius der Potenzreihe $\sum_{k=0}^{\infty} \vartheta^{\tilde{T}(k)} h(k)$ ist, und $\tilde{T}$ mit $T: \mathbb{R} \to \mathbb{R}$ als Identität, so gehört auch $P_2^{X_1}$ zu dieser Potenzreihenfamilie. Dabei gehörten alle bisher betrachteten Potenzreihenfamilien (Binomialverteilungen, Poissonverteilungen, negative Binomialverteilungen) zu solchen speziellen Potenzreihenfamilien, so daß man insbesondere die Binomialverteilung über die hypergeometrische Verteilung als bedingte Verteilung und - wie bereits zum Schluß des vorangehenden Abschnitts mit Hilfe einfach zu lösender Differentialgleichungen bereits bewiesen - die Poissonverteilung über die Binomialverteilung als bedingte Verteilung sowie die geometrische Verteilung (Pascalverteilung) über die Laplace-Verteilung als bedingte Verteilung kennzeichnen kann.

Die Überlegungen zum vorangehenden Beispiel erlauben eine einfache Kennzeichnung von einparametrigen Potenzreihenfamilien in T durch Suffizienzeigenschaften von T.

Beispiel *(Charakterisierung von einparametrigen Potenzreihenfamilien durch Suffizienzeigenschaften)*

Es seien X_1, X_2 unter $P \in \mathfrak{P}$ stochastisch unabhängige und identisch verteilte Zufallsgrößen, wobei $\Omega_{P^{X_1}}$ mit $\{0,\dots,n\}$ ($n \in \mathbb{N}$ fest) bzw. $\mathbb{N}_o$ für jedes $P \in \mathfrak{P}$ übereinstimmt. Ferner wird die Existenz einer für $\mathfrak{P}^{X_1}$ suffizienten Abbildung $T: \{0,\dots,n\} \to \{0,\dots,n\}$ ($n \in \mathbb{N}$ fest) bzw. $T: \mathbb{N}_o \to \mathbb{N}_o$ angenommen, so daß $\Omega_{P^{T \circ X_1}}$ mit $\{0,\dots,n\}$ ($n \in \mathbb{N}$ fest) bzw. mit $\mathbb{N}_o$ für jedes $P \in \mathfrak{P}$ übereinstimmt. Schließlich wird noch gefordert, daß die durch $\hat{T}(k_1,k_2) := T(k_1) + T(k_2)$ definierte Abbildung $\hat{T}: \{0,\dots,n\}^2 \to \mathbb{R}$ bzw. $\hat{T}: \mathbb{N}_o^2 \to \mathbb{R}$ für $\mathfrak{P}^X$ mit $X := (X_1,X_2)$

suffizient ist. Es soll gezeigt werden, daß es eine Teilmenge Θ von $(0,\infty)$ gibt, so daß $\mathfrak{P}^{X_1}$ eine einparametrige Potenzreihenfamilie in $\vartheta \in \Theta$ und T ist, wobei aufgrund des Suffizienzkriteriums von Neyman klar ist, daß bei Vorliegen mit $\mathfrak{P}^{X_1}$ als einparametriger Potenzreihenfamilie in $\vartheta \in \Theta$ und T auch $\hat{T}$ für $\mathfrak{P}^{X}$ suffizient ist. Um nun umgekehrt aus den beiden Suffizienzannahmen auf eine einparametrige Potenzreihenfamilie zu schließen, beachtet man, daß aus dem Kriterium für Suffizienz nach Neyman folgt $P(\{X_1=k_1, X_2=k_2\}) = \hat{g}_P(T(k_1) + T(k_2))\hat{h}(k_1,k_2)$ bzw. $P\{(X_1=k_1\}) = g_P(T(k_1))h(k_1)$, $k_1,k_2 \in \{0,\ldots,n\}$ ($n \in \mathbb{N}$ fest) bzw. $k_1,k_2 \in \mathbb{N}_o$, mit $\hat{g}_P$, $\hat{g}_P: \{0,\ldots,2n\} \to \mathbb{R}$ bzw. $\mathbb{N}_o \to \mathbb{R}$, $P \in \mathfrak{P}$. Dies liefert für $\hat{H}_P(\nu) := \ln(\hat{g}_P(\nu)/\hat{g}_{P_o}(\nu))$, $\nu \in \{0,\ldots,2n\}$, $H_P(\nu) := \ln(g_{P_o}(\nu)/g_P(\nu))$, $\nu \in \{0,\ldots,n\}$ ($n \in \mathbb{N}$ fest) bzw. $\nu \in \mathbb{N}_o$, $P,P_o \in \mathfrak{P}$, die Gleichung $\hat{H}_P(\nu_1 + \nu_2) = H_P(\nu_1) + H_P(\nu_2)$, $\nu_1,\nu_2 \in \{0,\ldots,n\}$ ($n \in \mathbb{N}$ fest) bzw. $\nu_1,\nu_2 \in \mathbb{N}_o$. Hieraus resultiert für $\tilde{H}_P: \{0,\ldots,2n\} \to \mathbb{R}$, bzw. $\mathbb{N}_o \to \mathbb{R}$, mit $\tilde{H}_P(\nu) := \hat{H}_P(\nu) - \hat{H}_P(0)$, $\nu \in \{0,\ldots,2n\}$, die Beziehung $\tilde{H}_P(\nu_1 + \nu_2) = H_P(\nu_1) + H_P(\nu_2) - 2H_P(0) = \tilde{H}_P(\nu_1) + \tilde{H}_P(\nu_2)$, $\nu_1,\nu_2 \in \{0,\ldots,n\}$ ($n \in \mathbb{N}$ fest) bzw. $\nu,\nu_1,\nu_2 \in \mathbb{N}_o$, d. h. $\tilde{H}_P(\nu) = \nu\tilde{H}_P(1)$, $\nu \in \{0,\ldots,2n\}$ ($n \in \mathbb{N}$ fest), bzw. $\nu \in \mathbb{N}_o$, $P \in \mathfrak{P}$. Also gilt $H_P(\nu) = \nu\tilde{H}_P(1) + H_P(0)$ und damit $P(\{X=k\}) = g_P(T(k))h(k) = K(\vartheta)\vartheta^{T(k)}P_o(\{X=k\})$ mit $\vartheta := e^{\tilde{H}_P(1)}$, $K(\vartheta) := e^{H_P(0)}$, $k \in \{0,\ldots,n\}$ ($n \in \mathbb{N}$ fest), bzw. $k \in \mathbb{N}_o$, $P \in \mathfrak{P}$ ($P_o \in \mathfrak{P}$ fest), so daß tatsächlich mit $\mathfrak{P}^{X_1}$ eine einparametrige Potenzreihenfamilie in $\vartheta \in \Theta := \{e^{\tilde{H}_P(1)}: P \in \mathfrak{P}\}$ und T vorliegt.

In der mathematischen Psychologie werden modifizierte Bernoulli-Experimente vom Umfang n betrachtet, bei denen die Trefferwahrscheinlichkeit p noch vom jeweiligen Einzelexperiment abhängt (z. B. über die jeweiligen Experimentatoren), d. h. man geht von $p = p(\vartheta,\eta)$ mit $\vartheta \in \Theta$ als Strukturparameter (z. B. um zu unterscheiden, ob ein Münz- oder Würfelwurfexperiment durchgeführt wird) und $\eta \in \{\eta_1,\ldots,\eta_n\}$ als individuelle (z. B. vom Experimentator abhängende Parameter). Es ist also vom Modell $\mathfrak{P}^X$, $X := (X_1,\ldots,X_n)$ mit $X_1,\ldots,X_n$ unter $P \in \mathfrak{P}$ stochastisch unbhängigen Zufallsgrößen auszugehen, wobei P^{X_j} eine $\mathfrak{B}(1,p(\vartheta,\eta_j))$-Verteilung ist, $p(\vartheta,\eta_j) \in]0,1[$, $\vartheta \in \Theta$, $j = 1,\ldots,n$. Im Fall $p(\vartheta,\eta_i) = \frac{e^{\varphi(\vartheta)+\psi(\eta_i)}}{1+e^{\varphi(\vartheta)+\psi(\eta_i)}}$, $\vartheta \in \Theta$, $i=1,\ldots,n$, mit $\varphi: \Theta \to \mathbb{R}$, $\psi: \{\eta_1,\ldots,\eta_n\} \to \mathbb{R}$, spricht man in der mathematischen Psychologie vom *Rasch-Modell*. Es ist interessant, daß dieses durch die Annahme der Existenz einer symmetrischen (permutationsinvarianten) und für $\mathfrak{P}^X$ suffizienten Abbildung $T: \{0,1\}^n \to \Omega_T$ charakterisiert wird.

Beispiel *(Charakterisierung des Rasch-Modells durch die Annahme der Existenz einer symmetrischen und suffizienten Abbildung)*
Nach dem Suffizienzkriterium von Neyman gilt $P(\{X_1=x_1,\dots,X_n=x_n\}) = g_P(T(x_1,\dots,x_n)) \cdot h_\eta(x_1,\dots,x_n)$, $x_j \in \{0,1\}$, $j = 1,\dots,n$, $g_P: \Omega_T \to \mathbb{R}$, $h_\eta: \{0,1\}^n \to \mathbb{R}$, $\eta := (\eta_1,\dots,\eta_k)$, $P \in \mathfrak{P}$, wobei $T: \{0,1\}^n \to \Omega_T$ permutationsinvariant ist. Die Permutationsinvarianz von T und die stochastische Unabhängigkeit von $X_1,\dots,X_n$ liefert die Gleichung $\frac{h_\eta(x_1,\dots,x_k,\dots,x_n)}{h_\eta(x_k,\dots,x_1,\dots,x_n)} = \frac{P^{X_1}(\{x_1\})P^{X_k}(\{x_k\})}{P^{X_1}(\{x_k\})P^{X_k}(\{x_1\})}$,
$x_j \in \{0,1\}$, $j = 1,\dots,n$, $P \in \mathfrak{P}$. Wählt man $x_1 = 0$ und $x_k = 1$, so ergibt sich hieraus
$\frac{p(\vartheta,\eta_k)}{1-p(\vartheta,\eta_k)} \cdot \frac{1-p(\vartheta,\eta_1)}{p(\vartheta,\eta_1)} = \frac{p(\vartheta_o,\eta_k)}{1-p(\vartheta_o,\eta_k)} \cdot \frac{1-p(\vartheta_o,\eta_1)}{p(\vartheta_o,\eta_1)}$ für jedes $\vartheta \in \Theta$ bei festem $\vartheta_o \in \Theta$ und alle $k \in \{1,\dots,n\}$. Hieraus folgt, daß
$\varphi(\vartheta) := \ln\left(\frac{p(\vartheta,\eta_k)}{1-p(\vartheta,\eta_k)} \cdot \frac{1-p(\vartheta_o,\eta_k)}{p(\vartheta_o,\eta_k)}\right)$, $\vartheta \in \Theta$, unabhängig von $k \in \{1,\dots,n\}$ ist, woraus mit $\psi(\eta_k) := \ln\left(\frac{p(\vartheta_o,\eta_k)}{1-p(\vartheta_o,\eta_k)}\right)$, $k \in \{1,\dots,n\}$, die gewünschte Aussage
$p(\vartheta,\eta_k) = \frac{p(\vartheta,\eta_1)}{1-p(\vartheta,\eta_1)} \cdot \frac{1-p(\vartheta_o,\eta_1)}{p(\vartheta_o,\eta_1)} \cdot \frac{p(\vartheta_o,\eta_k)}{1-p(\vartheta_o,\eta_k)} \cdot (1-p(\vartheta,\eta_k)) =$
$= e^{\varphi(\vartheta)+\psi(\eta_k)}(1-p(\vartheta,\eta_k))$, $\vartheta \in \Theta$, $k = 1,\dots,n$, resultiert. Ferner ergibt sich hieraus $P(\{X_1=x_1,\dots,X_n=x_n\}) = \prod_{k=1}^{n} (p(\vartheta,\eta_k))^{x_k}(1-p(\vartheta,\eta_k))^{1-x_k} =$
$= \prod_{k=1}^{n} (1-p(\vartheta,\eta_k)) \cdot e^{\varphi(\vartheta)\sum_{k=1}^{n} x_k} e^{\sum_{k=1}^{n}\psi(\eta_k)x_k}$, $x_k \in \{0,1\}$, $k = 1,\dots,n$, $P \in \mathfrak{P}$, $\vartheta \in \Theta$, wobei jedes $P^X \in \mathfrak{P}^X$ durch ein $\vartheta \in \Theta$ bestimmt ist, d. h. sogar $T: \{0,1\}^n \to \mathbb{R}$ mit $T(x_1,\dots,x_n) := \sum_{k=1}^{n} x_k$, $x_k \in \{0,1\}$, $k = 1,\dots,n$, ist für $\mathfrak{P}^X$ suffizient.

Als Anwendung der Überlegungen zur Vollständigkeit und Suffizienz soll das Problem der optimalen Schätzung der Mächtigkeit einer endlichen Menge behandelt werden.

Beispiel *(Optimales Schätzen der Mächtigkeit einer endlichen Menge)*
Als Modell möge eine Urne mit N Kugeln dienen, die von 1 bis N numeriert sind, wobei n-mal eine Kugel ohne Zurücklegen gezogen wird und eine solche n-fache Auswahl k-mal unabhängig wiederholt wird. Es liegen also unter $P \in \mathfrak{P}$ stochastisch unabhängige und identisch verteilte Zufallsgrößen $(X_1^{(j)},\dots,X_n^{(j)})$, $j=1,\dots,k$, vor, mit $P(\{X_i^{(j)}=x_i^{(j)},\ i=1,\dots,n\}) = \frac{1}{N(N-1)\dots(N-n+1)} = \frac{1}{\binom{N}{n}n!}$, $x_i^{(j)} \in \{1,\dots,N\}$ paarweise verschieden, $i=1,\dots,n$, $j=1,\dots,k$, wobei jede Verteilung $P^{(X_1^{(j)},\dots,X_n^{(j)})}$, $j=1,\dots,k$, eindeutig durch $N \in \mathbb{N}$ mit $N \geq n$ bestimmt ist. Hieraus folgt $P(\{X_i^{(j)}=x_i^{(j)},\ i=1,\dots,n,\ j=1,\dots,k\}) =$

$$\prod_{j=1}^{k} \frac{1}{\binom{N}{n}n!} I_{(-\infty,N]}\left(\max_{1\leq i\leq n} x_i^{(j)}\right) I_{\mathbb{N}_n}(x_1^{(j)},\dots,x_n^{(j)}) =$$

$$\left(\frac{1}{\binom{N}{n}n!}\right)^k I_{(-\infty,N]}\left(\max_{\substack{1\leq i\leq n\\1\leq j\leq k}} x_i^{(j)}\right) \prod_{j=1}^{k} I_{\mathbb{N}_n}(x_1^{(j)},\dots,x_n^{(j)})$$ mit $\mathbb{N}_n := \{(k_1,\dots,k_n) \in \mathbb{N}_0^n:$

$k_1,\dots,k_n$ paarweise verschieden$\}$. Nach dem Kriterium von Neyman ist daher $T: \mathbb{R}^{kn} \to \mathbb{R}$ mit $T(x_1^{(1)},\dots,x_n^{(k)}) := \max_{\substack{1\leq i\leq n\\1\leq j\leq k}} x_i^{(j)}$ für $\mathfrak{P}^X$, $X := (X_1^{(1)},\dots,X_n^{(k)})$, suffizient.

Ferner liefert $\max_{\substack{1\leq i\leq n\\1\leq j\leq k}} X_i^{(j)} = \max_{1\leq j\leq k}\ \max_{1\leq i\leq n} X_i^{(j)}$ die Beziehung $P(\{\max_{\substack{1\leq i\leq n\\1\leq j\leq k}} X_i^{(j)} = m\})$

$$= P(\{\max_{\substack{1\leq i\leq n\\1\leq j\leq k}} X_i^{(j)} \leq m\}) - P(\{\max_{\substack{1\leq i\leq n\\1\leq j\leq k}} X_i^{(j)} \leq m-1\}) = (P(\{\max_{1\leq i\leq n} X_i^{(1)} \leq m\}))^k -$$

$$(P(\{\max_{1\leq i\leq n} X_i^{(1)} \leq m-1\}))^k = \left(\frac{\binom{m}{n}n!}{\binom{N}{n}n!}\right)^k - \left(\frac{\binom{m-1}{n}n!}{\binom{N}{n}n!}\right)^k,$$ $n \leq m \leq N$, wobei jedes P^X durch ein $N \in \mathbb{N}$ mit $N \geq n$ eindeutig festgelegt ist. Aus $\sum_{m=n}^{N} d(m)(\binom{m}{n}^k - \binom{m-1}{n}^k) = 0$, $N \in \{n,n+1,\dots\}$, für ein $d: \{n,n+1,\dots\}\ \mathbb{R}$, resultiert die Beziehung $d(n) = 0$, wenn man $N = n$ setzt. Wählt man ferner nacheinander $N = n+1, n+2,\dots$, so liefert dies $d(m) = 0$ für alle $m \in \{n,n+1,\dots\}$, d. h. T ist für $\mathfrak{P}^X$ vollständig. Ein für $\delta: \mathfrak{P}^X \to \mathbb{R}$ mit $\delta(P^X) = N$, $P \in \mathfrak{P}$, gleichmäßig bester erwartungstreuer Schätzer $d^*: \{n,n+1,\dots\} \to \mathbb{R}$ erfüllt also die Gleichung $\sum_{m=n}^{N} d^*(m)\left(\left(\frac{\binom{m}{n}}{\binom{N}{n}}\right)^k - \left(\frac{\binom{m-1}{n}}{\binom{N}{n}}\right)^k\right)$
$= N$, $N \in \{n,n+1,\dots,\}$, woraus $\sum_{m=n}^{N} d^*(m)((\binom{m}{n})^k - (\binom{m-1}{n})^k) = (\binom{N}{n})^k N$,

$N \in \{n,n+1,\dots\}$, folgt. Der Vergleich mit der entsprechenden Gleichung, in der N durch $N-1$ ersetzt wird, liefert $d^*(N)((\binom{N}{n})^k - (\binom{N-1}{n})^k) = (\binom{N}{n})^k N - (\binom{N-1}{n})^k (N-1)$,

$N \in \{n+1,n+2,\dots\}$, woraus sich $d^*(\nu) = \nu + \frac{(\binom{\nu-1}{n})^k}{(\binom{\nu}{n})^k - (\binom{\nu-1}{n})^k} = \nu + \frac{(1-\frac{n}{\nu})^k}{1-(1-\frac{n}{\nu})^k}$ für

$\nu \in \{n+1, n+2, \ldots\}$ ergibt. Für $d^*(n)$ liefert diese Formel den Wert n, der sich auch aus der Gleichung für die Erwartungstreue von d^* ergibt, wenn man den Fall $N = n$ betrachtet. Die Spezialfälle $k = 1$ bzw. $n = 1$ führen auf die in der Literatur bekannten für δ optimalen Schätzer d^* mit $d^*(\nu) = \frac{n+1}{n}\nu - 1$, $\nu \in \{n, n+1, \ldots\}$, bzw. $d^*(\nu) = \frac{\nu^{k+1} - (\nu-1)^{k+1}}{\nu^k - (\nu-1)^k}$, $\nu \in \mathbb{N}$, für den Fall des n-maligen Ziehens ohne Zurücklegen bzw. des k-maligen unabhängigen Ziehens mit Zurücklegen.

ANHANG

Kennzeichnung der besonderen Rolle der diskreten Verteilungen

Die ausgezeichnete Rolle der diskreten Verteilungen soll im Rahmen der Wahrscheinlichkeitstheorie an einigen für die Stochastik wichtigen Grundbegriffen bzw. grundlegenden Aussagen illustriert werden, so daß sich die atomaren Wahrscheinlichkeitsmaße P, die sich auf höchstens abzählbar viele, paarweise disjunkte P-Atome konzentrieren, als Verallgemeinerung des Begriffs der diskreten Wahrscheinlichkeitsverteilung durch einfache wahrscheinlichkeitstheoretische bzw. statistische Eigenschaften gegenüber allen anderen Wahrscheinlichkeitsverteilungen charakteristisch auszeichnen. Da dieser Abschnitt über den durch diskrete Verteilungen gesteckten Rahmen hinausgeht, wird dieser als Anhang betrachtet.

Als erstes Beispiel wird die Eigenschaft untersucht, daß für einen Wahrscheinlichkeitsraum $(\Omega, \mathfrak{A}, P)$ reellwertige Zufallsgrößen $X_1, X_2, \ldots$ existieren, die unter P stochastisch unabhängig und identisch verteilt sind, wobei P^{X_1} keine Dirac-Verteilung ist. Im Rahmen diskreter Verteilungen ist die Existenz von stochastisch unabhängigen, identisch verteilten und reellwertigen Zufallsgrößen $X_1, \ldots, X_n$ mit vorgegebener Verteilung lediglich nur so bewiesen worden, daß der zugrundeliegende Wahrscheinlichkeitsraum noch von $n \in \mathbb{N}$ abhängt. Die nachfolgenden Überlegungen zeigen, daß dies im Modell diskreter Verteilungen nicht unabhängig von $n \in \mathbb{N}$ möglich ist. Es soll nämlich gezeigt werden, daß ein Wahrscheinlichkeitsmaß P auf einer σ-Algebra $\mathfrak{A}$ über einer Menge Ω genau dann atomlos ist, wenn es unter P stochastisch unabhängige, $\mathfrak{A}$-meßbare und identisch verteilte Zufallsgrößen $X_j: \Omega \to \mathbb{R}$, $j = 1,2,\ldots$, gibt, wobei P^{X_1} keine Dirac-Verteilung ist. Im atomlosen Fall kann man nämlich paarweise disjunkte Mengen $A_{(\frac{k-1}{2^n}, \frac{k}{2^n}]} \in \mathfrak{A}$, $k = 1,\ldots,2^n$, finden mit

$$P(A_{(\frac{k-1}{2^n}, \frac{k}{2^n}]}) = \frac{1}{2^n}, \; k = 1,\ldots,2^n, \; \Omega = \sum_{k=1}^{2^n} A_{(\frac{k-1}{2^n}, \frac{k}{2^n}]}, \; n \in \mathbb{N}, \text{ und}$$

$$A_{(\frac{k-1}{2^n}, \frac{k}{2^n}]} = \sum_{\nu=(k-1)2^m+1}^{k\,2^m} A_{(\frac{\nu-1}{2^{m+n}}, \frac{\nu}{2^{m+n}}]}, \; m \in \mathbb{N}, \; k = 1,\ldots,2^n, \; n \in \mathbb{N}.$$

Dann sind aber die Zufallsgrößen $X_n := I_{B_n}$ mit

$B_n := \bigcup_{\substack{1 \le k \le 2^n \\ k \text{ ungerade}}} A_{(\frac{k-1}{2^n}, \frac{k}{2^n}]}$, $n \in \mathbb{N}$, unter P stochastisch unabhängig und identisch verteilt mit P^{X_1} als $\mathfrak{B}(1, \frac{1}{2})$-Verteilung. Umgekehrt ergibt sich aus der Existenz von unter P stochastisch unabhängigen, identisch verteilten und $\mathfrak{A}$-meßbaren Zufallsgrößen $X_j : \Omega \to \mathbb{R}$, $j = 1,2,\ldots$, mit nicht degenerierter Verteilung P^{X_1} zusammen mit der Existenz eines P-Atoms $A_o \in \mathfrak{A}$ der folgende Widerspruch: Die Eigenschaft von $A_o \in \mathfrak{A}$, ein P-Atom zu sein, impliziert für jedes $A \in \mathfrak{A}$ die Beziehung $P(A_oA) = P(A_o)$ oder $P(A_oA) = 0$, d. h. $I_{A_o} \le I_A$ P-f.ü. oder $I_{A_o} \le I_{A^c}$ P-f.ü., woraus sich für $A \in \{\{X_j = c\}: j = 1,2,\ldots\}$ mit $P(\{X_1 = c\}) \in (0,1)$ für ein $c \in \mathbb{R}$, die Existenz einer Teilfolge j_k, $k = 1,2,\ldots$, ergibt mit $I_{A_o} \le \prod_{k=1}^{\infty} I_{\{X_{j_k} = c\}}$ P-f.ü. oder $I_{A_o} \le \prod_{k=1}^{\infty} I_{\{X_{j_k} \ne c\}}$ P-f.ü. Wegen der stochastischen Unabhängigkeit der X_j, $j = 1,2,\ldots$, und wegen $P^{X_j} = P^{X_1}$, $j = 1,2,\ldots$, resultiert hieraus der Widerspruch $P(A_o) \le \prod_{k=1}^{\infty} a_k = 0$ mit $a_k = P(\{X_1 = c\}) \in (0,1)$ bzw. $a_k = P(\{X_1 \ne c\}) \in (0,1)$, $k = 1,2,\ldots$.

Im Zusammenhang mit den obigen Überlegungen ist die Frage von Interesse, ob für einen Wahrscheinlichkeitsraum $(\Omega, \mathfrak{A}, P)$ mit atomlosem Wahrscheinlichkeitsmaß P unter P stochastisch unabhängige, identisch verteilte, reellwertige und $\mathfrak{A}$-meßbare Zufallsgrößen $X_1, X_2, \ldots$ existieren, so daß P^{X_1} mit einer vorgegebenen Wahrscheinlichkeitsverteilung Q auf der Borelschen σ-Algebra $\mathfrak{B}$ über $\mathbb{R}$ übereinstimmt. Zu diesem Zweck wird zunächst gezeigt, daß es zu Q reellwertige, $(\mathfrak{B}, \mathfrak{B})$-meßbare Zufallsgrößen $Y_j : \mathbb{R} \to \mathbb{R}$, $j = 1,2,\ldots$ gibt und ein Wahrscheinlichkeitsmaß P auf $\mathfrak{B}$, so daß $Y_1, Y_2, \ldots$ unter P stochastisch unabhängig und identisch verteilt sind und $P^{X_1} = Q$ gilt. Bezeichnen nämlich X_j die Projektionen des $\mathbb{R}^{\mathbb{N}}$ auf die j-te Koordinate, $j \in \mathbb{N}$, und $\varphi: \mathbb{R} \to \mathbb{R}^{\mathbb{N}}$ eine $(\mathfrak{B}, \mathfrak{B}^{\mathbb{N}})$-meßbare, bijektive Abbildung, so daß $\varphi^{-1}: \mathbb{R}^{\mathbb{N}} \to \mathbb{R}$ $(\mathfrak{B}^{\mathbb{N}}, \mathfrak{B})$-meßbar ist mit $\mathfrak{B}^{\mathbb{N}}$ als direktes Produkt von $\mathfrak{B}$, so kann man auf der Algebra $\varphi^{-1}(\mathfrak{A}') \subset \mathfrak{B}$ mit $\mathfrak{A}'$ als der durch die Zylindermengen des $\mathbb{R}^{\mathbb{N}}$ erzeugten Algebra gemäß $P(\varphi^{-1}(B_1 \times \ldots \times B_n \times \mathbb{R}^{\mathbb{N} \setminus \{1,\ldots,n\}}) = \prod_{j=1}^{n} Q(B_j)$, $B_j \in \mathfrak{B}$, $j = 1,\ldots,n$, eine Mengenfunktion erklären, die sich eindeutig zu einem Wahrscheinlichkeitsmaß P auf $\sigma(\varphi^{-1}(\mathfrak{A}')) = \varphi^{-1}(\sigma(\mathfrak{A}')) = \varphi^{-1}(\mathfrak{B}^{\mathbb{N}}) = \mathfrak{B}$ fortsetzen läßt, wobei dann insbesondere $P^{(X_1 \circ \varphi, \ldots, X_n \circ \varphi)}(B_1 \times \ldots \times B_n) = Q(B_1) \cdot \ldots \cdot Q(B_n)$, $B_j \in \mathfrak{B}$, $j = 1,\ldots,n$, zutrifft. Die Zufallsgrößen $Y_j := X_j \circ \varphi$, $j \in \mathbb{N}$, leisten dann das Verlangte. Insbesondere existiert also ein Wahrscheinlichkeitsmaß P_o auf den Borelschen Mengen $\mathfrak{B}$ von $\mathbb{R}$ sowie $(\mathfrak{B}, \mathfrak{B}_{(0,1]})$-meßbare Zufallsgrößen $U_j: \mathbb{R} \to (0,1]$, $j = 1,2,\ldots$, die unter P_o stochastisch unabhängig und identisch verteilt sind mit $P_o^{U_1} = \lambda_{(0,1]}$, wobei $\lambda_{(0,1]}$ das Lebesguesche Maß auf den Borelschen Mengen $\mathfrak{B}_{(0,1]}$ von $(0,1]$ bezeichnet. Ist ferner $(\Omega,\mathfrak{A},P)$ ein Wahrscheinlichkeitsraum mit atomlosem Wahrscheinlichkeitsmaß P und bezeichnet $\mathfrak{A}_o$ die von den $A_{(\frac{k-1}{2^n},\frac{k}{2^n}]}$, $k = 1,\ldots,2^n$, paarweise disjunkt mit $\Omega = \sum_{k=1}^{2^n} A_{(\frac{k-1}{2^n},\frac{k}{2^n}]}$, $n \in \mathbb{N}$, und $P(A_{(\frac{k-1}{2^n},\frac{k}{2^n}]}) = 2^{-n}$, $k = 1,\ldots,2^n$, $n \in \mathbb{N}$, erzeugte σ-Algebra über Ω, so liefert die Abbildung $(\frac{k-1}{2^n},\frac{k}{2^n}] \to A_{(\frac{k-1}{2^n},\frac{k}{2^n}]}$, $k = 1,\ldots,2^n$, $n \in \mathbb{N}$, einen Maßisomorphismus T zwischen $((0,1], \mathfrak{B}_{(0,1]}, \lambda_{(0,1]})$ und $(\Omega, \mathfrak{A}_o, P|\mathfrak{A}_o)$, d. h. es gibt eine bijektive Abbildung T zwischen den Äquivalenzklassen $\overline{\mathfrak{B}}_{(0,1]}$ und $\overline{\mathfrak{A}}_o$ mit $\lambda_{(0,1]}(\overline{B}) = P(T(\overline{B}))$, $\overline{B} \in \overline{\mathfrak{B}}_{(0,1]}$, $T(\overline{B_1 \cup B_2}) = T(\overline{B}_1) \cup T(\overline{B}_2)$, $T(\overline{B_1 \cap B_2}) = T(\overline{B}_1) \cap T(\overline{B}_2)$, $\overline{B}_j \in \overline{\mathfrak{B}}_{(0,1]}$, $j = 1,2$, $T(\overline{(0,1]}) = \overline{\Omega}$. Dabei heißen $B_1, B_2 \in \mathfrak{B}_{(0,1]}$ bzw. $A_1, A_2 \in \mathfrak{A}_o$ genau dann äquivalent, wenn $\lambda_{(0,1]}(B_1 \Delta B_2) = 0$ bzw. $P(A_1 \Delta A_2) = 0$ gilt. Man definiert nämlich $T\left(\overline{(\frac{k-1}{2^n},\frac{k}{2^n}]}\right) := \overline{A}_{(\frac{k-1}{2^n},\frac{k}{2^n}]}$, $k = 1,\ldots,2^n$, $n \in \mathbb{N}$, und setzt T zunächst auf die Algebra $\mathfrak{A}_{(0,1]}$ endlicher Intervallsummen der Gestalt $(\frac{k-1}{2^n},\frac{k}{2^n}]$, $k = 1,\ldots,2^n$, $n \in \mathbb{N}$, auf natürliche Weise fort. Beachtet man ferner, daß es zu jedem $B \in \mathfrak{B}_{(0,1]}$ und $\varepsilon > 0$ ein $A_\varepsilon \in \mathfrak{A}_{(0,1]}$ mit $\lambda_{(0,1]}(B \,\Delta\, A_\varepsilon) \leq \varepsilon$ gibt, so bilden für $\varepsilon: = \frac{1}{n}$ die zugehörigen $I_{A_{\frac{1}{n}}}$, $n \in \mathbb{N}$, eine Cauchy-Folge in $L_1((0,1], \mathfrak{B}_{(0,1]}, \lambda_{(0,1]})$. Wegen $\lambda_{(0,1]}(\overline{A}_{\frac{1}{n}}) = P(T(\overline{A}_{\frac{1}{n}}))$, $n \in \mathbb{N}$, ist dann $I_{T(\overline{A}_{\frac{1}{n}})}$, $n \in \mathbb{N}$, eine Cauchy-Folge in $L_1(\Omega, \mathfrak{A}_o, P|\mathfrak{A}_o)$ und definiert somit auf eindeutig bestimmte Weise ein $T(\overline{B}) \in \overline{\mathfrak{A}}_o$, $B \in \mathfrak{B}$, mit $\lambda_{(0,1]}(\overline{B}) = P(T(\overline{B}))$. Neben der Wohldefiniertheit von T ergibt sich leicht die Injektivität, während die Surjektivität aus der Tatsache folgt, daß es zu jedem $A \in \mathfrak{A}_o$ und $\varepsilon > 0$ ein A_ε aus der von den $A_{(\frac{k-1}{2^n},\frac{k}{2^n}]}$, $k = 1,\ldots,2^n$, $n \in \mathbb{N}$, erzeugten Algebra, mit $P(A \,\Delta\, A_\varepsilon) \leq \varepsilon$ gibt. Approximiert man nun die Zufallsgrößen U_j durch eine monoton wachsende Folge nicht-negativer, $(\mathfrak{B}, \mathfrak{B}_{(0,1]})$-meßbarer und primitiver Zufallsgrößen $U_j^{(n)}$, $n \in \mathbb{N}$, gemäß $U_j^{(n)} := f_n \circ U_j$ mit $f_n: \mathbb{R} \to [0,\infty)$, $f_n(x) = \sum_{k=1}^{n2^n} \frac{k-1}{2^n} I_{(\frac{k-1}{2^n},\frac{k}{2^n}]}(x)$, $x \in \mathbb{R}$, $n \in \mathbb{N}$, so liefert der Maßisomorphismus T eine monoton wachsende Folge nicht-negativer, $(\mathfrak{A}_o, \mathfrak{B}_{(0,1]})$-meßbarer und primitiver Zufallsgrößen $V_j^{(n)}$, $j = \mathbb{N}$, die für jedes feste $n \in \mathbb{N}$ unter P stochastisch unabhängig und identisch verteilt sind, denn die $U_j^{(n)}$, $j = 1,2,\ldots$, $n \in \mathbb{N}$, sind für jedes feste $n \in \mathbb{N}$ unter P_o stochastisch unabhängig und identisch verteilt. Durch $V_j = \sup_{n\in\mathbb{N}} V_j^{(n)}$, $j \in \mathbb{N}$, erhält man dann wegen $P_o^{U_1} = \lambda_{(0,1]}$ unter P stochastisch unabhängige, identisch verteilte, $(\mathfrak{A}_o,\mathfrak{B}_{(0,1]})$-meßbare Zufallsgrößen mit $P^{V_1} = P_o^{U_1} = \lambda_{(0,1]}$. Bezeichnet schließlich F^{-1} die inverse Verteilungsfunktion der zu einem Wahrscheinlichkeitsmaß Q auf $\mathfrak{B}$ gehörenden Verteilungsfunktion F, so erhält man wegen $\lambda_{(0,1]}^{F^{-1}} = Q$ und $P_o^{F^{-1}\circ U_1} = (P_o^{U_1})^{F^{-1}}$ bzw. $P^{F^{-1}\circ V_1} = (P^{V_1})^{F^{-1}}$ die Beziehung $P^{F^{-1}\circ V_1} = Q$, wobei die durch $X_j := F^{-1}\circ V_j$, $j \in \mathbb{N}$, definierten $(\mathfrak{A}_o,\mathfrak{B})$-meßbaren Zufallsgrößen unter P stochatisch unabhängig und identisch verteilt sind.

Die obige Kennzeichnung atomloser Wahrscheinlichkeitsmaße läßt unmittelbar die folgende Verallgemeinerung zu: Bezeichnet $(Z,\mathfrak{Z})$ einen Meßraum, wobei Z mindestens zwei verschiedene Punkte enthält, und $(\Omega,\mathfrak{A},P)$ einen Wahrscheinlichkeitsraum, so ist P genau dann atomlos, wenn es eine Folge unter P stochastisch unabhängiger, identisch verteilter und $(\mathfrak{A}, \mathfrak{Z})$-meßbarer Zufallsgrößen $X_1,X_2,\ldots$ gibt, wobei P^{X_1} nicht $\{0,1\}$-wertig ist. Es ist lediglich zu beachten, daß im Spezialfall $(Z,\mathfrak{Z}) = (\mathbb{R},\mathfrak{B})$ die $\{0,1\}$-Wertigkeit von P^{X_1} damit äquivalent ist, daß P^{X_1} degeneriert, also eine Dirac-Verteilung ist. Als Anwendung dieser Verallgemeinerung läßt sich die Atomlosigkeit von $Q^{\mathbb{N}}$ mit $(Z^{\mathbb{N}},\mathfrak{Z}^{\mathbb{N}},Q^{\mathbb{N}})$ als $\mathbb{N}$-faches direktes Produkt des Wahrscheinlichkeitsraumes $(Z,\mathfrak{Z},Q)$ dadurch kennzeichnen, daß Q nicht $\{0,1\}$-wertig ist. Falls Q nämlich ein $\{0,1\}$-wertiges Wahrscheinlichkeitsmaß auf $\mathfrak{Z}$ ist, ergibt sich, daß auch $Q^{\mathbb{N}}$ diese Eigenschaft hat, da $\{A \in \mathfrak{Z}^{\mathbb{N}}: Q^{\mathbb{N}}(A) = 0 \text{ oder } Q^{\mathbb{N}}(A) = 1\}$ eine σ-Algebra über $Z^{\mathbb{N}}$ ist, die alle Zylindermengen der Gestalt $A_1 \times \ldots \times A_n \times Z^{\mathbb{N}\setminus\{1,\ldots,n\}}$, $A_j \in \mathfrak{Z}$, $j = 1,\ldots,n$, $n \in \mathbb{N}$, enthält, und damit mit $\mathfrak{Z}^{\mathbb{N}}$ übereinstimmt. Ist nun Q nicht $\{0,1\}$-wertig, so ist Z insbesondere nicht einelementig und die Zufallsgrößen X_n mit X_n als Projektion von $Z^{\mathbb{N}}$ auf die n-te Komponente Z von $Z^{\mathbb{N}}$ sind unter $Q^{\mathbb{N}}$ stochastisch unabhängig und identisch verteilt mit $(Q^{\mathbb{N}})^{X_1} = Q$, so daß $Q^{\mathbb{N}}$ atomlos ist. Dagegen ist für die Atomlosigkeit von Q^n mit $(Z^n,\mathfrak{Z}^n,Q^n)$ als n-faches direktes Produkt des Wahrscheinlichkeitsraumes $(Z,\mathfrak{Z},Q)$ die Atomlosigkeit von Q charakteristisch. Dies ergibt sich aus der Tatsache, daß für endliche Maßräume $(\Omega_j,\mathfrak{A}_j,\mu_j)$, j = 1,2, eine Menge $A \in \mathfrak{A}_1 \otimes \mathfrak{A}_2$ genau dann ein $(\mu_1 \otimes \mu_2)$-Atom ist, wenn es μ_j-Atome $A_j \in \mathfrak{A}_j$, j = 1,2, gibt mit $I_A = I_{A_1 \times A_2}$ $(\mu_1 \otimes \mu_2)$-f.ü. oder äquivalent $(\mu_1 \otimes \mu_2)(A \,\Delta\, (A_1 \times A_2)) = 0$ zutrifft. Aus $B \subset A_1 \times A_2$ mit $B \in \mathfrak{A}_1 \otimes \mathfrak{A}_2$ und mit $A_j \in \mathfrak{A}_j$ als μ_j-Atome, j = 1,2, folgt nämlich für $B_{12} := \{\omega_2 \in A_2 : \mu_1(B_{\omega_2}) = \mu_1(A_1)\}$ bzw. $B_{22} := \{\omega_2 \in A_2 : \mu_1(B_{\omega_2}) = 0\}$ die Beziehung $A_2 = B_{12} + B_{22}$ und daher $\mu_2(B_{12}) = \mu_2(A_2)$ oder $\mu_2(B_{12}) = 0$, woraus $(\mu_1 \otimes \mu_2)(B) = (\mu_1 \otimes \mu_2)(A_1 \times A_2)$ bzw. $(\mu_1 \otimes \mu_2)(B) = 0$ resultiert, d. h. $A_1 \times A_2$ ist ein $(\mu_1 \otimes \mu_2)$-Atom. Umgekehrt folgt aus $(\mu_1 \otimes \mu_2)(A) = \inf\{\sum_{j=1}^{\infty}(\mu_1 \otimes \mu_2)\,(C_j \times D_j):$ $C_j \times D_j \in \mathfrak{A}_1 \otimes \mathfrak{A}_2$, j = 1,2,..., paarweise disjunkt mit $A \subset \sum_{j=1}^{\infty}(C_j \times D_j)\}$, $A \in \mathfrak{A}_1 \otimes \mathfrak{A}_2$, für jedes $n \in \mathbb{N}$ die Existenz von paarweise disjunkten Mengen $C_j^{(n)} \times D_j^{(n)} \in \mathfrak{A}_1 \otimes \mathfrak{A}_2$, j = 1,2,..., mit $A \subset \sum_{j=1}^{\infty}(C_j^{(n)} \times D_j^{(n)})$ und $(\mu_1 \otimes \mu_2)(\sum_{j=1}^{\infty}(C_j^{(n)} \times D_j^{(n)}) \setminus A) \le \frac{1}{n}$. Ist A speziell ein $(\mu_1 \otimes \mu_2)$-Atom, so folgt aus $A = \sum_{j=1}^{\infty}(A \cap (C_j^{(n)} \times D_j^{(n)}))$ die Existenz von $j_n \in \mathbb{N}$ mit $\mu(A) = \mu(A \cap (C_{j_n}^{(n)} \times D_{j_n}^{(n)}))$, woraus insbesondere $(\mu_1 \otimes \mu_2)(A \,\Delta \bigcap_{n=1}^{\infty}(C_{j_n}^{(n)} \times D_{j_n}^{(n)})) = 0$ resultiert. Es gilt nämlich $(\mu_1 \otimes \mu_2)(A \cap (\bigcap_{n=1}^{\infty}(C_{j_n}^{(n)} \times D_{j_n}^{(n)}))^c) \le \sum_{n=1}^{\infty}(\mu_1 \otimes \mu_2)(A \cap (C_{j_n}^{(n)} \times D_{j_n}^{(n)})^c) = 0$ wegen $(\mu_1 \otimes \mu_2)(A \cap (C_{j_n}^{(n)} \times D_{j_n}^{(n)})^c) = (\mu_1 \otimes \mu_2)(A) - (\mu_1 \otimes \mu_2)(A \cap (C_{j_n}^{(n)} \times D_{j_n}^{(n)})) = 0$ und $(\mu_1 \otimes \mu_2)(A^c \cap \bigcap_{n=1}^{\infty}(C_{j_n}^{(n)} \times D_{j_n}^{(n)})) \le \frac{1}{n}$ für jedes $n \in \mathbb{N}$.

Übrigens läßt sich diese Kennzeichnung von $(\mu_1 \otimes \mu_2)$-Atomen auch aus der folgenden Charakterisierung der Atome von $\mathfrak{A}_1 \otimes \mathfrak{A}_2$ herleiten: $A \in \mathfrak{A}_1 \otimes \mathfrak{A}_2$ ist genau dann ein Atom von $\mathfrak{A}_1 \otimes \mathfrak{A}_2$, wenn es Atome $A_j \in \mathfrak{A}_j$ von $\mathfrak{A}_j$, j = 1,2, gibt mit $A = A_1 \times A_2$. Zunächst kann man bei gegebenem $(\mu_1 \otimes \mu_2)$-Atom $A \in \mathfrak{A}_1 \otimes \mathfrak{A}_2$ Mengen $C_j \in \mathfrak{A}_1$, $D_j \in \mathfrak{A}_2$, j = 1,2,..., finden, so daß A zur σ-Algebra über $\Omega_1 \times \Omega_2$ gehört, die von den Mengen $C_j \times D_j$, j = 1,2,..., erzeugt wird. Daher ist A insbesondere Element von $\mathfrak{A}'_1 \otimes \mathfrak{A}'_2$ mit $\mathfrak{A}'_j$ als σ-Algebra über Ω_j, j = 1,2, die von C_i, i = 1,2,..., bzw. D_k, k = 1,2,..., erzeugt wird. Da aber $\mathfrak{A}'_1 \otimes \mathfrak{A}'_2$ abzählbar erzeugt ist und ein {0,1}-wertiges Wahrscheinlichkeitsmaß auf einer abzählbar erzeugten σ-Algebra auf ein Atom dieser σ-Algebra konzentriert ist, gibt es ein Atom von $\mathfrak{A}'_1 \otimes \mathfrak{A}'_2$, das in A enthalten ist und unter $\mu_1 \otimes \mu_2$ dasselbe Maß trägt. Also gilt $I_A = I_{A_1 \times A_2}$ $(\mu_1 \otimes \mu_2)$-f.ü. mit $A_j \in \mathfrak{A}'_j$ als Atom von $\mathfrak{A}'_j$, j = 1,2, wobei dann A_j auch ein μ_j-Atom, j = 1,2, ist. Die Kennzeichnung der Atome von $\mathfrak{A}_1 \otimes \mathfrak{A}_2$ beweist man folgendermaßen: Ist $A_j \in \mathfrak{A}_j$ ein Atom von $\mathfrak{A}_j$, j = 1,2, so folgt aus $B \subset A_1 \times A_2$ für ein $B \in \mathfrak{A}_1 \otimes \mathfrak{A}_2$ für die Mengen $B_1 := \{\omega_1 \in A_1 : B_{\omega_1} = A_2\}$, $B_2 := \{\omega_1 \in A_1 : B_{\omega_1} = \emptyset\}$ die Beziehung $B_1 + B_2 = A_1$, d. h. $B_1 = A_1$ oder $B_1 = \emptyset$ und damit $B = A_1 \times A_2$ oder $B = \emptyset$. Umgekehrt folgt aus der Tatsache, daß $A \in \mathfrak{A}_1 \otimes \mathfrak{A}_2$ ein Atom von $\mathfrak{A}_1 \otimes \mathfrak{A}_2$ ist, die Existenz von Atomen $A_j \in \mathfrak{A}_j$ von $\mathfrak{A}_j$, j = 1,2, mit $A = A_1 \times A_2$ folgendermaßen: Zunächst kann ohne Beschränkung der Allgemeinheit angenommen werden, daß $\mathfrak{A}_1 \otimes \mathfrak{A}_2$ abzählbar erzeugt ist, woraus $A = \bigcap_{j=1}^{\infty} B_j$, $B_j \in \{C_j \times D_j, (C_j \times D_j)^c\}$, j = 1,2,..., mit $C_j \in \mathfrak{A}_1$, $D_j \in \mathfrak{A}_2$, j = 1,2,..., resultiert. Daher ist A Vereinigung von Mengen der Gestalt $A_1 \times A_2$ mit $A_j \in \mathfrak{A}_j$, j = 1,2, woraus die Behauptung folgt, wenn man berücksichtigt, daß A Atom von $\mathfrak{A}_1 \otimes \mathfrak{A}_2$ ist.

Eine erste Kennzeichnung atomarer Wahrscheinlichkeitsmaße betrifft die Eigenschaft, daß die stochastische Konvergenz einer Folge von reellwertigen Zufallsgrößen die fast sichere Konvergenz nach sich zieht.

Beispiel *(Kennzeichnung atomarer Wahrscheinlichkeitsmaße durch die Übereinstimmung von stochastischer und fast sicherer Konvergenz für Folgen reellwertiger Zufallsgrößen)*

Ist $(\Omega, \mathfrak{A}, P)$ ein Wahrscheinlichkeitsraum mit atomarem Wahrscheinlichkeitsmaß P, das sich auf die paarweise disjunkten P-Atome $A_1, A_2, \ldots$ mit Wahrscheinlichkeit Eins konzentriert, so folgt aus der P-stochastischen Konvergenz von $\mathfrak{A}$-meßbaren Zufallsgrößen $X_n : \Omega \to \mathbb{R}$, $n \in \mathbb{N}$, gegen eine $\mathfrak{A}$-meßbare Zufallsgröße $X_o : \Omega \to \mathbb{R}$, daß die X_n auf A_j P-f.s. gegen X_o konvergieren, da X_n, $n \in \mathbb{N}_o$, auf A_j P-f.s. konstant ist, j = 1,2,... . Umgekehrt folgt aus der Annahme, daß $P = \alpha P_1 + (1-\alpha) P_2$, $0 < \alpha \leq 1$, wobei P_1 atomlos und P_2 atomar ist, folgendermaßen die Existenz einer Folge von $\mathfrak{A}$-meßbaren Zufallsgrößen $X_n : \Omega \to \mathbb{R}$, $n \in \mathbb{N}_o$, so daß zwar X_n P-stochastisch gegen X_o konvergiert, aber nicht P-fast sicher. Bezeichnet $A_1, A_2, \ldots$ ein maximales System paarweise disjunkter P-Atome und $A_{(\frac{k-1}{2^n}, \frac{k}{2^n}]} \in \mathfrak{A}$, $k = 1, \ldots, 2^n$, paarweise disjunkte Mengen mit $\Omega_o^c = \sum_{k=1}^{2^n} A_{(\frac{k-1}{2^n}, \frac{k}{2^n}]}$, $A_{(\frac{k-1}{2^n}, \frac{k}{2^n}]} = \sum_{\nu=(k-1)2^m+1}^{k 2^{n+m}} A_{(\frac{\nu-1}{2^n}, \frac{\nu}{2^{n+m}}]}$, $k = 1, \ldots, 2^n$, $m \in \mathbb{N}_o$, $m \in \mathbb{N}$, $P(A_{(\frac{k-1}{2^n}, \frac{k}{2^n}]}) =$

$\frac{2^{-n}}{P(\Omega_o^c)}$, $k=1,\dots,2^n$, $n \in \mathbb{N}$, $\Omega_o = \bigcup_j A_j$, so erhält man mit der Folge der Indikatoren der Mengen $A_{(\frac{k-1}{2^n},\frac{k}{2^n}]}$, $k=1,\dots,2$, $n \in \mathbb{N}$, eine P-stochastisch gegen Null konvergente Folge, die aber für kein $\omega \in \Omega_o$ und damit auch nicht P-fast überall gegen Null konvergiert. Da übrigens die P-stochastische Konvergenz von $\mathfrak{A}$-meßbaren Zufallsgrößen $X_n : \Omega \to \mathbb{R}$ gegen eine $\mathfrak{A}$-meßbare Zufallsgröße $X_o : \Omega \to \mathbb{R}$ durch die Metrik $\int \frac{|X_n - X_o|}{1+|X_n-X_o|}\, dP$ beschrieben wird, läßt sich auch die P-fast sichere Konvergenz durch eine Metrik beschreiben, falls P atomar ist. Gibt es umgekehrt auf der Menge $L_1(\Omega,\mathfrak{A},P)$ der P-integrablen Funktionen, wobei zwischen zwei P-integrablen Funktionen, die P-f.s. übereinstimmen, nicht unterschieden wird, eine Metrik d mit $X_n \to X_o$ P-f.s. genau dann, wenn $d(X_n,X_o) \to 0$ für $n \to \infty$ zutrifft, so muß P bereits atomar sein, da in diesem Fall die P-stochastische Konvergenz die P-f.s. Konvergenz impliziert. Anderenfalls gäbe es eine Folge $\mathfrak{A}$-meßbarer Zufallsgrößen $X_n : \Omega \to \mathbb{R}$ und eine $\mathfrak{A}$-meßbare Zufallsgröße $X_o : \Omega \to \mathbb{R}$, so daß zwar X_n gegen X_o P-stochastisch konvergiert, aber $d(X_{n_k},X_o) \geq \varepsilon_o$, $k \in \mathbb{N}$, für ein $\varepsilon_o > 0$ und eine Teilfolge $(X_{n_k})_{k \in \mathbb{N}}$ der Folge $(X_n)_{n \in \mathbb{N}}$ gilt. Nun konvergiert aber X_{n_k} P-stochastisch gegen X_o, so daß es eine Teilfolge $(X_{n_{k_m}})_{m \in \mathbb{N}}$ von $(X_{n_k})_{k \in \mathbb{N}}$ gibt, die P-f.s. gegen X_o konvergiert, was aber wegen $d(X_{n_{k_m}},X_o) \geq \varepsilon_o$, $m \in \mathbb{N}$, nicht möglich ist.

Die folgenden beiden Beispiele charakterisieren die Eigenschaft von Wahrscheinlichkeitsmaßen P atomar zu sein, mit lediglich einer endlichen Anzahl von paarweise disjunkten P-Atomen, wobei gefordert wird, daß die stochastische Konvergenz sogar mit der fast sicher gleichmäßigen Konvergenz übereinstimmt.

Beispiel *(Kennzeichnung der atomaren Wahrscheinlichkeitsmaße mit nur einer endlichen Anzahl von paarweise disjunkten Atomen durch die Übereinstimmung von stochastischer und fast sicher gleichmäßiger Konvergenz)*
Ist $(\Omega,\mathfrak{A},P)$ ein Wahrscheinlichkeitsraum mit P als atomarem Wahrscheinlichkeitsmaß, wobei nur endlich viele paarweise disjunkte Atome existieren, so folgt aus der P-stochastischen Konvergenz von $\mathfrak{A}$-meßbaren Zufallsgrößen

$X_n: \Omega \to \mathbb{R}$, $n \in \mathbb{N}$, gegen eine $\mathfrak{A}$-meßbare Zufallsgröße $X_o: \Omega \to \mathbb{R}$ bereits die P-fast sicher gleichmäßige Konvergenz, da die X_n, $n \in \mathbb{N}_o$, auf den P-Atomen jeweils P-fast sicher konstant sind. Ferner ist die Eigenschaft eines Wahrscheinlichkeitsmaßes P auf einer σ-Algebra kein atomares Wahrscheinlichkeitsmaß mit lediglich einer endlichen Anzahl von paarweise disjunkten Atomen zu sein, äquivalent dazu, daß abzählbar viele paarweise disjunkte Mengen $A_j \in \mathfrak{A}$ mit $P(A_j) > 0$, $j = 1,2,\ldots$, existieren. In diesem Fall konvergieren die Zufallsgrößen $X_n := n\, I_{A_n}$, $n \in \mathbb{N}$, P-stochastisch gegen Null, aber nicht P-fast sicher gleichmäßig. Da auch keine solche Teilfolge existiert, kann man die Eigenschaft eines Wahrscheinlichkeitsmaßes, atomar mit lediglich einer endlichen Anzahl von paarweise disjunkten Atomen zu sein, auch dadurch charakterisieren, daß jede P-stochastisch konvergente Folge von reellwertigen Zufallsgrößen eine P-fast sicher gleichmäßig konvergente Teilfolge besitzt.

Ferner lassen sich Wahrscheinlichkeitsräume $(\Omega, \mathfrak{A}, P)$ mit P als atomares Wahrscheinlichkeitsmaß, wobei höchstens endlich viele, paarweise disjunkte P-Atome existieren, durch die Separabilität von $L_\infty(\Omega, \mathfrak{A}, P)$ kennzeichnen. Natürlich ist $L_\infty(\Omega, \mathfrak{A}, P)$ im atomaren Fall mit höchstens endlich vielen paarweise disjunkten P-Atomen separabel. Umgekehrt folgt aus der Separabilität von $L_\infty(\Omega, \mathfrak{A}, P)$ die Existenz einer abzählbaren Menge $\{A_n : A_n \in \mathfrak{A}\}$, so daß $\{I_{A_n} : n \in \mathbb{N}\}$ bezüglich der Norm von $L_\infty(\Omega, \mathfrak{A}, P)$ dicht in $\{I_A : A \in \mathfrak{A}\}$ ist. Hieraus resultiert für jedes $A \in \mathfrak{A}$ die Existenz eines $n \in \mathbb{N}$ mit $I_A = I_{A_n}$ P-f.ü., d. h. insbesondere, daß es nicht abzählbar viele paarweise disjunkte Mengen $B_n \in \mathfrak{A}$ mit $P(B_n) > 0$, $n \in \mathbb{N}$, geben kann. Dies impliziert aber, daß P atomar ist mit höchstens einer endlichen Anzahl von paarweise disjunkten P-Atomen. Übrigens ist die Separabilität von $L_\infty(\Omega, \mathfrak{A}, P)$ mit der Metrisierbarkeit der Menge aller beschränkten, endlich additiven Mengenfunktionen ν auf $\mathfrak{A}$ mit $|\nu|(\Omega) \leq 1$ und $\nu(N) = 0$ für $P(N) = 0$ mit $N \in \mathfrak{A}$ gleichwertig, falls man diese Menge mit der schwachen Topologie versieht, wonach ein Netz mengenweise konvergiert.

Eine weitere Kennzeichnung atomarer Wahrscheinlichkeitsmaße P auf einer σ-Algebra mit nur einer endlichen Anzahl von paarweise disjunkten P-Atomen besteht in der Eigenschaft, daß es keinen rein endlich additiven Wahrscheinlichkeitsinhalt Q auf $\mathfrak{A}$ gibt, der $\{0,1\}$-wertig ist, wobei jede P-Nullmenge eine Q-Nullmenge ist. Gibt es nämlich abzählbar viele paarweise disjunkte Mengen $A_j \in \mathfrak{A}$ mit $P(A_j) > 0$, $j = 1,2,\ldots$, so sieht man die Existenz eines rein endlich additiven Wahrscheinlichkeitsinhalts Q auf $\mathfrak{A}$, der $\{0,1\}$-wertig ist, wobei jede P-Nullmenge eine Q-Nullmenge ist, folgendermaßen ein: Man setzt den durch $\hat{Q}(A_j) = 0$, $j = 1,2,\ldots$, auf der Algebra $\hat{\mathfrak{A}} := \{A \in \mathfrak{A}$: Es existieren $A_{k_m} \in \{A_1, A_2, \ldots\}$, $m = 1,\ldots,n$, mit $A = \sum_{m=1}^{n} A_{k_m}$ oder $A^c = \sum_{m=1}^{n} A_{k_m}\}$ über Ω definierten $\{0,1\}$-wertigen Wahrscheinlichkeitsinhalt zu einem Wahrscheinlichkeitsinhalt Q auf $\mathfrak{A}$ fort mit der Eigenschaft, daß jede P-Nullmenge eine Q-Nullmenge ist. Ferner ist jeder Extremalpunkt Q_1 der konvexen Menge aller Fortsetzungen Q von $\hat{Q}$ zu einem Wahrscheinlichkeitsinhalt auf $\mathfrak{A}$ mit der Eigenschaft, daß jede P-Nullmenge eine Q-Nullmenge ist, durch die folgende Approximationseigenschaft charakterisierbar: Zu jedem $\varepsilon > 0$ und $A \in \mathfrak{A}$ existiert ein $\hat{A} \in \hat{\mathfrak{A}}$ mit $Q_1(\hat{A} \Delta A) \leq \varepsilon$, so daß Q_1 genauso wie $\hat{Q}$ bereits $\{0,1\}$-wertig ist. Ferner existieren aus Kompaktheitsgründen Extremalpunkte der obigen konvexen Menge.

Eine weitere Kennzeichnung atomarer Wahrscheinlichkeitsmaße betrifft die schwache bzw. starke Konvergenz (Normkonvergenz) eines Netzes φ_α, von (statistischen) Testfunktionen gegen eine Testfunktion φ_o, wobei jede $\mathfrak{A}$-meßbare Funktion φ mit $0 \leq \varphi \leq 1$ (statistische) Testfunktion heißt. Dabei konvergiert φ_α schwach gegen φ_o genau dann, wenn $\int f \varphi_\alpha dP \to \int f \varphi_o dP$ für alle $f \in L_1(\Omega, \mathfrak{A}, P)$ zutrifft. Die starke Konvergenz der φ_α gegen φ_o ist durch die Normkonvergenz des $L_1(\Omega, \mathfrak{A}, P)$ erklärt, wobei es in diesem Fall reicht, Folgen statt Netze zu betrachten.

Beispiel *(Kennzeichnung atomarer Wahrscheinlichkeitsmaße durch die Übereinstimmung von schwacher und starker Konvergenz von Testfunktionen)*

Aus der schwachen Konvergenz eines Netzes φ_α von Testfunktionen gegen eine Testfunktion φ_o folgt für ein atomares Wahrscheinlichkeitsmaß P die Normkonvergenz, da es sonst eine Teilfolge φ_{α_n} des Netzes φ_α gibt mit $\int |\varphi_{\alpha_n} - \varphi_o| dP \geq \varepsilon_o$, $n \in \mathbb{N}$, für ein $\varepsilon_o > 0$. Da φ_{α_n} schwach gegen φ_o konvergiert und eine meßbare Funktion P-fast sicher konstant auf jedem P-Atom ist, erhält man mit P als atomares Wahrscheinlichkeitsmaß die P-fast sichere Konvergenz der φ_{α_n} gegen φ_o und damit nach dem Satz von der majorisierten Konvergenz den Widerspruch $\lim_{n\to\infty} \int |\varphi_{\alpha_n} - \varphi_o| dP = 0$. Umgekehrt liefert die Annahme, daß $P = \alpha P_1 + (1-\alpha)P_2$ mit $0 < \alpha \leq 1$ und mit P_1 als atomloses und P_2 als atomares Wahrscheinlichkeitsmaß folgendermaßen einen Widerspruch dazu, daß die schwache Konvergenz mit der starken Konvergenz von Testfunktionen übereinstimmt: Eine Umgebungsbasis einer Testfunktion φ bezüglich der schwachen Topologie von Φ mit Φ als Menge aller Tests bei Zugrundelegung von P_1 läßt sich gemäß $U_{f_1,\ldots,f_k,\varepsilon}(\varphi)$ als Menge aller $\varphi' \in \Phi$ mit $|\int \varphi' f_j dP_1 - \int \varphi f_j dP_1| \leq \varepsilon$, $j = 1,\ldots,k$, bei gegebenem $\varepsilon > 0$ und $f_j \in L_1(\Omega, \mathfrak{A}, P_1)$, $j = 1,\ldots,k$, beschreiben. Nach einem Satz von Liapunoff, wonach der Wertebereich $\{(\mu_1(A),\ldots,\mu_n(A)) : A \in \mathfrak{A}\}$ für endliche, atomlose Maße μ_j auf $\mathfrak{A}$, $j = 1,\ldots,n$, konvex ist, erhält man dann eine Menge $A_\varphi \in \mathfrak{A}$ mit $\int I_{A_\varphi} f_j^{\pm} dP = \int \varphi f_j^{\pm} dP$, $j = 1,\ldots,k$, wenn man den Satz von Liapunoff auf die atomlosen Maße $\mu_j^{\pm}(A) = \int_A f_j^{\pm} dP_1$, $A \in \mathfrak{A}$, $j = 1,\ldots,k$, anwendet. Daher gilt $I_{A_\varphi} \in U_{f_1,\ldots,f_k,\varepsilon}(\varphi)$ und da die schwache mit der starken Konvergenz von Testfunktionen bezüglich P und damit auch bezüglich P_1 (da P_2 die Konzentration von P auf eine maximale Menge paarweise disjunkter P-Atome ist) übereinstimmen soll, ist jede Testfunktion φ hinsichtlich der Normtopologie des $L_1(\Omega, \mathfrak{A}, P_1)$ durch ein Netz von Indikatorfunktionen approximierbar. Aus diesem Netz läßt sich schließlich eine normkonvergente Teilfolge aussondern, so daß jede Testfunktion φ bis auf eine P_1-Nullmenge mit dem Indikator einer meßbaren Menge übereinstimmt, was den gewünschten Widerspruch liefert.

Die Überlegungen zum obigen Beispiel lieferten für atomloses Wahrscheinlichkeitsmaß P zu jeder Umgebung $U_{f_1,\ldots,f_k,\varepsilon}(\varphi)$ von $\varphi \in \Phi$ mit $f_j \in L_1(\Omega, \mathfrak{A}, P)$, $j = 1,\ldots,k$, und $\varepsilon > 0$ ein $A \in \mathfrak{A}$ mit $I_A \in U_{f_1,\ldots,f_k,\varepsilon}(\varphi)$, d. h. die Menge der Indikatoren I_A, $A \in \mathfrak{A}$, liegt schwach dicht in der Menge Φ der Testfunktionen $\varphi : \Omega \to [0,1]$ $\mathfrak{A}$-meßbar. Umgekehrt folgt aus dieser Eigenschaft die Atomlosigkeit von P. Ist nämlich $A_o \in \mathfrak{A}$ ein P-Atom, so gilt $|\int_{A_o} I_A f_j^* dP - \int_{A_o} \varphi f_j^* dP| =$

$|P(A \cap A_o)c_j - P(A_o)c_j c_\varphi| \geq \varepsilon$ mit $\varepsilon = |c_j| P(A_o) \min\{c_\varphi, 1 - c_\varphi\} > 0$, $f_j = c_j$ P-f.ü. auf A_o, $c_j \in \mathbb{R}$, $j = 1,\ldots,k$, falls $c_j \neq 0$ für ein $j \in \{1,\ldots,k\}$ gilt, und $f_j^* := f_j I_{A_o}$, sowie mit $\varphi = c_\varphi$ P-f.ü. auf A_o, $j = 1,\dots,k$, und $A \in \mathfrak{A}$ ist. Also trifft $I_A \notin U_{f_1^*,\dots,f_k^*,\varepsilon}(\varphi)$ für jedes $A \in \mathfrak{A}$ zu, d. h. die Menge der Indikatoren I_A mit $A \in \mathfrak{A}$ liegt nicht schwach dicht in Φ, falls P nicht atomlos ist.

Fordert man die Abgeschlossenheit der Menge der Indikatoren von Mengen, die zu $\mathfrak{A}$ gehören, in $L_\infty(\Omega,\mathfrak{A},P)$ bezüglich der schwachen Topologie ($L_1(\Omega,\mathfrak{A},P)$-Topologie) von $L_\infty(\Omega,\mathfrak{A},P)$), so ist dies wieder mit der Eigenschaft von P, atomar zu sein, äquivalent.

Beispiel *(Kennzeichnung atomarer Wahrscheinlichkeitsmaße durch die schwache Abgeschlossenheit der Indikatoren meßbarer Mengen in der Menge der Testfunktionen)*

Im atomaren Fall stimmen nach dem vorangehenden Beispiel schwache und starke Konvergenz für Testfunktionen überein, wobei die Menge der Indikatoren meßbarer Mengen eine abgeschlossene Teilmenge des $L_1(\Omega,\mathfrak{A},P)$ ist. Umgekehrt folgt aus $P = \alpha P_1 + (1-\alpha)P_2$, $0 < \alpha \le 1$, wobei P_1 atomlos und P_2 atomar ist, für paarweise disjunkte Mengen $A_{(\frac{k-1}{2^n},\frac{k}{2^n}]} \in \mathfrak{A}$ mit $P_1(A_{(\frac{k-1}{2^n},\frac{k}{2^n}]}) = \frac{1}{2^n}$, $k = 1,\dots,2^n$, $n \in \mathbb{N}$, daß die Folge der Indikatoren der Mengen $B_n := \bigcup_{k=1}^{2^{n-1}} A_{(\frac{2k-1}{2^n},\frac{2k}{2^n}]}$, $n \in \mathbb{N}$, die Eigenschaft $\int_{A_{(\frac{k-1}{2^m},\frac{k}{2^m}]}} I_{B_n}\,dP_1 \to \frac{1}{2}\int_{A_{(\frac{k-1}{2^m},\frac{k}{2^m}]}} dP_1$, $k = 1,\dots,2^m$, $m \in \mathbb{N}$, hat, woraus $\int f\, I_{B_n}\,dP_1 \to \frac{1}{2}\int f\,dP_1$ für alle $f \in L_1(\Omega,\hat{\mathfrak{A}},\hat{P}_1)$ resultiert mit $\hat{\mathfrak{A}}$ als σ-Algebra, die von den $A_{(\frac{k-1}{2^m},\frac{k}{2^m}]}$, $k = 1,\dots,2^m$, $m \in \mathbb{N}$, erzeugt wird, und mit $\hat{P}_1$ als Einschränkung von P_1 auf $\hat{\mathfrak{A}}$. Daher konvergiert keine Teilfolge von $(I_{B_n})_{n\in\mathbb{N}}$ schwach gegen einen Indikator einer meßbaren Menge aus $\mathfrak{A}$. Aufgrund des Satzes über die schwache Folgenkompaktheit der Menge der Testfunktionen existiert aber eine schwach konvergente Teilfolge von $(I_{B_n})_{n\in\mathbb{N}}$, so daß die Menge der Indikatoren meßbarer Mengen aus $\mathfrak{A}$ nicht schwach folgenabgeschlossen ist, falls $P = \alpha P_1 + (1-\alpha)P_2$, $0 < \alpha \le 1$ mit P_1 als atomloses Maß und P_2 als atomares Maß zutrifft, wenn man beachtet, daß P_2 auf eine maximale Menge paarweise disjunkter P-Atome konzentriert ist.

Die obige Kennzeichnung atomarer Wahrscheinlichkeitsmaße läßt sich von Testfunktionen auf Entscheidungsfunktionen verallgemeinern. Dabei heißt δ eine (randomisierte) Entscheidungsfunktion, wenn δ: $\Omega \times \mathfrak{B} \to \mathbb{R}$ ein Übergangswahrscheinlichkeitsmaß ist mit $(\Omega, \mathfrak{A})$, $(\Delta, \mathfrak{B})$ als Meßräume, wobei zwei Entscheidungsfunktionen δ_j, $j = 1,2$, mit $\delta_1(\omega,B) = \delta_2(\omega,B)$ für P-fast alle $\omega \in \Omega$ für jedes $B \in \mathfrak{B}$ identifiziert werden. Hier ist P wieder ein als atomar zu kennzeichnendes Wahrscheinlichkeitsmaß auf $\mathfrak{A}$. Der Spezialfall $\Delta = \{a_1,a_2\}$ führt mit $\varphi(\omega) := \delta_\omega(\{a_1\})$, $(1-\varphi(\omega) = \delta_\omega(\{a_2\}))$, $\omega \in \Omega$, auf den Fall von Testfunktionen, wobei die Indikatoren von meßbaren Mengen aus $\mathfrak{A}$ im allgemeinen Fall den nicht-randomisierten Entscheidungsfunktionen d: $\Omega \to \Delta$ als $(\mathfrak{A},\mathfrak{B})$-meßbare Abbildungen entsprechen, da d mit $\delta(\omega,B) := I_B(d(\omega))$, $\omega \in \Omega$, $B \in \mathfrak{B}$, identifiziert werden kann, so daß im Fall $\Delta = \{a_1,a_2\}$ eine nicht-randomisierte Entscheidungsfunktion der Indikator der Menge $d^{-1}(\{a_1\}) \in \mathfrak{A}$ ist. Im Fall, daß Δ kompakt ist mit $\mathfrak{B}$ als Borelscher σ-Algebra von Δ, ist die schwache Konvergenz einer Folge $(\delta_n)_{n \in \mathbb{N}}$ von randomisierten Entscheidungsfunktionen gegen eine randomisierte Entscheidungsfunktion δ_o gemäß $\int f(\omega)h(a)\delta_n(\omega,da)P(d\omega) \to \int f(\omega)h(a)\delta_o(\omega,da)P(d\omega)$, $f \in L_1(\Omega,\mathfrak{A},P)$, $h \in C(\Delta)$ mit $C(\Delta)$ als Menge der stetigen, reellwertigen Funktionen auf Δ erklärt. Da die Menge der randomisierten Entscheidungsfunktionen δ mit $\delta(\omega,\{a_1,a_2\}) = 1$, $\omega \in \Omega$ ($a_1,a_2 \in \Delta$ fest) in der entsprechenden schwachen Topologie abgeschlossen ist, wird die Eigenschaft von P atomar zu sein, durch die Abgeschlossenheit der nicht-randomisierten Entscheidungsfunktionen bezüglich der schwachen Topologie charakterisiert.

In der Wahrscheinlichkeitstheorie werden nicht selten Wahrscheinlichkeitsmaße P auf einer σ-Algebra $\mathfrak{A}$ untersucht, die sich von außen bzw. innen durch ein bestimmtes System $\mathfrak{E}$ von Teilmengen, die zu $\mathfrak{A}$ gehören, approximieren lassen. In diesem Zusammenhang hat Lipecki festgestellt, daß genau im atomaren Fall ein abzählbares System $\mathfrak{E}$ mit dieser Approximationseigenschaft existiert, wobei im atomaren Fall zusätzlich die abzählbare Erzeugbarkeit von $\mathfrak{A}$ gefordert wird.

Beispiel *(Kennzeichnung atomarer Wahrscheinlichkeitsmaße durch die Approximationseigenschaft von außen bzw. innen vermöge eines abzählbaren Mengensystems)*

Es wird zunächst gezeigt, daß ein atomloses Wahrscheinlichkeitsmaß P auf einer σ-Algebra $\mathfrak{A}$ nicht die folgende Approximationseigenschaft besitzt: Es gibt ein abzählbares Mengensystem $\mathfrak{C} \subset \mathfrak{A}$ mit $P(A) = \inf\{P(C): A \subset C, C \in \mathfrak{C}\}$, $A \in \mathfrak{A}$. Zu diesem Zweck bezeichne $\mathfrak{C}_1$ das System aller $C \in \mathfrak{C}$ mit $P(C) < 1$. Dann liefert die Atomlosigkeit von P zu jedem $C \in \mathfrak{C}_1$ eine Menge $D_C \in \mathfrak{A}$ mit $D_C \neq \emptyset$, $C \cap D_C = \emptyset$ und $\sum_{C\in\mathfrak{C}_1} P(D_C) < 1$. Nun gibt es zu $D_1 := \bigcup_{C\in\mathfrak{C}_1} D_C \in \mathfrak{A}$ kein $C_1 \in \mathfrak{C}_1$ mit $D_1 \subset C_1$, da sonst eine Menge $D_{C_1} \neq \emptyset$ mit $C_1 \cap D_{C_1} = \emptyset$, also $D_1 \cap D_{C_1} = \emptyset$ im Widerspruch zur Wahl von D_1 existieren würde. Ist nun P ein nicht notwendig atomloses Wahrscheinlichkeitsmaß P auf einer σ-Algebra mit $P(A) = \inf\{P(C): A \subset C, C \in \mathfrak{C}\}$, $A \in \mathfrak{A}$, so gilt dies auch für den atomlosen und den atomaren Anteil in der Zerlegung $P = \alpha P_1 + (1-\alpha)P_2$, mit P_1 als atomloses bzw. P_2 als atomares Wahrscheinlichkeitsmaß auf $\mathfrak{A}$ und $0 \leq \alpha \leq 1$. Dies folgt aus $\inf\{P(C): A \subset C, C \in \mathfrak{C}\} \geq \alpha \inf\{P_1(C): A \subset C, C \in \mathfrak{C}\} + (1-\alpha) \inf\{P_2(C): A \subset C, C \in \mathfrak{C}\}$, $A \in \mathfrak{A}$, und $\alpha \inf\{P_1(C): A \subset C, C \in \mathfrak{C}\} + (1-\alpha)\inf\{P_2(C): A \subset C, C \in \mathfrak{C}\} \geq \alpha(P_1(C_1) - \varepsilon) + (1-\alpha)(P_2(C_2) - \varepsilon) \geq P(C_1 \cap C_2) - \varepsilon \geq \inf\{P(C): A \subset C, C \in \mathfrak{C}\} - \varepsilon$, da man ohne Beschränkung der Allgemeinheit voraussetzen darf, daß $\mathfrak{C}$ durchschnittsstabil ist. Dabei gilt $C_j \in \mathfrak{C}$ mit $A \subset C_j$ und $P_j(C_j) \leq P_j(A) + \varepsilon$, $j = 1,2$. Damit muß P atomar sein, falls P die obige Approximationseigenschaft von außen besitzt, wobei dies auch durch Übergang zu Komplementen für die Approximationseigenschaft von innen zutrifft. Umgekehrt folgt aus der Eigenschaft, daß P atomar ist, unmittelbar obige Approximationseigenschaft, falls $\mathfrak{A}$ abzählbar erzeugt ist, da in diesem Fall die zugrundeliegende Menge Ω Vereinigung von (nicht notwendig abzählbar vielen) Atomen von $\mathfrak{A}$ ist, so daß die abzählbar vielen Atome mit positivem Wert unter P zusammen mit der leeren Menge als approximierendes System gewählt werden kann. Man darf allerdings nicht auf die Existenz eines abzählbaren Erzeugersystems für $\mathfrak{A}$ ersatzlos verzichten, wie der Fall einer überabzählbaren Menge Ω mit $\mathfrak{A} = \{A \subset \Omega: A \text{ oder } A^c \text{ abzählbar}\}$ zusammen mit $P(A) = 0$, A abzählbar, bzw. $P(A) = 1$, A^c abzählbar, zeigt.

Atomare Wahrscheinlichkeitsmaße lassen sich auch im Zusammenhang mit der Existenz von speziellen regulären bedingten Verteilungen charakterisieren, wie das folgende Beispiel zeigt.

Beispiel *(Kennzeichnung atomarer Wahrscheinlichkeitsmaße durch die Existenz spezieller regulärer bedingter Verteilungen)*

Es sei $(\Omega,\mathfrak{A},P)$ ein Wahrscheinlichkeitsraum mit einer abzählbar erzeugten Teil-σ-Algebra $\mathfrak{B}$ von $\mathfrak{A}$, die alle einelementigen Teilmengen $\{\omega\}$, $\omega \in \Omega$, enthält. Es soll gezeigt werden, daß die Existenz einer regulären Version $Q_\omega(A)$, $A \in \mathfrak{A}$, $\omega \in \Omega$, von $P(A|\mathfrak{B})$, $A \in \mathfrak{A}$, (d. h. $\omega \to Q_\omega(A)$, $\omega \in \Omega$, ($A \in \mathfrak{A}$ fest), ist $\mathfrak{B}$-meßbar und $A \to Q_\omega(A)$, $A \in \mathfrak{A}$ ($\omega \in \Omega$ fest), ist ein Wahrscheinlichkeitsmaß auf $\mathfrak{A}$), mit der Eigenschaft $Q_\omega(N) = 0$, $\omega \in \Omega$, für alle P-Nullmengen $N \in \mathfrak{B}$, damit äquivalent ist, daß $P|\mathfrak{B}$ atomar ist. Aus der Existenz einer regulären Version $Q_\omega(A)$, $A \in \mathfrak{A}$, $\omega \in \Omega$, von $P(A|\mathfrak{B})$, $A \in \mathfrak{A}$, folgt zunächst $Q_\omega(C) = I_C(\omega)$, $\omega \in N_o^c$, für alle $C \in \mathfrak{C}$ mit $\mathfrak{C}$ als abzählbarer Algebra, die $\mathfrak{B}$ erzeugt, und mit $N_o \in \mathfrak{B}$ als P-Nullmenge, woraus $Q_\omega(B) = I_B(\omega)$, $\omega \in N_o^c$, $B \in \mathfrak{B}$, resultiert. Wegen $Q_\omega(B) \geq Q_\omega(\{\omega\}) = 1$, $\omega \in B \cap N_o^c$, und $Q_\omega(B^c) \geq Q_\omega(\{\omega\}) = 1$, $\omega \in B^c \cap N_o^c$, für jedes $B \in \mathfrak{B}$ ergibt sich $Q_\omega(B) = I_{B\cap N_o^c}(\omega)$, $\omega \in N_o^c$, woraus wegen $Q_\omega(N) = 0$, $\omega \in \Omega$, für jede P-Nullmenge $N \in \mathfrak{B}$ die Inklusion $N \subset N_o$ folgt. Insbesondere gilt $P(\{\omega\}) > 0$ für alle $\omega \in N_o^c$, d. h. N_o^c ist abzählbar und damit $P|\mathfrak{B}$ atomar. Umgekehrt folgt aus der Eigenschaft, daß $P|\mathfrak{B}$ atomar, $\mathfrak{B}$ abzählbar erzeugt ist und $\{\omega\} \in \mathfrak{B}$, $\omega \in \Omega$ zutrifft, die Existenz einer abzählbaren Teilmenge N_o^c von Ω mit $P(N_o) = 0$ und $P(\{\omega\}) > 0$, $\omega \in N_o^c$, da in diesem Fall jedes $(P|\mathfrak{B})$-Atom ein Atom von $\mathfrak{B}$ mit derselben Wahrscheinlichkeit enthält. Daher gilt die Beziehung $\mathfrak{B} \cap N_o^c = \mathfrak{A} \cap N_o^c$. Hieraus resultiert, daß $Q_\omega(A) := I_{B\cap N_o^c}(\omega)$, $\omega \in N_o^c$, und $Q_\omega(A) := P(A)$, $\omega \in N_o$, $A \in \mathfrak{A}$, mit $B \in \mathfrak{B}$ und $B \cap N_o^c = A \cap N_o^c$, eine reguläre Version von $P(A|\mathfrak{B})$, $A \in \mathfrak{A}$, ist, für die $Q_\omega(N) = 0$, $\omega \in \Omega$, bei beliebiger P-Nullmenge $N \in \mathfrak{B}$ zutrifft, da $P(\{\omega\}) > 0$, $\omega \in N_o^c$, gilt. Man kann diese Kennzeichnung atomarer Wahrscheinlichkeitsmaße auch folgendermaßen formulieren: Es sei $(\Omega,\mathfrak{A},P)$ ein Wahrscheinlichkeitsraum mit abzählbar erzeugter Teil-σ-Algebra $\mathfrak{B}$, die sämtliche einelementigen Teilmengen $\{\omega\}$, $\omega \in \Omega$, enthält. Dann ist P genau dann atomar, wenn es eine reguläre Version $Q_\omega(B)$, $B \in \mathfrak{B}$, $\omega \in \Omega$, von $P(B|\mathfrak{B})$, $B \in \mathfrak{B}$, gibt, so daß $Q_\omega|\mathfrak{B}$ für jedes $\omega \in \Omega$ bezüglich $P|\mathfrak{B}$ absolut stetig ist.

Ist Ω ein polnischer Raum mit Borelscher σ-Algebra $\mathfrak{B}$, so existiert für $\overline{P}(A|\mathfrak{B})$, $A \in \mathfrak{B}_P$, mit $(\Omega, \mathfrak{B}_P, \overline{P})$ als Vervollständigung des Wahrscheinlichkeitsraumes $(\Omega, \mathfrak{B}, P)$, eine reguläre Version genau dann, wenn P diskret ist, wie im folgenden Beispiel gezeigt wird.

Beispiel *(Kennzeichnung atomarer Wahrscheinlichkeitsmaße auf der Borelschen σ-Algebra polnischer Räume durch die Existenz von regulären bedingten Verteilungen für die zugehörige Vervollständigung mit der Borelschen σ-Algebra als bedingender σ-Algebra)*

Ist $(\Omega, \mathfrak{B}, P)$ ein Wahrscheinlichkeitsraum mit Ω als polnischem Raum und mit $\mathfrak{B}$ als Borelscher σ-Algebra und bezeichnet $(\Omega, \mathfrak{B}_P, \overline{P})$ die zugehörige Vervollständigung, so folgt nach den Überlegungen zum vorangehenden Beispiel aus der Existenz einer regulären Version $Q_\omega(A)$, $A \in \mathfrak{B}_P$, $\omega \in \Omega$, von $\overline{P}(A|\mathfrak{B})$, $A \in \mathfrak{B}_P$, die Existenz einer P-Nullmenge $N_o \in \mathfrak{B}$ mit $Q_\omega(A) = I_{A \cap N_o^c}(\omega)$, $\omega \in N_o^c$, $A \in \mathfrak{B}_P$, woraus $A \cap N_o^c = B \cap N_o^c$ mit $B := \{\omega \in \Omega: Q_\omega(A) = 1\}$ resultiert. Es soll nun gezeigt werden, daß hieraus folgt, daß P diskret ist. Bezeichnet nämlich Ω_P die Menge $\{\omega \in \Omega: P(\{\omega\}) > 0\}$, und gilt $P(\Omega_P) < 1$, so ist $\hat{Q}_\omega(A) := \frac{Q_\omega(A\Omega_P^c)}{Q_\omega(\Omega_P^c)}$ für $\omega \in A_1$, $\hat{Q}_\omega(A) = \hat{P}(A)$ für $\omega \in A_1^c$ mit $A_1 := \{\omega \in \Omega: Q_\omega(\Omega_P^c) > 0\}$, $A \in \mathfrak{B}_P$, $\omega \in \Omega$, eine reguläre Version von $\hat{P}(A|\mathfrak{B})$, $A \in \mathfrak{B}_P$, mit $\hat{P}(A) := \overline{P}(A\Omega_P^c)/\overline{P}(\Omega_P^c)$, $A \in \mathfrak{B}_P$, so daß $\mathfrak{B}_P \cap \hat{N}_o^c = \mathfrak{B} \cap \hat{N}_o^c$ für eine $\hat{P}$-Nullmenge $\hat{N}_o \in \mathfrak{B}$ zutrifft. Da $\hat{P}(\{\omega\}) = 0$, $\omega \in \Omega$, gilt, ist $\hat{N}_o^c \in \mathfrak{B}$ eine überabzählbare Borelsche Teilmenge von Ω, so daß es eine stetige, injektive Abbildung $f: \mathbb{N}^{\mathbb{N}} \to \Omega$ mit $f(\mathbb{N}^{\mathbb{N}}) \subset \hat{N}_o^c$ gibt. Ferner existiert eine analytische Teilmenge A von $\mathbb{N}^{\mathbb{N}}$, die nicht Borelsch ist, so daß auch $A_o := f(A)$ wegen $f^{-1}(A_o) = f^{-1}(f(A)) = A$ aufgrund der Injektivität von f eine analytische Teilmenge von Ω ist, die nicht Borelsch ist. Als stetiges Bild eines polnischen Raumes ist A_o aber analytisch und damit universell meßbar, so daß insbesondere $A_o \in \mathfrak{B}_P$, $A_o \notin \mathfrak{B}$, $A_o \subset \hat{N}_o^c$ zutrifft, woraus $\mathfrak{B}_P \cap \hat{N}_o^c \neq \mathfrak{B} \cap \hat{N}_o^c$ resultiert. Also muß P diskret sein, falls für $\overline{P}(A|\mathfrak{B})$, $A \in \mathfrak{B}_P$, eine reguläre Version existiert. Umgekehrt folgt aus der Eigenschaft, daß P diskret ist, nach den Überlegungen des vorangehenden Beispiels, daß eine reguläre Version für $\overline{P}(A|\mathfrak{B})$, $A \in \mathfrak{B}_P$, existiert. Darüberhinaus zeigen die Überlegungen, daß $\mathfrak{B}_P$ für ein stetiges Wahrscheinlichkeitsmaß P auf $\mathfrak{B}$ nicht abzählbar erzeugt ist, weil sonst eine reguläre Version von $\overline{P}(A|\mathfrak{B})$, $A \in \mathfrak{B}_P$, existieren würde, da sich mit P auch $\overline{P}$ von innen durch kompakte Mengen approximieren läßt und reguläre bedingte Verteilungen für solche Wahrscheinlichkeitsmaße existieren, falls die zugehörige σ-Algebra abzählbar erzeugt ist. Dieselbe Überlegung lehrt, daß die σ-Algebra $\mathfrak{B}_u$ der universell meßbaren Teilmengen eines polnischen Raumes Ω genau dann abzählbar erzeugt ist, wenn Ω abzählbar ist. Ist Ω nämlich nicht abzählbar, so existiert auf $\mathfrak{B}$ ein stetiges Wahrscheinlichkeitsmaß, während im Fall mit abzählbarer Menge Ω die zugehörige Borelsche σ-Algebra $\mathfrak{B}$ und damit auch $\mathfrak{B}_u$ mit der Potenzmenge von Ω übereinstimmt, die hier abzählbar erzeugt ist. Ferner ist im Fall eines nicht abzählbaren polnischen Raumes Ω die Vervollständigung $\mathfrak{B}_P$ von $\mathfrak{B}$ bezüglich P für jedes Wahrscheinlichkeitsmaß P auf $\mathfrak{B}$ nicht abzählbar erzeugt. Dies ist bereits für stetige Wahrscheinlichkeitsmaße P auf $\mathfrak{B}$ gezeigt worden. Besitzt P einen nicht verschwindenden stetigen Anteil $\hat{P}$, so ist $\mathfrak{B}_P$ wegen $\mathfrak{B}_P = \mathfrak{B}_P \cap \Omega_P^c + \mathfrak{B}_P \cap \Omega_P$ mit $\Omega_P = \{\omega \in \Omega: P(\{\omega\}) > 0\}$ abzählbar erzeugt, falls $\mathfrak{B}_P \cap \Omega_P^c = \mathfrak{B}_{\hat{P}} \cap \Omega_P^c$ abzählbar erzeugt ist. Mit $\hat{\mathfrak{E}} \subset \Omega_P^c$ als abzählbares Erzeugendensystem von $\mathfrak{B}_P \cap \Omega_P^c$ ist $\hat{\mathfrak{E}} + \mathfrak{F} := \{E + F: E \in \hat{\mathfrak{E}}, F \in \mathfrak{F}\}$ mit $\mathfrak{F}$ als System aller endlichen Teilmengen von Ω_P^c, nämlich ein abzählbares Erzeugendensystem von $\mathfrak{B}_P$ und ein abzählbares Erzeugendensystem $\mathfrak{E}$ von $\mathfrak{B}_P$ liefert daher für $\mathfrak{B}_{\hat{P}}$ das abzählbare Erzeugendensystem $\mathfrak{E} \cap \Omega_P^c + \mathfrak{F}$. Dies ist aber im stetigen Fall nach den obigen Überlegungen nicht möglich. Im diskreten Fall stimmt $\mathfrak{B}_P$ mit der Potenzmenge $\mathfrak{P}(\Omega)$ von Ω überein, wobei die Mächtigkeit von $\mathfrak{P}(\Omega)$ größer als die von $\mathbb{R}$ ist, da die Mächtigkeit von Ω mit der von $\mathbb{R}$ übereinstimmt, falls Ω nicht abzählbar ist. Daher kann $\mathfrak{B}_P$ nicht abzählbar erzeugt sein, da für solche σ-Algebren die Mächtigkeit höchstens die von $\mathbb{R}$ ist.

Man kann diskrete Wahrscheinlichkeitsmaße P als nicht-negative, normierte, σ-additive Mengenfunktionen auf $\mathfrak{P}(\Omega)$ mit $P(\Omega_o) = 1$ für eine abzählbare Teilmenge Ω_o von Ω auch durch eine Approximationseigenschaft vermöge endlicher Teilmengen kennzeichnen, wie das nächste Beispiel zeigt.

Beispiel *(Kennzeichnung diskreter Wahrscheinlichkeitsmaße durch eine Approximationseigenschaft vermöge endlicher Teilmengen)*

Ist P eine diskrete Wahrscheinlichkeitsverteilung über Ω, so ist $Q: \mathfrak{F} \to [0,1]$ mit $\mathfrak{F} := \{F \in \mathfrak{P}(\Omega): F \text{ endlich}\}$ und $Q := P|\mathfrak{F}$ endlich additiv und es gibt zu jedem

$\varepsilon > 0$ ein $F_\varepsilon \in \mathfrak{F}$ mit $Q(F_\varepsilon) \geq 1-\varepsilon$. Umgekehrt liefert jede solche Mengenfunktion $Q: \mathfrak{F} \to [0,1]$ genau eine diskrete Wahrscheinlichkeitsverteilung P über Ω, wenn man beachtet, daß $\Omega_o := \bigcup_{n=1}^{\infty} F_{1/n}$ abzählbar ist und $\sum_{\omega \in \Omega_o} Q(\{\omega\}) = 1$ zutrifft. Aus der Definition von Ω_o folgt nämlich $\sum_{\omega \in \Omega_o} Q(\{\omega\}) \geq 1 - \frac{1}{n}$ für jedes $n \in \mathbb{N}$, d. h. es gilt $\sum_{\omega \in \Omega_o} Q(\{\omega\}) \geq 1$, während $\sum_{\omega \in \Omega_o} Q(\{\omega\}) \leq 1$ aus der endlichen Additivität von Q und $0 \leq Q(F) \leq 1$, $F \in \mathfrak{F}$, resultiert. Daher wird durch $P(A) :=$ $A \in \mathfrak{P}(\Omega)$, eine diskrete Wahrscheinlichkeitsverteilung über Ω mit $P|\mathfrak{F} = Q$ erklärt, wobei P durch Q eindeutig bestimmt ist.

Man kann die Approximationseigenschaft der endlich additiven Mengenfunktion $Q: \mathfrak{F} \to [0,1]$ auch durch eine eindeutige Fortsetzungseigenschaft ersetzen, um diskrete Verteilungen zu charakterisieren. Zu diesem Zweck soll als Vorüberlegung gezeigt werden, daß sich jeder Wahrscheinlichkeitsinhalt Q auf einer Algebra $\mathfrak{A}$ über Ω, d. h. Q ist nicht negativ, normiert und endlich additiv, zu einem Wahrscheinlichkeitsinhalt Q' auf eine $\mathfrak{A}$ umfassende Algebra $\mathfrak{A}'$ über Ω fortsetzen läßt, wobei Q' genau dann eindeutig bestimmt ist, wenn es zu jedem $\varepsilon > 0$ und $A' \in \mathfrak{A}'$ Mengen $A_j \in \mathfrak{A}$, $j = 1,2$, gibt mit $A_1 \subset A' \subset A_2$ und $Q(A_2 \setminus A_1) \leq \varepsilon$. Zu diesem Zweck beachte man zunächst, daß nach Łos-Marczewski Q_o mit $Q_o(A_1 \cap B + A_2 \cap B^c) := Q_*(A_1 \cap B) + Q^*(A_2 \cap B^c)$, $A_j \in \mathfrak{A}$, $j = 1,2$, ein Wahrscheinlichkeitsinhalt Q_o auf der von $\mathfrak{A}$ und $B \in \mathfrak{P}(\Omega)$ erzeugten Algebra $\{A_1 \cap B + A_2 \cap B^c: A_j \in \mathfrak{A}, j = 1,2\}$ mit $Q_o|\mathfrak{A} = Q$ ist. Dabei ist Q_* bzw. Q^* der innere bzw. äußere Inhalt von Q, d. h. $Q_*(C) := \sup\{Q(A): A \subset C, A \in \mathfrak{A}\}$ bzw. $Q^*(C) := \inf\{Q(A): C \subset A, A \in \mathfrak{A}\}$, $C \in \mathfrak{P}(\Omega)$. Ferner ist die Menge aller Paare $(\hat{\mathfrak{A}}, \hat{Q})$ mit $\hat{\mathfrak{A}}$ als Algebra über Ω, $\mathfrak{A} \subset \hat{\mathfrak{A}} \subset \mathfrak{A}'$, und $\hat{Q}$ als Wahrscheinlichkeitsinhalt auf $\hat{\mathfrak{A}}$, $\hat{Q}|\mathfrak{A} = Q$, induktiv geordnet bezüglich der Ordnung $(\hat{\mathfrak{A}}_1, \hat{Q}_1) \leq (\hat{\mathfrak{A}}_2, \hat{Q}_2)$ genau dann, wenn $\hat{\mathfrak{A}}_1 \subset \hat{\mathfrak{A}}_2$ und $Q_2|\hat{\mathfrak{A}}_1 = \hat{Q}_1$ zutrifft; denn ist $\{(\hat{\mathfrak{A}}_i, \hat{Q}_i): i \in I\}$ vollständig geordnet, so wird durch $(\bigcup_{i \in I} \hat{\mathfrak{A}}_i, \hat{Q})$ mit $\hat{Q}(A) := \hat{Q}_i(A)$, $A \in \hat{\mathfrak{A}}_i$, $i \in I$, eine obere Schranke definiert. Daher existiert nach dem Lemma von Zorn ein maximales Element $(\hat{\mathfrak{A}}, \hat{Q})$, wobei $\hat{\mathfrak{A}} = \mathfrak{A}'$ aufgrund der Fortsetzung von Łos-Marczewski gelten muß.

Ist nun die Fortsetzung Q' von Q zu einem Wahrscheinlichkeitsinhalt auf $\mathfrak{A}'$ eindeutig bestimmt, so muß $Q'|\{A_1 \cap B + A_2 \cap B^c: A_j \in \mathfrak{A}, j = 1,2\}$ für jedes $B \in \mathfrak{A}'$ mit der Fortsetzung von Q nach Łos-Marczewski auf $\{A_1 \cap B + A_2 \cap B^c: A_j \in \mathfrak{A}, j = 1,2\}$ als Wahrscheinlichkeitsinhalt übereinstimmen, woraus für jedes $B \in \mathfrak{A}'$

und $\varepsilon > 0$ die Existenz von $A_j \in \mathfrak{A}$, $j = 1,2$, mit $A_1 \subset B \subset A_2$ und $Q(A_2 \setminus A_1) \le \varepsilon$ folgt. Ist ferner diese Approximationseigenschaft von Q erfüllt, so ist offenbar die Fortsetzung Q' von Q auf $\mathfrak{A}'$ als Wahrscheinlichkeitsinhalt eindeutig bestimmt. Damit sind alle Vorbereitungen für das folgende Beispiel getroffen.

Beispiel *(Kennzeichnung diskreter Wahrscheinlichkeitsverteilungen durch eine eindeutige Fortsetzungseigenschaft)*

Es soll gezeigt werden, daß die endlich additive Mengenfuntion $Q: \mathfrak{F} \to [0,1]$ mit $\mathfrak{F} := \{F \subset \Omega: F \text{ endlich}\}$ genau dann eindeutig zu einem Wahrscheinlichkeitsmaß auf $\mathfrak{P}(\Omega)$ fortsetzbar ist, falls es eine diskrete Wahrscheinlichkeitsverteilung P über Ω gibt mit $P|\mathfrak{F} = Q$. Ist nämlich P eine diskrete Wahrscheinlichkeitsverteilung über Ω, so hat offenbar $Q := P|\mathfrak{F}$ diese eindeutige Fortsetzungseigenschaft, da es zu jedem $A \in \mathfrak{P}(\Omega)$ und $\varepsilon > 0$ Mengen $F_j \in \mathfrak{F}$, $j = 1,2$, mit $F_1 \subset A \subset F_2^c$ und $P(F_2^c \setminus F_1) \le \varepsilon$, gibt. Umgekehrt folgt aus der eindeutigen Fortsetzungseigenschaft von $Q: \mathfrak{F} \to [0,1]$, daß auch $\tilde{Q}: \mathfrak{A} \to [0,1]$, $\mathfrak{A} := \{A \subset \Omega: A \text{ oder } A^c \text{ endlich}\}$ und $\tilde{Q}(A) := Q(A)$, A endlich bzw. $\tilde{Q}(A) := 1 - Q(A)$, A^c endlich, eindeutig zu einem Wahrscheinlichkeitsinhalt auf $\mathfrak{P}(\Omega)$ fortsetzbar ist. Für die Existenz einer diskreten Wahrscheinlichkeitsverteilung P über Ω mit $P|\mathfrak{F} = Q$ genügt es zu zeigen, daß für die abzählbare Teilmenge Ω_o von Ω mit $\Omega_o := \{\omega \in \Omega: Q(\{\omega\}) > 0\}$ die Beziehung $\sum_{\omega \in \Omega_o} Q(\{\omega\}) = 1$ zutrifft. Im Fall $\sum_{\omega \in \Omega_o} Q(\{\omega\}) < 1$, der nur für eine unendliche Menge Ω eintreten kann, wird durch $\bar{Q} := (\tilde{Q} - \underline{Q})/(1 - \sum_{\omega \in \Omega_o} Q(\{\omega\}))$ mit $\underline{Q}(A) := \sum_{\omega \in \Omega_o \cap A} Q(\{\omega\})$, $A \in \mathfrak{A}$, wegen $\underline{Q}(A) \le \tilde{Q}(A)$, $A \in \mathfrak{A}$, ein Wahrscheinlichkeitsinhalt auf $\mathfrak{A}$ erklärt, der sich eindeutig zu einem Wahrscheinlichkeitsinhalt $\bar{\bar{Q}}$ auf $\mathfrak{P}(\Omega)$ fortsetzen läßt, wenn man beachtet, daß sich nach den Vorüberlegungen zu diesem Beispiel die eindeutige Fortsetzbarkeit zu einem Wahrscheinlichkeitsinhalt durch eine Approximationseigenschaft kennzeichnen läßt. Dies ist auch der Grund dafür, daß mit $\bar{Q}$ auch $\bar{\bar{Q}}$ ein $\{0,1\}$-wertiger Wahrscheinlichkeitsinhalt ist, wobei $\bar{\bar{Q}}(\{\omega\}) = \bar{Q}(\{\omega\}) = 0$, $\omega \in \Omega$, gilt. Da ferner im betrachteten Fall Ω unendlich ist, existieren unendliche Teilmengen Ω_j, $j = 1,2$, mit $\Omega_1 \cap \Omega_2 = \emptyset$ und $\Omega_1 + \Omega_2 = \Omega$, so daß $\bar{\bar{Q}}(\Omega_1) = 0$ oder $\bar{\bar{Q}}(\Omega_2) = 0$ gilt. Schließlich führt die für eindeutige Fortsetzbarkeit charakteristische Approximationseigenschaft von $\bar{Q}$ zusammen mit $\bar{\bar{Q}}(\{\omega\}) = 0$, $\omega \in \Omega$, und der $\{0,1\}$-Wertigkeit von $\bar{\bar{Q}}$ zu $\bar{\bar{Q}}(\Omega_1) = \inf\{\bar{Q}(A): \Omega_1 \subset A,\ A \text{ endlich}\} = 0$, falls $\bar{\bar{Q}}(\Omega_1) = 0$ gilt und damit auf einen Widerspruch, da Ω_1 unendlich ist. Im Fall $\bar{\bar{Q}}(\Omega_2) = 0$ erhält man denselben Widerspruch.

Ähnlich zur Kennzeichnung diskreter Verteilungen durch die Existenz regulärer bedingter Verteilungen ist es zweckmäßig, polnische Räume, d. h. diese sind vollständig, separabel und metrisch, mit der zugehörigen Borelschen σ-Algebra zugrundezulegen, wenn man eine Kennzeichnung durch die Eigenschaft anstrebt, daß das zugehörige innere Maß stetig von unten ist.

Beispiel *(Kennzeichnung diskreter Verteilungen auf der Borelschen σ-Algebra vollständiger, separabler, metrischer Räume durch die Eigenschaft der Stetigkeit von unten des zugehörigen inneren Maßes)*

Es wird zunächst gezeigt, daß das endliche Maß μ, welches man durch Einschränkung des Lebesgue-Borelschen Maßes λ auf das System $\mathfrak{A}$ der Borelschen Mengen von $[-1,2]$ erhält, die Eigenschaft hat, daß das zugehörige innere Maß μ_* nicht stetig von unten ist. Zu diesem Zweck betrachtet man zunächst das System aller Teilmengen A von $[0,1]$ mit der Eigenschaft, daß $A+\rho$, $\rho\in\mathbb{Q}$, paarweise disjunkt sind. Dieses Mengensystem ist bezüglich der Inklusion induktiv geordnet, so daß jedes nach dem Lemma von Zorn existierende maximale Element A des obigen Mengensystems die Eigenschaft $[0,1]\subset\bigcup_{\rho\in\mathbb{Q}}(A+\rho)$ besitzt. Dann gilt aber $\mu_*(\bigcup_{k=1}^{n}(A+\rho_k))=0$, $n\in\mathbb{N}$, mit $\mathbb{Q}\cap[-1,1]=\{\rho_1,\rho_2,\ldots\}$, denn es gibt unendlich viele $\rho\in\mathbb{Q}\cap[0,1]$, so daß $(\bigcup_{k=1}^{n}(A+\rho_k))+\rho$ paarweise disjunkt sind und daher mit $B\subset\bigcup_{k=1}^{n}(A+\rho_k)$, $B\in\mathfrak{A}$, auch die Mengen $B+\rho$ für diese $\rho\in\mathbb{Q}\cap[0,1]$ paarweise disjunkt sind und daher schließlich $\mu(B)=0$ wegen $\lambda(B+\rho)=\lambda(B)$, $\rho\in\mathbb{Q}$, zutrifft, da sonst $\lambda([-1,2])=\infty$ gelten würde. Wegen $[0,1]\subset\bigcup_{\rho\in\mathbb{Q}\cap[-1,1]}(A+\rho)$ gilt aber $\mu_*(\bigcup_{n=1}^{\infty}(\bigcup_{k=1}^{n}(A+\rho_k))\geq 1$. Auf dieselbe Weise erhält man, daß auch die Einschränkung $\lambda_{[0,1]}$ des Lebesgue-Borelschen Maßes auf $\mathfrak{B}\cap[0,1]$ die Eigenschaft besitzt, daß das zugehörige innere Maß nicht stetig von unten ist, indem man die Überlegungen mit dem Zornschen Lemma für $[0,1]$ durch $[\frac{1}{3},\frac{2}{3}]$ ersetzt. Mit Hilfe eines Isomorphiesatzes für den Wahrscheinlichkeitsraum $([0,1],\mathfrak{B}\cap[0,1],\lambda_{[0,1]})$ und jeden Wahrscheinlichkeitsraum $(\Omega,\mathfrak{B},P)$ mit P als stetiges Wahrscheinlichkeitsmaß auf der Borelschen σ-Algebra $\mathfrak{B}$ eines polnischen Raumes Ω (vgl. H. L. Royden, Real Analysis, London, 1970, S. 327) erhält man schließlich, daß auch das innere Maß P_*

von P nicht stetig von unten ist. Umgekehrt ist aber jedes diskrete Wahrscheinlichkeitsmaß P auf $\mathfrak{B}$ eindeutig als solches auf $\mathfrak{P}(\Omega)$ fortsetzbar, so daß in diesem Fall das zugehörige innere Maß P_* stetig von unten ist. Abschließend sei noch erwähnt, daß das innere Maß jedes Wahrscheinlichkeitsmaßes stetig von oben ist, was man leicht einsieht.

Verzeichnis der Beispiele

Sachverzeichnis

Literatur *(Spezielle Auswahl)*

Behnen, K., Neuhaus, G.: Grundkurs Stochastik. Teubner, Stuttgart, 1984

Engel, A.: Stochastik. Klett, Stuttgart, 1987

Feller, W.: Probability Theory, Vol. I. Wiley, New York, 1968

Johnson, N., Kotz, S., Kemp, H. W.: Univariate Discrete Distributions. Wiley, New York, 1993